金属氧化物掺杂改性及其在储能电池中的应用

张永泉　迟庆国　著

化学工业出版社

·北京·

内容简介

本书着眼于解决储能电池电极材料二氧化钛和锰基氧化物的电子导电性和离子导电性较差的问题，系统阐述了金属氧化物掺杂改性及其在储能电池中的应用。全书共分为 4 章，主要内容包括概述、离子掺杂二氧化钛纳米材料在储能电池中的应用、离子掺杂锰基氧化物纳米材料在镁离子电池中的应用、离子掺杂金属氧化物与石墨烯复合材料在镁离子电池当中的应用。

本书内容精练，脉络清晰，理论与应用并重，可为从事电池研究与开发等涉及新能源材料与器件领域的科研人员提供指导，也适合高校相关专业的师生参考使用。

图书在版编目（CIP）数据

金属氧化物掺杂改性及其在储能电池中的应用/张永泉，迟庆国著. —北京：化学工业出版社，2023.8
ISBN 978-7-122-44072-3

Ⅰ.①金…　Ⅱ.①张…②迟…　Ⅲ.①氧化物-金属材料-应用-储能-电池-研究　Ⅳ.①TM911

中国国家版本馆 CIP 数据核字（2023）第 160262 号

责任编辑：万忻欣　李军亮　　　　　　　　文字编辑：袁玉玉　袁　宁
责任校对：李露洁　　　　　　　　　　　　装帧设计：张　辉

出版发行：化学工业出版社（北京市东城区青年湖南街 13 号　邮政编码 100011）
印　　装：北京科印技术咨询服务有限公司数码印刷分部
710mm×1000mm　1/16　印张 15¾　字数 272 千字　2024 年 1 月北京第 1 版第 1 次印刷

购书咨询：010-64518888　　　　　　售后服务：010-64518899
网　　址：http://www.cip.com.cn
凡购买本书，如有缺损质量问题，本社销售中心负责调换。

定　　价：98.00 元

前言

随着各种电子产品性能的不断提升以及电动汽车、大规模储能技术的快速发展，应用设备对储能电池的能量密度、循环寿命、安全性等提出了越来越高的要求，储能电池迎来了极大的发展机遇。锂离子电池已在能源存储和转换技术中处于领先地位。镁离子电池具有独特的应用优势（镁元素蕴藏丰富、价格低廉、能量密度高、安全性能高等），也将成为下一代新能源存储装置之一，因此针对储能电极材料的开发工作尤为重要。储能电极材料中的二氧化钛和锰基氧化物均具有储量丰富、成本低、高安全性、无环境污染等优点，非常有利于实际生产和应用。另外，二氧化钛和锰基氧化物具有较高理论比容量和工作电压，结构稳定、循环稳定性好，具有非常可观的应用前景。但是，二氧化钛和锰基氧化物的电子导电性和离子导电性较差，限制其在大功率条件下的应用。如何改善二氧化钛和锰基氧化物的电子导电性和离子导电性较差的问题，对于储能电池的发展具有重要意义。

本书系统地介绍了针对金属氧化物电极材料的离子掺杂对其应用于锂离子电池和镁离子电池性能的影响。全书以储能电池、二氧化钛晶体结构表征、锰基氧化物晶体结构表征、离子掺杂以及离子扩散动力学性能等基础知识开篇，进而详细介绍了离子掺杂二氧化钛纳米材料、离子掺杂锰基氧化物纳米材料、离子掺杂金属氧化物与石墨烯复合材料在电池中的应用等内容。本书针对离子掺杂改性与材料锂离子扩散动力学性能相关的构效关系方面进行了深入和创新性的探究，通过循环伏安法、电化学阻抗谱法、恒电流间歇滴定、恒电压间歇滴定等方法系统揭示了离子掺杂对材料电化学动力学特性的影响机制，为改善储能电池倍率性能和循环稳定性方面研究提供了指导和借鉴。

本书由哈尔滨理工大学电气与电子工程学院张永泉和迟庆国共同编写。全书共 4 章，第 1 章和第 2 章由张永泉编写，第 3 章和第 4 章由迟庆国编写。书中研究成果依托国家自然科学基金青年基金项目（纳米 TiO_2-B 的电子/晶体结构调制及其镁离子输运性质研究 11704089）、黑龙江省自然科学基金联合引导项目（石墨烯基复合材料的镁离子赝电容性及储能机理研究 LH2020E093）的支持。

特别说明的是，本书为黑白印刷，部分图展示效果不佳，对于这些图，读者可扫描下方二维码查看彩色版，提供彩色版的图均在图题后以"（电子版）"进行了标注。

由于笔者水平的限制，书中难免存在不足之处，敬请读者批评指正。

著者

目录

第1章 概述

1.1 储能电池概述

人类对能源的把控能力是人类社会不同发展阶段的标志，从上古时代的钻木取火、到近代两次工业革命，极大推动生产力的发展，无不体现着利用能源资源的重要性。特别是第二次工业革命以来，内燃机和交直流输变电技术的应用和发展、可控核聚变技术的应用，标志着人类文明进入崭新的阶段。生产力的提高让相当一部分人彻底从靠天吃饭的农业社会脱离出来，进一步促进了相关研究的发展，"技术爆炸"的时代已经悄然到来。汽车、高铁、飞机的出现让人们"日行千里""飞跃天堑"的美梦成真；产生于 20 世纪 50 年代，最初用于测算导弹弹道的计算机技术，在几十年后的今天，也早已进入千家万户，让地球变成了"地球村"，在将人类联系起来的同时，社会的发展也随之进入新形态。支撑人类社会引擎运转的关键就是能源技术，尽管能够初步利用核能，但可靠的能源仍然大规模依赖于煤、石油、天然气等化石燃料。尽管化石燃料所能提供的动力更加高效，但是这种类似薪柴燃烧的供能方式会使大量温室气体（如 CO_2、CH_4 等）排出，导致全球变暖，海平面上升。同时，化石燃料的不充分燃烧会释放大量的可吸入颗粒，引发雾霾天气，如伦敦的红色烟雾事件，严重的甚至给人类的生存环境带来极大的负面影响。不止于此，除了环境污染问题，化石燃料的不可持续性导致的能源枯竭问题日益严重，寻找可替代的优质能源迫在眉睫。

清洁、高效、可持续的一次能源也并非无迹可寻。太阳朝升夕落，大海翻涌碧波，江河滚滚长流，清风徐徐而生。太阳能、潮汐能、风能等在漫长的未来中都将会是能源的重要来源，但是这些能源最显著的问题是无法直接储存，因此将这些能量转化为可靠的二次能源储存起来是相当可行的方法。电能作为目前最稳定的二次能源，既方便生产，又能有效供能，同时转化方便，交直流调制技术等早已成熟。然而电能的存储成本较高，这也是当今电网等输配电行业一直奉行"用多少发多少"的主要原因。同时，清洁的二次能源的使用不像化石燃料那般可以预测，例如太阳能只能在晴朗的白天才能被有效利用，用于水力发电的水坝发电效能要受河流枯水期的限制，风力资源也并非时时刻刻符合规格。因此，研究有效存储电能的储能设备便显得十分重要。一方面可以弥补电能在生产和消耗时间上的不匹配问题，将可发电资源充沛时得到的多余电能储存起来，来满足用电高峰的需要；另一方面也可满足空间资源分布不均衡的调配问题。目前的电力储能设备主要有两大类：第一类是主要提供短时储能，用于电路中耦合、滤波之需的电容储能设备，主要用于瞬时供电；第二类是以可逆化学反应为基础的电池储能设备，可用于长时间储存电能。

　　蓄电池是以化学反应为基础的储能设备，按照结构顺序，它主要由活性正极、电解液以及负极三大部分组成。放电时电池发生氧化反应，电池内部的阳离子向正极迁移，由此将化学能转化为电能，并通过连通的外电路将电能导出，充电过程正好与之相反。充电过程中电池会发生还原反应，此时的充电得到的电能将被重新转化为化学能储存起来。理论上，电池内部的可逆化学反应可以达到 100%，在长达千百次的充放电循环中，电池都能够有效供电。电池成本低、占地小、对环境友好的特点，使得其在电能存储方面备受青睐。自从1799 年意大利物理学家伏特发明世界上第一个可用电池——伏特电堆以来，电池技术经过数百年的发展，性能不断得到改进，已经走进人们生活的方方面面，给人类社会的生产生活带来了极大的便利。

　　目前电池的种类多种多样，通常有如下几种分类：

　　① 根据电池的正负极材料区分，有以锂金属元素为核心的锂电池、以铅元素为核心的铅酸电池、以镍元素为核心的镍镉电池和镍氢电池，以及用空气做正极的金属-空气电池等。

　　② 根据电池电解液的种类，可以分为碱性电池、酸性电池、中性电池和有机电解质电池。目前最为常见的碱性电池主要以碱性 KOH 溶液为主，代表性的有碱性锌锰电池、镍铬电池和镍氢电池。与碱性电池相反，酸性电池主要以酸性的硫酸溶液作为电解液，代表电池有目前应用最为广泛的铅酸电池。中性电池的电解液以盐溶液为主，例如锌锰电池和海水电池等。采用有机电解质溶液的电池为代表的，目前来看主要是锂离子电池和锂电池以及类似金属化合物的电池。同时不局限于电解液，有些固态金属氧化物如石榴石型 LLTO，也

已被研究表明拥有较为理想的离子导电能力、较高的理论能量密度，有作为下一代电解质的极大潜力。

③ 按照电池的工作机理与储存方式，电池又可被划分为一次电池、二次电池、燃料电池等。一次电池即通常所说的原电池，指那些无法进行再次充电的电池，锌锰电池和锂电池就属于这一范畴。与之对应，二次电池可以进行多次的充放电循环，又被叫作蓄电池，铅酸电池、锂离子电池、镍镉电池、镍氢电池等都属于二次电池。燃料电池也是目前研究较为火热的方向之一，与常规电池不同，燃料电池的正负极并不拥有活性电极材料，活性物质需要从电池外部源源不断地导入来维持电池的运转，这类电池通常成本较高。另外一种电池，像海水电池，它的电解质在不使用的过程中通常不在电池内部，只有在使用时才被注入电解液，这类电池通常叫作储存电池。

1.1.1 锂离子电池

锂离子电池，顾名思义，是以电池内部锂离子的迁移运动为工作机理的一种电池。作为蓄电池的一种，它同样由正极、负极和电解质组成。如图 1-1 所示，与其他储能设备相比，锂离子电池能够更好地满足动力电池的能量密度要求。锂离子电池通常以金属锂作为负极，锂金属的理论能量密度高达 $3860mA \cdot h/g$，即使除去利用率低的问题，其能量密度也远高于目前常规正极材料，因此在能量密度匹配上不会出现问题。锂离子电池的正极一般采用含锂的可脱嵌锂离子的活性正极材料，如磷酸铁锂和钴酸锂等。对电解质而言，

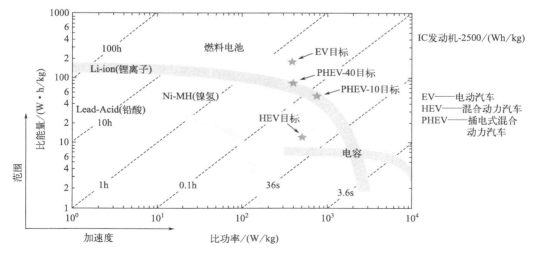

图 1-1　各种类型电化学装置的拉页（Ragone）曲线[1]

目前较为成熟的技术方案是以电解液＋隔膜的方式，电解液能够提供锂离子迁移的路径，多孔隔膜则有效地将电池的正负极隔开，防止短路的发生。另外随着电动汽车市场的火热，新型的电解质方案，即固态电解质的研究也正在如火如荼地进行，关于这种新型的固态电解质，将在后文进行详细描述。

锂离子电池工作原理如图 1-2 所示，锂离子电池的正极材料（阴极材料）和负极材料（阳极材料）通常采用插入型的含锂材料，这类电极材料能够为锂离子提供非常稳定的离子插入位置。在一个新组装的尚未开始供电的电池内部，离子形态的锂都位于正极材料的晶体结构中。在对电池进行充电时，锂离子将从阴极材料中脱出，以离子溶剂化的形态进入到有机电解液中，随着电流的移动迁移到阳极，在金属锂表面发生还原反应，沉积到锂金属阳极的表面。此时外电路中电子由阴极向阳极转移，形成连接的通路，电能以这样一种形式被转化为化学能在电池内部储存起来。而当电池需要对外供电时，反应过程恰好与充电过程相反，储存的化学能将变为电能释放出来。在电池的两个电极之间，电解液充当着离子传输的通道，但是由于液态的电解液无法有效地隔开正负极，为防止引发短路危险，需要在电解液中引入隔膜，隔膜能够在确保锂离子通过的前提下将两电极隔开，使得电池能够在寿命内持续地充放电循环。

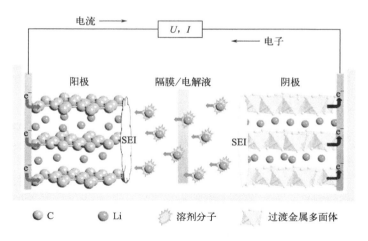

图 1-2　锂离子电池的工作原理图[2]

锂离子电池之所以能够获得人们的青睐，主要源自它的几个优点：

① 能量密度高。无论是体积比能量（体积能量密度）还是重量比能量（质量能量密度），锂离子电池的表现都非常出色，分别能达到 $450W \cdot h/dm^3$ 和 $150W \cdot h/kg$，这约是普通锌锰电池的 2～5 倍，而且这一数值仍在不断提

高之中，发展潜力非常大。

② 放电电压平稳且工作电压较高。单个锂离子电池的放电电压可以达到 3.9V，与之对比，镍镉电池的电压仅有 1.2V 左右，普通锌锰电池的电压也只有 1.5V。同时大多数锂离子电池拥有极为稳定的充放电平台，如采用磷酸铁锂材料作正极，金属锂作负极的锂离子电池拥有在 3.2V 处近乎直线的放电平台。

③ 工作温度范围宽，拥有较为理想的低温性能。锂离子电池的工作温度范围一般在 −40～70℃ 之间，能够满足大多数供电需求。

④ 快速充电能力较好。目前便携式充电设备（如手机）对快速充电能力的要求增高，锂离子电池通常拥有在 1C 速率下得到 80% 标称容量的能力。

⑤ 存储寿命长。由于在锂金属表面可能会存在钝化层，这种钝化层能够有效地防止锂金属进一步受到腐蚀，因此锂离子电池的存储时间一般都比较长，甚至能达到十年之久。

在满足使用需求的同时，锂离子电池目前也有一些较为常见的弊端：

① 不可控的树枝状锂枝晶生长问题。在电池的内部，由于各种不同的扰动因素，微观状态下的锂离子在迁移过程中必然会存在密度差异，而这种差异会导致锂离子发生还原反应后在负极锂金属表面不均匀地沉积，此后，更加不均匀的锂表面形貌又会导致局部电荷聚集，加剧锂枝晶的生长。尖锐的枝晶可能会在生长过程中刺穿隔膜，导致正负极相连发生短路，引发火灾等重大安全问题。同时脱落的枝晶会形成不可重复参与循环的"死锂"，导致活性材料电极利用效率的降低。

② 金属锂会与电解液发生不同程度的反应。金属锂过于活泼的化学性质，决定了它极易被氧化，容易与不同的有机金属电解液发生反应。反应产生的气体成分会使电池内部压力上升，极易发生爆炸，有一定程度上的安全隐患。

③ 成本较高。主要指目前广为使用的钴酸锂电极材料以及包含钴酸锂的高镍三元电极材料，成本问题也是锂离子电池在商用过程中不得不考虑的一个重要问题。

如图 1-3 所示为锂离子电池的主要优缺点。

针对锂离子电池的诸多弊端，一系列的性能改进方法被提出。这些方案主要是针对电池的两大功能部件——电极和电解质提出的。

对于电池的正极材料而言，自 1980 年 Goodenough 首先发明稳定的钴酸锂材料以来[3]，正极材料的种类越来越多，主要有以 $LiCoO_2$、$LiMnO_2$、$LiNiO_2$

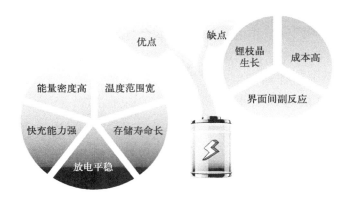

图 1-3　锂离子电池的主要优缺点

等为代表的层状化合物，以 $LiFePO_4$ 等为代表的橄榄石化合物，以 $LiMn_2O_4$ 为代表的尖晶石化合物三大类[4-10]。

$LiMO_2$（M＝Co、Mn 等）型层状化合物是由氧阴离子和阳离子密集堆积成的面心立方晶体，由 MO_2 层和锂层相互交替层叠，如图 1-4 所示。有这种相结构的 $LiCoO_2$ 是目前最常见的一种正极材料，其商业化进程已经超过了 20 年，它有着约 270mA·h/g 的理论比容量，但在实际应用中它只能提供仅 140mA·h/g 的比容量，这种情况显然不算太理想。这种材料的层状结构随着锂离子的不断迁出而变得愈发不稳定，在接近半数的锂离子都迁移出去之后，容量便会急剧衰减。另外在全球更加注重环保的同时，$LiCoO_2$ 中有毒的金属元素 Co 给环境保护带来了不小的压力，另外其较高的开采难度也无形之中提高了锂离子电池的生产成本。经过科研工作者多年的研究，层状化合物结构中的 Co 完全可以由其他金属元素，如 Ni、Mn 等来进行替代。这些衍生物的储量通常更加丰富，同时对环境也更加友好。采用这些元素构成的新型 Li-Co-Ni-Mn-O 系层状化合物构成了目前商用较广的 NMC 型电极材料，根据其中三

图 1-4　层状 $LiMO_2$ 材料的晶体结构示意图[2]

种元素的不同配比，NMC 型材料有 NMC811、NMC532、NMC622 等多种选择。层状氧化物 $LiMO_2$ 的电压窗口通常较高，在高达 4V 的电压下也能被有效激活而不至于分解，因此这种材料通常具有更高的能量密度。当然这种材料也存在着锂浓度较低时结构不稳定的问题，造成不可逆的容量衰减，同时对于不含 Co 元素的层状镍锰酸锂化合物，较差的低倍率性能也极大地阻碍该种材料在锂离子电池商业化中的应用。

尖晶石结构 LiM_2O_4 型电极材料是在三维 MO_2 主体中，由过渡金属层中的空位形成三维立体的扩散通道，结构示意图如图 1-5 所示。最早的尖晶石结构 $LiMn_2O_4$ 正极材料由 Thackeray 等人于 1983 年最早发现[11]，不过这种电极材料容量衰减十分严重，无法直接商业化[12,13]。这种材料的容量衰减主要有如下两个原因：

① 处于中间价态的 Mn 元素容易发生歧化反应[14]，从而导致 Mn 元素在电解液中的溶解使得电极质量受到损失。

② Jahn-Teller 效应会导致该种电极结构稳定性降低[15,16]。

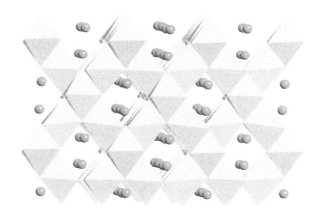

图 1-5　尖晶石 LiM_2O_4 材料的晶体结构示意图[2]

最常用于提高该种材料循环性能的思路是采用元素替代，用其他金属离子来替代 LiM_2O_4 材料中的 Mn 元素。在这种方法框架下，可掺杂元素的选择性较多，包括像 Mg^{2+}、Al^{3+}、Zn^{2+} 的非活性离子[17-19]，以 Ti^{4+}、Cr^{3+}、Fe^{3+}、Co^{3+}、Ni^{2+} 和 Cu^{2+} 等为代表的过渡金属离子[4,20-24]，以及一些稀土金属离子，比如 Nd^{3+} 和 La^{3+}[23,26-27]。通过元素替代，显著改善了尖晶石 LiM_2O_4 结构材料的电化学性能。目前最为常用的一种尖晶石电极材料 $LiNi_{0.5}Mn_{1.5}O_4$，有着较高的能量密度和极强的结构稳定性，这种构型的电极材料经过掺杂改良后其循环稳定性得到极大提升。不过受限于当前电解液较低的电化学稳定性窗口，正极材料表面会被电解质分解生成不稳定的 SEI 膜包覆，性能会有较大程度的下降。目前这种正极材料的可逆容量仅相当于 0.5 个 Li，尽管这接近于 $LiCoO_2$ 材料的容量，但却仍然低于 NMC 层状化合物的容量。

1989 年，Manthiram 团队发现采用聚合阴离子的正极将产生更高的电压。1997 年 Goodenough 开发出了低成本的聚合阴离子正极材料 $LiFePO_4$，$LiFePO_4$ 的结构如图 1-6 所示。此后的许多年，聚合阴离子材料得到了愈加广泛的研究。与传统的层状氧化物电极材料相比，这种聚合阴离子基团结构稳定性更强，这使得其能够最大程度地减少氧损失。橄榄石构型的 $LiFePO_4$ 有着优异的电化学性能，同时它成本低廉、对环境友好的特点使其受到人们的青睐。采用该种电极材料的电池在实验室中甚至能达到 2000 次的循环，长循环性能的表现十分优异，但是其放电电压窗口通常不超过 3.8V，同时其用于联系外电路的电子导电能力较差，这使得其能量密度不高且在大电流下因极化导致高倍率循环性能不佳。目前解决这些弊端的方法有：

① 用诸如 Co、Mn、Ni 等其他过渡金属元素替代 Fe 来提高工作电压[25-35]；

② 通过对电极材料表面进行包覆，采用高导电性材料，如碳、导电聚合物等，提高其电子电导率[36,37]；

③ 精细化生产工艺，以纳米材料代替微米结构缩短锂离子扩散路程[38-41]；

④ 对晶格中 Li 或 Fe 元素所在的位置进行离子掺杂来提高材料的本征电导率。

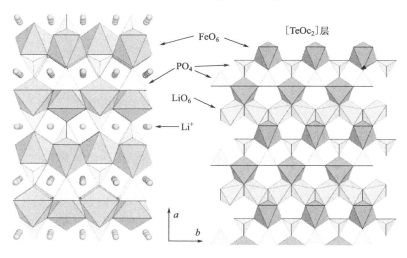

图 1-6 橄榄石 $LiFePO_4$ 材料的晶体结构示意图

尽管 LiFePO$_4$ 型电极材料有较低的电压和低于 LiCoO$_2$ 的能量密度,但凭借它低成本、长循环寿命、对环境友好的特点,依然有成为下一代商业化正极材料的极大潜力[42,43]。

硅酸盐材料(Li$_2$MSiO$_4$,M=Fe、Mn)是目前最为新型的一种插入型正极材料。其晶体结构是由过渡金属离子和硅酸盐四面体共角排列构成的层状结构,它有着二维锯齿状的离子扩散通道,能够确保锂离子嵌入和脱出,具体如图 1-7 所示。对于这种硅酸盐正极材料而言,晶胞中每脱出一个 Li 就有约 166mA·h/g 的理论比容量产生,当脱出的 Li 达到两个时,理论容量则为 333mA·h/g。对于这种正极材料,目前已经探索有多种合成工艺,如采用水热法、溶胶-凝胶法和微波溶剂热法等[44-47],运用这些方法成功合成了诸如 Li$_2$FeSiO$_4$、Li$_2$MnSiO$_4$、Li$_2$Mn$_{0.5}$Fe$_{0.5}$SiO$_4$ 等固溶体形式的硅酸盐正极材料。硼酸盐材料 LiMBO$_3$(M=Mn、Fe、Co,晶体结构如图 1-8 所示)由于其含有最轻的阴离子基团 BO$_3$,这使得它与其他聚阴离子正极材料相比具有更高的理论比能量,同样受到人们关注。LiMBO$_3$ 也是最新一代的热门锂插入正极材料之一,其理论比容量能够达到 220mA·h/g 的水准[48]。不过这类正极材料的缺点也十分明显,较差的电化学性能限制了其大规模的应用。尽管一些研究表明,其最大的限制因素是动力学极化和湿度敏感性,但研究尚不成熟,依然需要更多的研究工作来探明其质变机理以及找寻更加可靠的制备与合成方法。

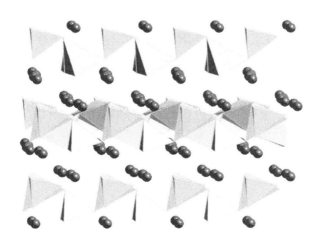

图 1-7　硅酸盐 Li$_2$MSiO$_4$ 材料的晶体结构示意图[2]

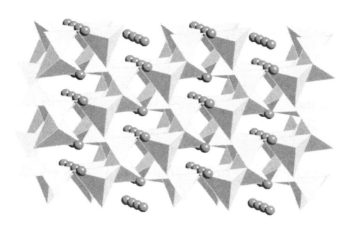

图 1-8　硼酸盐 LiMBO$_3$ 材料的晶体结构示意图[2]

除了形式各异的正极材料，锂离子电池的负极材料的种类同样有诸多选择。对于锂离子电池而言，尽管金属锂有着远超正极的高理论比容量，在设计上无须担心负极容量不匹配的问题。但不可控的锂枝晶生长问题限制了其在商品化中的应用。目前主要的负极材料主要有碳基材料、锡基材料、硅基材料、钛基材料等几大类。

碳基材料是最常见的一种锂离子电池负极材料，除了碳基材料本身较高的热稳定性、强大的可逆充放电性能之外，其低廉的价格，在自然界中丰富的储量，更使其具有无可替代的优势。根据结晶度以及不同的碳原子堆叠方式，碳基负极材料主要有两大类[49-51]：

① 软碳，主要指可以石墨化的碳基材料，它的微晶堆叠都沿着同一方向；

② 硬碳，顾名思义，指不可石墨化的碳，它们微晶排列方向在空间上都是无序的。

软碳在电池领域中的应用非常广泛，不仅仅局限于锂离子电池，在其他电池中也能够看到它的应用。它拥有约 350～370mA·h/g 的可逆循环容量、大于 90% 的高库仑效率以及长循环寿命[52-56]。经过多年的产业化研发，碳基材料的成本已经得到大幅度降低，市面上已经有如中间相碳微球（MCMB）、气相生长碳纤维（VGCF）、中间相沥青基碳纤维（MCF）、气相生长碳纤维（VGCF）和人造石墨（MAG）等多种形式的碳基负极材料[57]。碳基负极材料的比容量较低，在一些大功率用电设备，如纯电动汽车、混动型汽车上的应用还存在着明显的短板，无法满足单次充电长续航的要求。因此碳基材料在负极上的应用仅限于一些如相机、手机、电脑（计算机）这般的小功率设备[58]。同时与金属锂作负极时类似，石墨作为电池的负极材料时也会遭遇锂枝晶的生长问题，在过充的情况下尤为明显，有不小的安全隐患。此外，石墨本身较低的锂氧化还原电位，会与电解液电发生反应形成 SEI 膜，破坏原始的负极表面，使得电池的容量急剧下降。目前锂离子电池在电动汽车行业以及智能电网中的市场份额不断扩大，提高碳基材料的比容量是谋求进一步发展的当务之急。对于容量焦虑问题，目前的研究主要集中在以多孔碳替代石墨的方向[59-61]。一些多孔碳基材料，如碳纳米管（CNT）、石墨烯（graphene）和碳纳米纤维（CNF）等，都是十分有希望的备选材料之一。微观尺寸的减小和多孔的形貌结构可以很大程度上地提高电极材料的比容量。一种外径 20nm、壁厚 3.5nm 的碳纳米环（CNRS）被用作锂离子电池的负极时，电化学性能表现十分优异（图 1-9），该电极在 0.4A/g 的电流密度下循环数百次后比容量依然超过 1200mA·h/g，是常规石墨电极的 3～4 倍，即使是在更高的电流密度（45A/g）下，比容量也能够达到惊人的 500mA·h/g，这种极佳的倍率性能

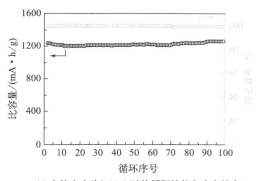

(a) 电流密度为0.4A/g时的循环性能和库仑效率

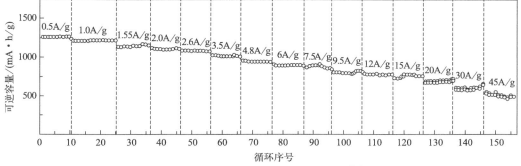

(b) 电流密度从0.5到45A/g的倍率性能 [62]

图 1-9　碳纳米环电极的电化学性能

和容量性能表现主要归因于减小的锂离子扩散距离与增多的锂离子存储点位。精细化的纳米结构造就了这一系列的功能提升。

锡基材料中单质金属锡的理论比容量能够达到 994mA·h/g，约是采用石墨负极理论比容量的三倍。锡金属更偏向于与锂金属形成合金，经过合金化处理后，新型的锂锡合金 $Li_{17}Sn_4$ 的最大理论比容量依然有 959.5mA·h/g，仍远高于常规的碳基石墨负极[63,64]。此外，锡基负极的电位要高于石墨负极，这使得其在快速的充放电过程中更能避免金属锂的沉积，减轻枝晶生长的问题。当然，锡基负极材料也有其固有缺陷，随着锂离子的不断嵌入、脱出，金属锡会发生极为明显的体积变化，甚至能够达到其常态体积的 360%，晶格的膨胀和收缩会导致电极材料发生断裂扭曲以及电池阻抗的增加，这将严重限制电极活性材料与集流体之间的电子交换。这种体积的变化无疑会减少电池的循环寿命，甚至会引发严重的安全问题。纳米化纯锡电极是解决一系列技术难题的手段之一[65]。将锡金属纳米化，导致锂离子的扩散路径缩短，大大降低电极在循环过程中由发生体积变化致使的错位可能，使电极更难发生破碎和裂解，最终来提高锂离子电池的电化学性能[66-68]。将纯锡纳米颗粒分散在不易形变的复合材料基体上制作复合电极也能有效防止电极的这种体积变化[69-71]。

除了锡金属外，锡的稳定二氧化物二氧化锡（SnO_2）也是一种重要的锡基负极材料，作为负极它与锂的反应机理主要按照如下两个步骤进行：

$$SnO_2 + 4Li^+ + 4e^- \rightarrow Sn + 2Li_2O \qquad (1-1)$$

$$Sn + xLi^+ + xe^- \leftrightarrow Li_xSn \qquad (1-2)$$

在反应（1-1）中，SnO_2 发生还原反应，被还原成 0 价的金属锡，整个反应存在副反应，会导致部分的永久不可逆容量产生。反应（1-2）是锡和锂的合金化过程，这个反应步骤可逆性非常高。假设整个电化学过程可逆化程度为 100%，那么填满一个 SnO_2 单元需要 8.4 个 Li^+，这将为电池提高约 1491mA·h/g 的理论比容量。但如果仅反应（1-2）完全可逆，反应最多只能提供 4.4 个 Li^+ 来形成锂锡合金，即便如此，此时的电极仍然能够贡献 781mA·h/g 的理论比容量。然而在循环过程中存在着 SnO_2 颗粒严重粉化的问题，反应过程中的颗粒团聚会导致电极活性材料的比表面积大幅度降低，此时，锡氧化物的电化学活性也随之下降。为了改善颗粒聚集结块、颗粒粉化问题，在前人的探索中得到了一些较为巧妙的纳米 SnO_2 颗粒形态（图 1-10）[72-77]，最经典的当属具有中空结构的纳米 SnO_2 活性负极材料，该结构由此可以提供更加广阔的锂离子扦插空间。

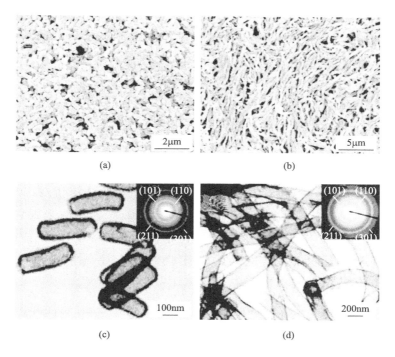

(a)   (b)

(c)   (d)

图 1-10   不同长度 SnO_2 纳米管的颗粒形态

（a）$2\mu m$ 的扫描电镜（SEM）照片；（b）$5\mu m$ 的 SEM 照片；
（c）100nm 的透射电镜（TEM）照片；（d）200nm 的 TEM 照片

硅基材料中，单晶硅是一种较为理想的可用电极材料，其拥有着高达 4200mA·h/g 的理论比容量。但与锡基负极材料相同的是，纯硅在循环过程中也会发生巨大的体积膨胀，体积膨胀程度甚至能达到原始体积 400% 的水平，毫无疑问这几乎是合金化的负极材料中体积变化最为剧烈的一类[78-80]。微米级的硅电极在首次循环后就会产生极高的不可逆容量衰减，从而使得可用容量逐次降低。更加精细的纳米级形态的硅是改进电极性能的有效方法，同时硅与碳进行复合也是备选技术手段之一。

Li 等人在工作中指出，利用激光诱导硅烷气体反应的方式可以制备得到纳米级别的单质硅，运用这种方法，他们得到了直径 78nm 的硅颗粒[81]。这种硅基负极材料在 0～0.8V 电压区间内，循环 15 次后容量也能达到 1700mA·h/g 的较高水准。除了激光诱导的手段，在高温高压下也能得到纳米硅颗粒[82]。利用这种方式制备的硅单质的粒径可以通过选择不同的表面活性剂来调控。已经能够用这种方法制备出 5nm、10nm 和 20nm 的硅颗粒。这种硅基材料在 0.2C 倍率下，在 0~1.5V 的电压区间中，经过 40 次的循环，也能得到约 2500mA·h/g 的放电比容量。除了在颗粒大小上做文章外，将硅用碳进行包覆可以有效防止硅体积变化导致的 SEI 膜破裂，且碳原子的表面积要大于纳米级别的硅颗粒，这会有效减少负极与电解液间副反应的发生。用这种手段得到的多孔硅碳复合负极材料中的碳纳米网络能够提供一个有效的锂离子传输空间和电子导电网络，这种结构有着极高的孔隙率，能充分适应反应中硅的体积变化。如在 Magasinski 的工作中，制备的 15~30μm 的 C-Si 多孔性复合材料在 C/20 的放电倍率下比容量达到 1950mA·h/g，如图 1-11 所示，去掉碳含量单独硅纳米颗粒的比容量约为 3670mA·h/g，已经十分接近该种材料的理论值[83]。作为单质碳的一种，石墨烯也可以作为基质与硅纳米颗粒进行复合，这同样能够对于硅的体积剧烈变化起到遏制作用。Lee 等人工作中制备的硅/石墨烯复合材料在经过 200 次循环后仍有 1500mA·h/g 的容量保持，足以说明其极高的循环稳定性和离子存储容量[84]。

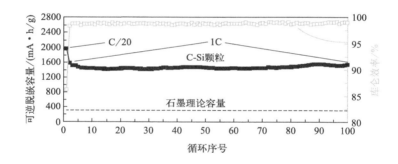

图 1-11　C-Si 复合材料的循环性能和库仑效率及其与石墨理论容量对比

钛基负极材料被认为是下一代负极材料的可靠备选，尽管有着较低的理论比容量，但钛基材料的优势也很明显。与碳基材料相比，钛基材料的结构能够在 1~3V 的电压区间内稳定工作，具有较高的电压工作平台，这能够有效避免由电解液电位过低发生副反应导致的分解，同时对锂枝晶的生长问题也能做到一定程度的规避，安全性较高[85]。与锡基材料、硅基材料相比，钛基材料的结构稳定极佳，它在反应中发生的体积变化通常非常小（小于 4%），功率密度也比前两者高。一系列的特性使得钛基负极材料无论是在便携式电子产品，还是固定储能装置、电动汽车领域，都有良好的发展前景。目前，钛基负极材料主要有两大类，即尖晶石 $Li_7Ti_5O_{12}$ 和多种矿相的 TiO_2。

钛酸锂 $Li_4Ti_5O_{12}$ 是一种内部具有三维的锂离子迁移通道的尖晶石矿相负极材料[86]。它的特殊结构使其能够容纳 3 个锂离子，此时材料的分子式将变为 $Li_7Ti_5O_{12}$，如图 1-12 所示。它有着 1.55V 左右的电压平台和约 175mA·h/g 的理论比容量。该种负极材料最显著的优点就是其抗形变的能力强，在多次的充放电循环后自身的体积变化仅有 0.2%，鉴于它的这种特性，钛酸锂通常也被称为零应变材料，这种特性保证了它的循环稳定性[87,88]。美中不足的是，钛酸锂作为一种半导体材料，自身的电子绝缘性质抑制了其高倍率性能。因此大大提高钛酸锂的电子电导率是目前研究亟待突破的方向，通常采用离子掺杂或将其与导电性更好的材料复合来提高它的离子电导率[89-97]。除此之外，细化颗粒大小，将其制备为纳米材料也能明显缩短离子迁移路径，提高其高倍率性能，这种适用于其他电极材料的方法对钛酸锂电极材料也同样适用[98,99]。

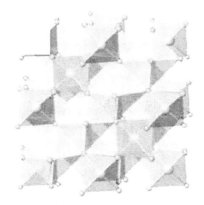 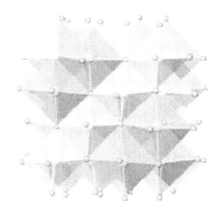

(a) 尖晶石$Li_4Ti_5O_{12}$的晶体结构   (b) 岩盐$Li_7Ti_5O_{12}$的晶体结构

图 1-12　晶体结构

TiO_2 的晶型多种多样，有锐钛矿（anatase）相、板钛矿相、金红石（rutile）相和青铜（bronze）矿相（TiO_2-B）等[100]。这些不同矿相的 TiO_2 有着完全相同的理论比容量，均为 335mA·h/g。但并非所有矿相的 TiO_2 都能发挥出相同的实际比容量，其中金红石相和锐钛矿相的 TiO_2 由于 Li-Li 之间的互斥作用，导致其实际反应比容量很低。由于这种排斥作用的影响，每分子的 TiO_2 在反应中仅有 0.5 个 Li 可插入，这样的机制下电极材料实际比容量往往仅有 168mA·h/g，仅能达到理论比容量的 50% 左右[101-105]。与两者相比，青铜矿相的 TiO_2-B 有着开放式的架构，供锂离子穿插的通道更加宽广，这使得每摩尔的 TiO_2-B 锂离子插入量能够大于 0.9mol，更强的接纳锂离子的能力保证了它较高的实际比容量[106-108]。当然，仅从晶体大小来评判其能够嵌入锂离子的能力未免太过局限，实际上该性能还与晶体自身形貌以及晶体的生长取向有关。比如通过制备具有介孔形貌的纳米电极材料可有效增强材料表面存储Li的能力；而且对于金红石矿相的 TiO_2，锂离子在 c 轴方向上的扩散速率要远高于沿 ab 面扩散的速率，因此沿 c 轴方向生长的纳米棒会为金红石矿相的 TiO_2 带来更为优异的性能。

TiO_2 系列负极材料作为负极拥有循环寿命长、环境友好、安全的诸多优势，在新型电极材料的研发中占据了一席之地。同时 TiO_2 的 Li^+/Li 氧化-还原反应电位更高，高于石墨电极的 1.6V，因此在锂离子电池中可以起到过充保护作用。此外其方便被制备为纳米材料，能显著提升快速充放电的能力。TiO_2 材料目前最主要的短板在于其工作电压高，这会大大降低锂离子电池的能量密度。诸如 $LiMn_2O_4$ 和 $LiNi_{0.5}Mn_{1.5}O_4$ 等高电压正极材料可在一定程度上解决这个困扰。同时，与钛酸锂材料类似，TiO_2 负极材料也存在着较差的电子导电性问题，不够理想的高倍率性能限制了它的大规模应用。各种晶型的详细介绍请见后文。

对于承担锂离子迁移的电解质部分，目前大规模使用的电解液多为一些有机电解液，实际上，绝大多数商用电解液在底层设计方案上已无太大秘密可言，提高电解液性能的关键在于提纯技术和配方技术。高性能电解液的生产对纯度要求高，因此对锂离子电池公司生产工艺和过程控制提出较高要求。有机电解液有着一大弊端，它的非水有机配方，决定了其易燃的特性，有较大的安全隐患。同时电解液加隔膜的形式（图 1-13）也从根本上限制了采用电解液的锂离子电池的能量密度。基于此，固态电解质方案应运而生。

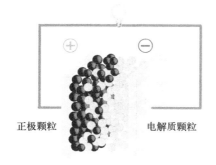

(a) 固态电解质电池

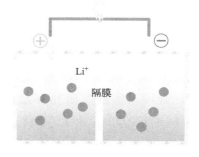

(b) 传统电解液电池结构

图 1-13　电池结构

最早的固态电解质可以追溯到 1975 年，PEO 被证明是一种能够传导锂离子的有机聚合物，但用于电池中，它较差的循环稳定性限制了其进一步的应用[109]。固态电解质在随后的几十年间一直不温不火，直到电动汽车市场的火热催动了它的研究。众所周知，电动汽车相比传统汽车最大的缺点就是其续航能力的不足，同时，商用锂电解液，多采用易燃的有机成分做溶剂，有着较高的安全隐患。对比传统电池电解液＋隔膜的电解质模式，固态电解质本身也能够有效地将正负极隔开并阻止锂枝晶的生长，这就从根源上决定了采用固态电解质的锂离子电池不像传统电池那般"臃肿"，理论上，这种新型电池的能量密度会更高。然而固态电解质的商业化之路仍有两大问题亟待解决。一个是电极和电解质间"固-固"界面的接触问题，不似电解液能够浸入正负极材料的特性，固态电解质无法有效地浸润电极，这种固态间的刚性接触将导致固态电解质与电极间的阻抗上升，影响锂离子迁移的效率，增加发热。固态电解质材料的另一大缺点在于其极低的室温离子电导率，如聚合物电解质在室温下往往只有 $10^{-7}\sim10^{-6}$ S/cm 的极低水平。这种低离子电导率会让电池在高充放电速率下产生极高的极化，导致电池的高倍率性能极差甚至没有容量。

目前的固态电解质研究主要有三大类[110-112]：硫化物固态电解质、氧化物固态电解质、有机聚合物固态电解质（表 1-1）。

表 1-1 不同类型固态电解质性能比较

种类	室温离子电导率/(S/cm)	力学性能	稳定性
硫化物	$10^{-4}\sim10^{-3}$	柔韧性强	易发生副反应
氧化物	$\leqslant10^{-4}$	硬度高、脆性大	较好
有机聚合物	$10^{-8}\sim10^{-7}$	柔韧性较好	较好

硫化物固态电解质是最接近商用的一种固态电解质，这类材料室温离子电导率高，甚至能够接近电解液的水平（$10^{-3}\sim10^{-2}$ S/cm），同时该种类型的固态电解质与电极间的界面接触较好，使得电池阻抗较低，有更高的充放电效率。然而，硫化物电解质在实际应用中有许多棘手的问题需要解决。一个是硫化物通常不稳定，无论是空气中的 O_2、H_2O 还是 CO_2，都极容易与它发生反应，这就提高了对密封条件的要求。硫化物电解质的另一大弊端在于充放电过程中的循环稳定性不佳，以硫化物电解质材料 $Li_{10}SnP_2S_{12}$（LSPS）为例，该材料在循环老化之后检测到 S^{2-} 的出现，反应继续进行，醇氧化物与多硫化物反应形成亚硫酸盐和其他低分子量的化合物将导致电池的不可逆损伤。

17

与之对比，同属无机电解质的氧化物电解质在稳定性上的表现则要好得多，尽管某些类型的氧化物也存在与 CO_2 发生反应的可能性，但总体上稳定性更强。同时，氧化物固态电解质自身的离子电导率也相对较高，如钙钛矿型钛酸镧锂 $Li_{0.5}La_{0.5}TiO_3$（LLTO）的晶粒室温离子电导率能够达到 $10^{-3}S/cm$，尽管其室温离子电导率参数与电解液相比仍有差距，但完全能够满足实际应用的需要。氧化物电解质无法大规模应用的最主要原因在于它的高脆性，这些氧化物陶瓷材料的高脆性使得其加工成型难度大大增加，同时也导致了它们无法承受电池因外力引发的变形。

聚合物电解质材料的柔韧性比氧化物电解质材料要好得多。可塑性的增强使得其能够更好地应对外力形变，同时较好的柔韧性使该种材料更易加工成型。另外，聚合物材料相对更轻，同时较低的成本也是未来高能量密度电池能够成功商用的关键。尽管对聚合物材料的研究最早，然而该种电解质材料较差的离子导电能力会使得电池在循环过程中的极化严重，虽然能够小部分商用，但采取的方案都是在原锂离子电池之外添加额外的辅助加热装置，以提高材料的离子电导率。这种方式导致的能量损失也是不可忽视的。另外，在聚合物材料中加入增塑剂是一种有效增大离子电导率的手段，但增塑剂的加入会导致聚合物本身的柔韧性与机械强度大大下降，这也是人们所不愿看见的。

因此，保证电解质机械性能与离子导电能力之间的平衡至关重要。既然单一电解质材料无法有效满足人们的需要，多种材料复合的方式逐渐被探索出来。目前普遍采用的是无机陶瓷与有机聚合物复合的方式。用这种手段可以实现一定程度上的平衡。此外，固态电解质在实际应用过程中也还面临着电化学稳定性窗口过低、无法有效浸润电极材料的诸多问题，此处不再详细说明。

1.1.2　镁离子电池

伴随着科学技术的进步，各式各样的电子产品对人们生活和生产带来了巨大影响。其中，电动汽车在减轻环境污染方面做出了巨大贡献，电动汽车的能源存储主要是利用锂离子电池，而锂离子电池有锂枝晶生长这一重大问题难以解决。同时单个锂金属原子在反应过程中仅能提供一个电子，在原子量相差不大的时候，这种仅能提供一个电子的特性会导致电池的能量密度偏低。从这一方面出发，多价金属离子电池（如 Mg^{2+}、Al^{3+} 等）能在单次充放电过程中提供更多的电子，成为研发高能量密度电池的一大选择方向。镁离子电池就是这样的一种多价金属离子电池[113-116]。

作为一种潜在的能够商用的金属离子电池，镁离子电池的理论容量能达到 $3833mA\cdot h/g$，同时镁资源获取的简易程度要远超锂金属。曾有人断言，如果锂离子电池能够取代石油，那么拉美将变为新的中东。资源的不均衡分布是人类社会纷争不断的重要原因。而镁资源储量丰富，且不提海洋中的镁资源，地壳中的镁金属矿藏也是储量惊人，低廉的获取成本也是镁离子电池的一大优势。最重要的是，镁离子电池在充放电过程不会受到枝晶生长问题的困扰，因此大大提高了电池的循环寿命以及运行安全性。如图 1-14 所示，与其他二次电池相比，镁离子电池有着较为均衡的参数及优异的综合性能表现。

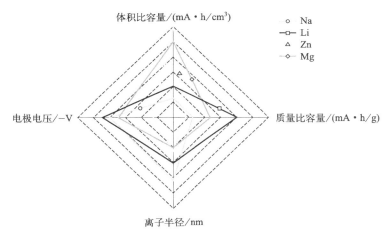

图 1-14　不同金属负极多维参数的对比[117]

镁元素与锂元素在化学元素周期表的位置相近，因此镁离子电池的设计思路总体上与前文提到的锂离子电池类似（图 1-15），区别于锂电池的是，镁离

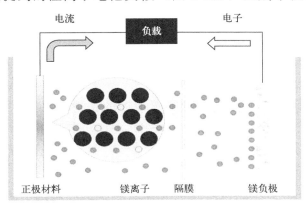

图 1-15　镁离子电池工作示意图

子电池主要以镁或者镁合金作为电池负极，以可供镁离子嵌入脱出的材料作为正极。电解质也与锂离子电池相似，只不过在电解质中迁移的阳离子由锂离子变为了镁离子。镁离子电池的工作原理也与锂电池相当。当电池充电时，镁离子脱离正极材料；电池放电时，镁离子相应移动至正极材料内部，同时外电路向负载释放电流。目前按照电解质的形式，可以将其分为液态镁电池以及固态镁电池。其中液态电池，根据电解液组成形式的不同，还可以分为有机溶液电池和水溶液电池。由于镁的有机电解液具有毒性、易燃和镁离子电导率低等问题，高镁离子电导率、价格低廉、安全稳定的水系镁电解液也受到不少的关注。

镁离子电池的发展目前也有不少阻力。首先，和金属锂一样，金属镁同样是活泼的金属材料，这样的活泼属性使得它在反应过程中容易被氧化生成较厚的钝化膜，阻碍镁离子在负极材料上的沉积。此外，镁的极化作用较强，强烈的溶剂化倾向使得电极材料中的镁离子很难对外转移，要实际传递电子非常困难。

镁离子难以嵌入脱出的性质，使得电极和电解质溶液的研发成为开发新型镁离子电池的关键。在开发这些材料时，要充分考虑新材料间的兼容问题。掺杂镁金属后的正极材料与含镁电解质溶液间不能发生反应，同时也必须保证电子能顺利发生转移。含镁的电解质溶液在保证良好导电性、抗氧化性的同时，也必须有较宽的电化学稳定性窗口和维持自身结构稳定性的能力。

镁离子电池正极材料的选取与锂离子电池也大致类似，目前正极材料按照充放电过程中结构是否发生变化，可以分为插层型以及相转变型。

相转变型目前研究时间较短，通过充放电过程中空间重构以及化学键的断裂等方式，释放出额外的空间存储镁离子。目前主要包括一些硫化物以及有机材料，如 SeS_2、CuS 和 2,5-二甲氧基-1,4-苯醌（DMBQ）等。

不难看出，相转变型材料还存在着大倍率下比容量较低以及容量衰减快等缺点，相比之下，插层型材料电化学性能发挥更加稳定。具有空间网络结构的聚阴离子化合物也被认为是一种很有前途的正极材料，主要包括橄榄石结构的硅酸盐（如 $MgMnSiO_4$ 和 $MgFeSiO_4$）以及 NASICON 结构的磷酸盐（如 $Mg_{0.5}T_2(PO_4)_3$ 和 $Na_3V_2(PO_4)_3$），其稳定的空间结构明显提高了循环充放电表现，但是较差的电子导电性也一直影响着电化学表现。与此同时，尖晶石结构的正极材料（通式：AB_2O_4）由于其特殊的三维隧道式结构，在离子电池方面有着不错的电化学表现。同时，过渡元素化合物因其独特的层状空间结构备受关注。层状空间具有更为开放的离子传导路径，更加有助于离子在正极材料内部的迁移。研究者发现钠锰氧化物如 $Na_{0.55}Mn_2O_4 \cdot 1.5H_2O$，同样具有层状空间结构。因其较高的离子存储容量以及更快的离子传输速度，被广泛应用于离子电池与超级电容器。它是潜在的高性能镁离子电池正极材料。Li等人制备核壳结构的 $Na_{0.55}Mn_2O_4 \cdot 1.5H_2O@C$ 复合材料作为电极材料，放电容量在低倍率（100mA/g）下能达到 $750mA \cdot h/g$[118]。另外，即使在高倍率（4A/g）下也能长期稳定循环达 3000 次以上。Rodney 于 2019 年利用 PVP辅助溶胶-凝胶法制备了隧道型 $Na_4Mn_9O_{18}$ 材料，即使在 500mA/g 下，经过1000 次循环后仍保持 $35mA \cdot h/g$ 的比容量，证明了其优越的循环稳定性[119]。Zheng 等于钠离子电池中应用层状复合材料 $Na_{0.44}MnO_2 \cdot Na_2Mn_3O_7$，并在200mA/g 电流密度下循环 100 次，容量保持率仍在 85% 以上[120]。这些都说明层状材料能提供较为丰富的活性位点和开阔的空间结构供传导离子使用，表现出优异的电化学性能表现。

按照正极材料的元素划分，正极材料同样种类繁多。此处仅介绍锰基正极材料。该种电极材料，通常有着较为适合的电位、不低的比能量、较长的循环寿命、无毒性、对环境友好等诸多优点。该种体系的正极材料主要有金属硫化物和尖晶石矿相氧化物（图 1-16）两大类。金属硫化物正极材料有着适于镁离子嵌入脱出的属性，它自身的结构主要是二维的层状结构和 Cheverel 相结构。二维层状结构的硫化物的化学通式为 AS_x，在这里，A 可以为钛、钒、钼等金属元素。以镁掺杂的二硫化钛 Mg_xTiS_2 材料为例，该种电极材料中 Mg^{2+}

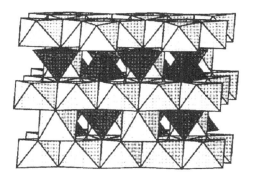

图 1-16　尖晶石结构氧化物的晶体结构[121]

为空间八面体构型，Mg^{2+} 在充放电过程中不断嵌入脱出。Cheverel 相结构的材料中，Mo_3S_4 能够扮演一个接纳 Mg^+ 嵌入脱出的角色。该材料在充放电过程中发生的反应大致如下：

$$Mo_3S_4 + xMg_2 + 2xe^- \leftrightarrow Mg_xMo_3S_4$$

当然金属硫化物正极材料也存在着一些不足，这些材料的制备条件往往十分苛刻，大多需要在真空或惰性气体中高温复合制备。尖晶石矿相的氧化物锰基材料相比金属硫化物正极材料，它的晶胞结构中，键与键的键能更大，不易发生断裂。但由于 Mg^{2+} 自身易于极化的影响，这种材料被研究得比较少。同时，这种材料的 Mg^{2+} 在穿插可逆性上也表现不佳。

负极材料方面，镁金属有着高理论容量、低标准电位以及稳定沉积特性，因而被认为是很有开发前景的镁离子电池高性能负极。但是自从镁金属应用于镁离子电池，与电解质溶液不兼容的问题一直摆在研究人员的面前。由于裸露的镁金属与电解质反应形成钝化层，大大降低电池的比容量。从镁金属本体出发，去弱化钝化膜对于电化学性能的影响，有以下两种改善角度。一方面，利用金属镁表面进行涂层设计，用以阻止钝化膜进一步变厚。Wang 等于 2018 年证明，在镁阳极表面设计生成一层镁离子导电固体 MgI_2 层作为其固体电解质表面，可以显著提高镁阳极的稳定性并在 Mg-S 电池体系中表现出较小的电压滞后[122]。之后，Gao 等人发现在镁阳极与氢氟酸的反应能形成具有化学惰性的 MgF_2 层。与使用裸金属镁作为阳极的电池相比，也能显著提高电压稳定性与库仑效率[123]。另一方面，采用合金化工艺合成镁合金去减弱钝化膜的效果[124]。Niu 等人于 2018 年，基于 DFT 理论计算得出 Sn 和 Bi 都具有低扩散势垒（分别为 0.43eV 和 0.67eV），是很好的负极候选材[123]。他们设计了一种具有高相界密度的双相 $NP\text{-}Bi_6Sn_4$ 合金，大量的多孔结构改善了单相金属充放电过程中的体积变化率，整体表现出了优异的电化学性能。

最近，许多新型材料作为镁离子电池负极材料受到越来越多的关注。根据 DFT 理论计算，Shenoy 的团队发现，缺陷石墨烯和石墨烯同素异形体利用结构中的空位和拓扑缺陷，适合镁离子的存储，且在 25% 的双空位浓度下的存储容量高达 $1042mA \cdot h/g$[125]。后续也有很多团队利用 DFT 计算，陆续发现单质黑磷以及磷烯均可应用于负极材料[126,127]。整体来看，理想的负极材料在兼顾镁的存储容量的同时，更应该关注循环充放电过程中钝化膜对于电化学表现的影响。

电解液方面，按照溶剂的不同，电解液体系可以分为有机溶剂电解液和水溶剂电解液，下面将从两个方面简述其研究进展。

有机溶剂电解液最早被引入镁离子电池体系中，奥巴奇和他的团队于 2000 年发现，当 0.25mol/L 浓度的 $Mg(AlCl_2BuEt)_2$/四氢呋喃（THF）作为电解液时，镁离子全电池可以稳定运行 2000 次以上，容量无明显下降，这是镁电池里程碑式的进步。后来，他们又设计了全苯基络合物电解液（APC），其组成的电池可以在 3V 以上运行，表现出良好的离子电导率。Zhang 等人于 2020 年，在以上所述的基础上设计了 APC-LiCl 双离子电解液，在含 Li^+ 的电解液中，在电流密度为 15mA/g 下，Mg-Li 混合电池（MLIB）提供了高达 525mA·h/g 的初始放电容量[128]。近年，发现往电解液中添加离子液体也是增强离子电导率的有效手段。Lee 等研究了离子液体添加后有机电解液性能提升的机理，发现离子液体与电解液中的酸性质子，共振形成稳定的镁络合物，提升电池整体的循环稳定性[129]。目前，有机溶液电解液虽然提升了镁离子正极材料的电化学窗口，但是也带来了保存条件苛刻、稳定性差以及易燃易爆等问题，仍需科研工作者进一步改善。

众所周知，镁离子电池因为转移过程带动两个电荷，容易导致动力学表现差及正极材料空间结构的破坏。为了缓解上述问题，有研究表明在电解液引入高极性分子屏蔽多价离子是一种高效的方法。利用偶极分子的电荷屏蔽作用，可以显著提高镁离子嵌入脱出的速度。Yuan 等于 2014 年发现，λ-MnO_2 在 0.5mol/L 的 $MgCl_2$ 溶液中，首次放电的容量达 545.6mA·h/g（13.6mA/g），且库仑效率率接近 100%[130]。Zhang 等于 2017 年发现 Mg-OMS-1 电极材料在 0.2mol/L $Mg(NO_3)_2$ 水溶液中，首次放电的容量可达 248mA·h/g（10mA/g），表现出优异的镁离子动力学性能[131]。Sun 等在 2021 年报道，于 Mg_2MnO_4/（1mol/L $MgSO_4$＋0.1mol/L $MnSO_4$）/聚酰亚胺（PI）水溶液电池体系中，放电容量达 70.7mA·h/g[132]。由于水溶液电解液添加了锰盐，抑制了 Mg_2MnO_4 的溶解，10000 次循环后容量保持率为 89%。另外，功率密度为 15300W/kg 时，比能量达到 60.1W·h/kg。总之，水系电解液不仅降低了生产成本，提高了安全性，也很大程度上提高了镁离子动力学表现，这些都在镁离子电池技术的发展中起到了关键作用。

1.2　二氧化钛晶体结构表征概述

TiO_2 在自然界中有几种同素异形体，分别是锐钛矿相、金红石相、板钛矿相和青铜矿相 TiO_2-B，TiO_2 作为负极材料循环寿命长、环境友好、安全隐患小，是一种关键的金属离子电池负极材料。这四种晶型 TiO_2 的晶体结构如图 1-17 所示。尽管有着不同的晶体结构，但四种矿相的 TiO_2 离子嵌入/脱出机制都是一致的，其具体的反应机理可用下面的公式简化描述[133]，

$$TiO_2 + xLi^+ + xe^- \leftrightarrow Li_xTiO_2 \qquad (1\text{-}3)$$

公式中 x 的数值会因 TiO_2 的具体形貌、结构以及生长方向的不同而变

化，随着氧化还原反应的不断进行，电子会发生相应的定向迁移。每有 Ti^{4+} 受到还原反应变为三价的 Ti^{3+} 的同时，为了维持晶体结构自身的电中性，便会有一个 Li^+ 进入到 TiO_2 的晶格当中，随着 Li^+ 的不断嵌入，TiO_2 会发生一系列的相转变过程。这种相变过程不止可以通过实验验证[134-139]，随着计算机仿真技术的发展，也可以通过理论计算模型来实现。当然由于四种 TiO_2 的具体晶胞结构有着一定程度上的差别，锂离子在不同矿相的 TiO_2 中插入的位置也会相应不同[140-142]。

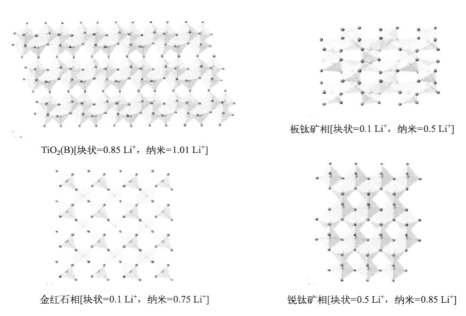

TiO₂(B)[块状=0.85 Li⁺，纳米=1.01 Li⁺]

板钛矿相[块状=0.1 Li⁺，纳米=0.5 Li⁺]

金红石相[块状=0.1 Li⁺，纳米=0.75 Li⁺]

锐钛矿相[块状=0.5 Li⁺，纳米=0.85 Li⁺]

图 1-17　不同晶相 TiO_2 的晶体结构[110]

1.2.1　锐钛矿相二氧化钛

锐钛矿相 TiO_2 的晶体结构是一种在平面上的一维锯齿状的链结构，锂离子在这种矿相的 TiO_2 中扩散所需的能量较少。其晶胞是由八面体 TiO_6 沿着平面 a 和 b 轴方向堆叠而成的，这种空间结构为锂离子的扩散提供了一个"之"字形的通道。这种宽广的内部结构为锂离子的脱嵌提供了极大的便利[100,143,144]。在维持锂离子传输的同时，该种矿相的 TiO_2 的晶胞体积变化仅有不到 4% 的水平[145]，这种极强的抗形变能力是合格的正极材料所必需的。结构的稳定保证了采用该种材料的电极具有极长的循环寿命。

1.2.2 金红石相二氧化钛

金红石相 TiO_2 晶胞的晶体结构是一种八面体的空间结构，TiO_6 八面体经过共棱和共顶点排列构成，这种结构让金红石相的 TiO_2 成了 TiO_2 众多晶型中最为稳定的一种。但是这种较为致密的空间结构会造成锂离子在其中嵌入脱出的困难，这也是这种矿相的 TiO_2 的 Li^+ 扩散系数较低的原因。另外，锂离子在金红石相中的各个空间方向上的扩散能力差异性也非常大，主要表现在 Li^+ 在 c 轴方向上扩散速度远超其在 ab 面上的扩散速度。Li^+ 在 c 轴上的离子扩散系数约为 10^{-6} cm^2/s，而在 ab 面上这个数值则下降为 10^{-14} cm^2/s。这种 Li^+ 扩散能力的差异将会导致 Li^+ 在 ab 面和 c 轴方向上的数量有较大的差别。然而，尽管锂离子在 c 轴方向上的扩散速度远超 ab 平面，但在 ab 面上被束缚住的 Li^+ 会对 c 轴方向上迁移的锂离子产生一种强烈的排斥作用，这种斥力会导致 c 轴方向上锂离子的扩散达不到理论预期，从而使得整体的金红石相的 TiO_2 锂离子的扩散系数非常低。

1.2.3 板钛矿相二氧化钛

与前文提到的金红石矿相 TiO_2 相似，板钛矿相 TiO_2 中锂离子嵌入脱出过程也主要发生在 c 轴方向上，这种类似结构上离子迁移能力的限制使得板钛矿 TiO_2 电极材料的比容量很低，设置采用纳米结构的板钛矿 TiO_2 插锂的个数也只能达到 0.5 个[146,147]。基于此，通常认为该种矿相的 TiO_2 不适合作为电极材料应用，因此对它一系列改性的研究也相应较少。

1.2.4 青铜矿相二氧化钛

与其他三种晶型相比，青铜矿相 TiO_2-B 的电极材料有着更高的理论比容量。不同于 TiO_2 的其他三种矿相的结构，TiO_2-B 矿相的 TiO_2 是一种由 TiO_6 八面体共边和共角排列而成的结构[148-150]。理论计算表明，锂离子在该种结构的负极材料中的快速扩散主要在 b 轴方向上进行。密度泛函理论（DFT）计算表明，锂离子在三个扩散方向的能量势垒大小排列为：(010) < (001) < (100)[151]。这表明锂离子在晶胞中的扩散存在着各个方向维度上的不同。锂离子更倾向于沿着 b 轴 [010] 方向上的锂离子迁移通道快速扩散。基于此，在设计 TiO_2-B 正极材料的时候要设计成为沿着更易锂离子迁移的方向伸展的形貌，以获得更好的电池性能表现。而且 TiO_2-B 在锂离子扩散动力学过程中

存在明显的赝电容性质，这将使它的倍率性能更加优异。

1.3 锰基氧化物晶体结构表征概述

锰基氧化物凭借自身的高理论容量、丰富的储量和环境友好的诸多特性，成为金属离子电池负极材料的不二选择。锰基氧化物种类繁多，除了较为熟知的 MnO、MnO$_2$ 等标准氧化物外，通过进行离子掺杂，还可以得到如镁锰氧化物、钠锰氧化物等复杂锰基材料。下文将简述几种常用的锰基氧化物。

1.3.1 二氧化锰

二氧化锰（MnO$_2$）是一种应用广泛的锰基氧化物电极材料，在锂离子电池及超级电容器中都能看见它的身影。在作为离子电池的负极材料时，它高达 1232mA·h/g 的理论比容量能够较好地满足实际需要。MnO$_2$ 电极的实际工作原理如下：

$$MnO_2 + 4Li^+ + 4e^- \longrightarrow Mn + 2Li_2O$$

MnO$_2$ 能够吸收 Li$^+$ 变成 Li$_2$O，以此保证 Li$^+$ 的嵌入。MnO$_2$ 有着众多的晶型，根据现有的研究资料来看，大约有五种晶型结构：碱硬锰矿相α-MnO$_2$、金红石矿相β-MnO$_2$、斜方锰矿相γ-MnO$_2$、层状矿相δ-MnO$_2$、尖晶石矿相λ-MnO$_2$。这些不同晶型的简要描述如表 1-2 所示。

表 1-2　不同矿相 MnO$_2$ 晶体参数对比

名称	结构类型	结构	孔道尺寸/Å(1Å=10^{-10}m)
α-MnO$_2$	碱硬锰矿相	[2×2]隧道	4.6
β-MnO$_2$	金红石矿相	[1×1]隧道	1.89
γ-MnO$_2$	斜方锰矿相	[1×1]与[2×2]隧道	1.89,4.6
δ-MnO$_2$	层状矿相	层间存在水和阳离子	7.0
λ-MnO$_2$	尖晶石矿相	三维网络隧道	不详

在这五种不同类型的 MnO$_2$ 中，尖晶石矿相的 λ-MnO$_2$ 通常不会被应用于锂离子电池的负极材料制作。在负极材料广泛采用的四种类型中，由 MnO$_6$ 八面体结构单元以共角连接而成的 α-MnO$_2$，拥有较大的离子传输孔道结构。这种更加宽广的内部空间显然更有利于离子的迁移运输，但也是这种大孔道结

构在保证 Li^+ 传输的同时，杂质离子如 K^+ 等也会在孔道中传输。这也是这种负极材料倍率性能的表现往往不够出色的原因。$\beta\text{-}MnO_2$ 有着［1×1］的隧道结构，其晶型在众多的 MnO_2 中最为稳定。但该种类型因为较小的离子传输孔径，其作为电极能够提供的实际容量很低。$\gamma\text{-}MnO_2$ 有两种隧道结构，这使得其晶胞中有较多的晶格缺陷和离子空位，这一类 MnO_2 往往容量较高。$\delta\text{-}MnO_2$ 有着层状结构，这种层状结构利于离子脱嵌，因而比容量很高。但不稳定的结构形态也导致了 $\delta\text{-}MnO_2$ 较差的循环稳定性。

MnO_2 凭借着众多晶型选择和优异的物理、化学性能，成为一种极好的电池负极材料。然而，这种材料也存在着一定的实际缺陷：

① 作为一种半导体材料，MnO_2 的电导率偏低，这会导致电池较差的倍率性能。

② 随着锂离子的不断嵌入脱出，其自身的体积会发生不同程度的变化。体积的变化将伴随着电池容量的下降和循环寿命的缩短。

③ 初始循环中的不可逆相变过程和反应中 SEI 膜的生成导致首圈较低的库仑效率。MnO_2 的实际应用仍然需要一系列的改性。

1.3.2 镁锰氧化物

镁锰氧化物是一类常见的锰基氧化物材料，通过不同含量的锰元素掺杂，可以得到不同分子式的镁锰氧化物。掺杂方法也多种多样，如溶胶-凝胶法、固相烧结法等。此处便以较为简单的 $MgMn_2O_4$ 来对该种材料做简单的介绍。

通过调控镁、锰、氧三种元素的物料比，理论上便可精准地得到 $MgMn_2O_4$ 材料。该种材料最早由 Truong 等人通过溶胶-凝胶法制备。由于引入了 Mg^{2+}，使得它可以作为镁离子电池的正极材料。它的放电比容量能够达到 $171mA\cdot h/g^{[152]}$，基本能与稳定的锂离子电池正极材料 $LiFePO_4$ 媲美。对它进行进一步的改性，可以得到更高的容量表现。但是考虑到镁离子电池的特性，这样的容量表现不足以支撑该种材料的商用。$MgMn_2O_4$ 材料的最大问题在于它较差的导电性，导电能力的不足造成了 Mg^{2+} 迁移的困难。可以考虑引入导电性较好的材料如石墨烯等对其缺点做有针对性的改善。另外，由于 Jahn-Teller 效应的存在，该种材料的循环稳定性也难称完美。可以通过进一步的离子掺杂来增强其循环稳定性。

1.3.3 钠锰氧化物

钠锰氧化物材料的制备过程与前文的镁锰氧化物大体上一致，不过是将镁元素替换为钠元素，同时根据物质特性调控反应过程的变量如温度等即可。尽管钠锰氧化物的应用更多是在超级电容器方面，但近年来有些研究表明它也可作为镁离子电池的电极材料使用。

1.4 离子掺杂

离子掺杂是材料改性的重要手段，与宏观复合不同。它从微观层面改变了物质的晶胞结构，以此改善晶胞自身的大小、密度、电负性等，进而从根本上提高材料性能。对于电极材料而言，离子掺杂可以改善电极自身的电导率、结构稳定性等。根据所掺杂离子的不同，大体可分为阳离子掺杂和阴离子掺杂等。

1.4.1 阳离子掺杂

能够用于离子掺杂的阳离子种类繁多，绝大多数金属阳离子都能被有效地掺入到电极材料中，如 V^{5+}、Nb^{5+}、Sn^{4+}、Fe^{3+}、Zn^{2+}、Cu^{2+} 等。二氧化钛作为一种常见的半导体负极材料，自身导电性较差，通过阳离子掺杂可以有效改善该种材料的性能。如用 Nb 元素对介孔 TiO_2 进行掺杂后，电极材料的电导率能得到显著提升，提升幅度甚至能达到 2 个数量级，从而大大提高材料的电化学性能。M. Fehse 等人对二氧化钛纳米纤维进行了类似的 Nb 元素掺杂改性，它们发现 Nb 会替代部分 TiO_2 晶格中的 Ti 原子[153]，这种变化首先会导致费米能级的变化进而提高材料的电子电导率，同时造成的晶胞尺寸减小会缩短离子传输的距离。这一系列的变化都将改善 TiO_2 材料的倍率性能。用 V^{5+} 替代 Ti^{4+} 也在 TiO_2 改性中得到了实践。V 的掺杂会在 TiO_2 晶格中创造更多的 Ti 离子空位，同时也会改善材料的结晶度，减小晶格尺寸，提供更大的接触比表面积，使得材料获得更优异的循环性能和倍率性能。

综上所述，阳离子掺杂改性会对材料的电子结构、电化学性能等有较明显的提升，是一种切实可行的手段。为了让读者更清晰地了解阳离子掺杂，下面将分别介绍 Jin 等的镍离子掺杂镁锰氧化物纳米材料[154]、Zainol 等的钛离子掺杂镁锰氧化物[155]、Harudin 等的锶离子掺杂镁锰氧化物[156] 和 Rosli 等的铝离子掺杂镁锰氧化物[157]。

1. 镍离子掺杂镁锰氧化物纳米材料的制备与电化学性能

目前，基于多价离子插层的可充电离子电池电极材料因其能量密度高、结构稳定性好而备受关注[130,158]。目前的研究重点是为镁离子电池（MIBs）寻找合适的、具有良好电化学性能的电极材料，以实现电动汽车用高能量容量、安全的可充电离子电池[159-166]。具有尖晶石结构的氧化物，如尖晶石型 Mn_2O_4 被广泛用作锂离子电池（LIBs）的正极材料[166]。实际上尖晶石型 $LiMn_2O_4$（LMO）已被用作锂离子电池在电动汽车中的正极材料[167]。然而，$LiMn_2O_4$ 的商业化发展受到几个缺陷的阻碍，包括由 Jahn-Teller（JT）畸变导致的循环过程中严重的容量退化，以及锰在电解液中的溶解。在 LMO 中掺杂其他过渡金属元素可以改善 LIBs 的电化学性能。其中 Ni 的掺杂可以使尖晶石结构的 LMO 更稳定，从而改善 LIBs 的循环特性[168,169]。

Mg^{2+} 取代 Li^+ 插入尖晶石型 Mn_2O_4 中可用于制造 MIBs 的正极材料。由于每个 Mg^{2+} 携带两个电荷，因而 MIBs 具有较高的体积能量密度和较低的成本，且在相同浓度下的电荷存储能力是 Li^+ 的两倍，因此引起了人们的广泛关注。Yuan 等报道 λ-MnO_2 在 $MgCl_2$ 电解液中表现出较高的比容量和良好的库仑效率[130]。在 $0.5mol/dm^3$ $MgCl_2$ 溶液中，获得了 $545.6mA \cdot h/g$ 的大放电比容量，在电流密度为 $13.6mA/g$ 时，具有高达 100% 的库仑效率[130]。Kim 等研究了 Mg 嵌入尖晶石型 Mn_2O_4 中的可逆性，利用扫描透射电子显微镜，直接观察了 Mg^{2+} 在尖晶石氧化物主体的四面体位置的电化学插层过程[158]。Kim 等认为该电极由 λ-MnO_2 组成，与 α-MnO_2 相比，第一次循环具有更高的放电容量和 Mg 离子插入/提取效率[170]。但在第五次循环后表现出较差的 57% 的容量保留。纳米级电极材料具有 Li^+ 快速扩散的优点，在锂离子插入/提取过程中表现出更好的应变适应能力，从而提高了 LIBs 的循环寿命[171]。由于使用纳米结构的锂离子电池，电极/电解质接触面积显著增加，导致有更高的充放电速率，更短的路径长度用于电子传输（允许在低电子导电性或更高的功率下运行）和更短的路径长度用于锂离子传输（允许在低锂离子导电性或更高的功率下运行）[171]。

据报道，在纳米结构的 $LiNi_{0.5}Mn_{1.5}O_4$ 中具有优越的倍率性能[172]。表面稳定性对于纳米电极材料的应用至关重要[173,174]，碳材料的表面修饰，AlF_3、nano-Y_2O_3、TiO_2 和 Al_2O_3 镀层已被用于改善 $LiNi_{0.5}Mn_{1.5}O_4$ 的电化学性能[175-178]。由于 Mg^{2+} 的价态高于 Li^+，在 $MgMn_2O_4$（MMO）中 Mn^{2+} 高于 Li^+

的价态必须从平均＋3.5降低到＋3，以保持电荷中性。JT畸变的发生是由于MMO中高自旋 Mn^{3+} 的存在。用 Ni 代替部分 Mn，可以使部分 Mn 保持在＋4的状态，从而避免了 JT 失真，如结果部分所述。从 LNMO 优越的倍率能力出发，在 $MgNi_{0.5}Mn_{1.5}O_4$（MNMO）中使用了 0.5 掺杂水平的掺杂去调研掺杂对 MMO 表面稳定性的影响[172]。最佳掺杂水平需要通过理论和实验验证。考虑到 MMO 和 MNMO 阴极材料的表面结构和稳定性的重要性，采用密度泛函理论（DFT）研究了 MMO 和 MNMO 阴极材料的表面稳定性。讨论了 MMO 和 MNMO 上所有低指数（001）、（110）和（111）刻面的可能终止。

所有的计算都是使用 SIESTA 代码[179,180]在广义梯度近似（GGA）中使用 Perdew-Burke-Ernzerhof（PBE）函数[181]进行的。用非局域赝势描述了原子核电子与价电子之间的相互作用[182]。仅仅使用 GGA 不足以捕捉材料的正确电子状态。GGA＋U 可以改善对电子结构的描述。Karim 等研究了 $LiMn_2O_4$ 尖晶石的表面性质采用 GGA 和 GGA＋U 作为电子交换相关函数[173]。他们发现，虽然 GGA 和 GGA＋U 中得到的表面能绝对值不同，但使用这两种方法得到的 Wulff 形状具有可比性，因为它们的相对表面能相似[173]。因此，预计在工作中省略 Hubbard-type 修正不会对结论有显著影响。利用双-ζ 基函数对价电子波函数进行了扩展。在目标压力为 0GPa 的条件下，通过共轭梯度最小化使晶格参数和原子位置得到松弛，并且每个原子上的剩余力小于 0.02eV/A。计算自洽哈密顿矩阵元素时，将电荷密度投影在截止值为 180Ry 的实空间网格上，以 0.01Ry 的能量位移确定基函数的局部化半径，分割范数为 0.16。在仿真过程中，采用线性混合策略[183]，其中自洽循环（$n+1$）阶段的输入密度矩阵为 $\rho_{in}^{n+1} = \alpha\rho_{out}^n + (1+\alpha)\rho_{in}^n$，在这项工作中密度混合质量为 0.01。采用 4×4×4 Monkhorst-Pack 网格对 Brillouin 区域积分进行 K 点采样。所有的模拟都考虑了自旋极化[184]。

有报道称，标准的（半）-局部交换相关泛函 DFT 不足以描述阴极材料的结构变化[185,186]。将 DFT＋U 计算和 van der Waals（vdW）相互作用相结合，可以得到在层状阴极 Li_xCoO_2 更精确的锂化电压、相对稳定性和结构性质的实验值[185]。vdW 相互作用有助于稳定插入的离子，并有助于阻碍离子在层状 V_2O_5 中的扩散[187]。根据 Scivetti 等的研究结果，vdW 在尖晶石 LNMO 中相互作用不影响（001）-Li 端接表面和（111）-Mn/Li ═端接表面的相对稳定性[188]。因此，在工作中省略 vdW 的相互作用不会对结论有显著影响。

MMO 和 MMNO 的晶体结构如图 1-18 所示。MMO 和 MNMO 的模拟超细胞均由 56 个原子组成。尖晶石 Mn_2O_4 的骨架在 $MgMn_2O_4$ [图 1-18(a)] 是一个四面体和八面体共面结构的三维网络。因此，与面心立方结构一样，氧原子紧密堆积，75% 的 Mn 原子交替分布在立方密集堆积的氧原子层中。剩余的 Mn 原子位于相邻的层中。各层中仍有大量 Mn 离子存在，使氧处于理想的立方紧密堆积状态，离子直接嵌入到氧原子的四面体间隙中。这种三维隧道结构比层间结构更有利于镁离子的插入/提取。如图 1-18(b) 所示，尖晶石型 $MgNi_{0.5}Mn_{1.5}O_2$ 中的 Mg、Mn 和 Ni 分别占据 8c、4b 和 12d 的位置，O 原子占据 8c 和 24e 的位置。在计算表面能之前，对 MMO 和 MNMO 的单元细胞都进行了优化。根据周期性排列，考虑了（001）、（110）和（111）面的所有可能终止，即 MMO 和 MNMO 都有两种（001）和（110）终止，MMO 和 MNMO 分别有六种（111）终止。采用周期性边界条件对重复板模型进行计算，为了避免周期性的图像交互作用，板之间至少分隔 25Å。

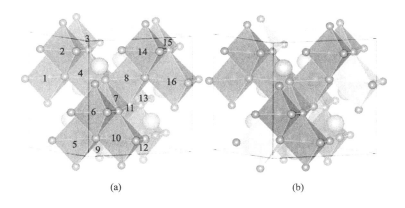

图 1-18 （a）MMO（Fd-$3m$）和（b）MNMO（$P4_332$）的晶体结构（电子版）

紫色的八面体代表 Mn 原子，灰色的八面体代表 Ni 置换。

Mg 原子和 O 原子分别用橙色和红色的小球来表示

表面能 E_{surf} 用下面的公式（1-4）计算[189]。

$$E_{surf} = E_{cl} + E_{rel} \qquad (1-4)$$

式中，E_{cl} 为互补面劈理能。对于非松弛平板，可采用式（1-5）计算。

$$E_{cl}(A+B) = [E_{unrel}(A) + E_{unrel}(B) - nE_{bulk}]/4S \qquad (1-5)$$

式中，$E_{unrel}(A)$ 和 $E_{unrel}(B)$ 分别为 A 端板和 B 端板的非松弛总能量，A 端和 B 端表面互为补充；S 是 A、B 端接面的面积；E_{bulk} 为公式单位对应的散料能量；n 为 A 端板和 B 端板的公式单位数；E_{rel} 为每个曲面的弛豫能，可以用式(1-6) 计算。

$$E_{rel}(a)=[E_{rel}(A)-E_{unrel}(A)]/2S \tag{1-6}$$

式中，$E_{rel}(a)$ 为端接面的弛豫能；$E_{rel}(A)$ 为 A 端板弛豫后的总能量；$E_{unrel}(A)$ 为非松弛 A 端板的总能量。

MNMO 的单元胞含有 8 个 Mg 原子、32 个 O 原子和 16 个 Ni+Mn 原子。对随机分布的 Mn 和 Ni 在单元胞内的所有可能变化进行测试，如图 1-18(a) 和表 1-3 所示。表 1-3 中金属编号的顺序已在图 1-18(a) 中标记出来，计算出的相对能量参考最低能量如表 1-3 所示。结果表明：当 Ni 和 Mn 离子有序排列，分别占据 4b 和 12d 时，结构最稳定；随后的 MNMO 体积和表面计算均基于此配置，如图 1-18(b) 所示。

表 1-3 $MgMn_2O_4$ 中 Ni 取代 Mn 的晶格位置和计算的相对总能

项目	位置			金属编号顺序							
	x	y	z	1	2	3	4	5	6	7	8
1	0.125	0.625	0.875							Ni	Ni
2	0.375	0.875	0.875								
3	0.125	0.875	0.625	Ni	Ni	Ni		Ni		Ni	
4	0.375	0.625	0.625				Ni		Ni		
5	0.625	0.125	0.875	Ni	Ni	Ni	Ni	Ni	Ni		
6	0.875	0.375	0.875								
7	0.625	0.375	0.625								
8	0.625	0.625	0.375								
9	0.125	0.125	0.375	Ni	Ni		Ni		Ni		Ni
10	0.875	0.875	0.625								
11	0.375	0.375	0.375			Ni		Ni		Ni	
12	0.375	0.125	0.125					Ni	Ni	Ni	Ni
13	0.125	0.375	0.125								
14	0.875	0.875	0.375								
15	0.625	0.875	0.125								
16	0.875	0.625	0.125			Ni	Ni	Ni			
$\Delta E_{tot}/eV$				0.34	0.04	0.00	0.01	0.50	0.03	0.09	0.46

对块状 MMO 和 MNMO 进行沿交替自旋上下方向（↑↓↑↓）的铁磁（FM）有序[190]和反铁磁（AFM）有序[191]的测试。计算出具有 FM 有序自旋

立方对称（$\alpha=\beta=\gamma=90°$）的块状 MMO 弛豫的晶格常数为 $a=b=c=8.56\text{Å}$，而 JT 扭曲会在大量 MMO 放松后沿着 z 方向发生（$a=8.31$，$b=8.31$，$c=9.10\text{Å}$，$\alpha=\beta=\gamma=90°$）。这些结果与 LMO 的结果一致[185]。用 Ni 代替 Mn 后，MNMO 的结构可以保持 FM 或 AFM 计算的立方对称性，表明用 Ni 代替 Mn 可以有效地抑制 JT 畸变。计算得到的晶格常数如表 1-4 所示。Kim 等的结果也表明，AFM 或 FM 排序对 LNMO（001）表面能的影响不大[185]。因此，其余模拟只考虑 FM 排序自旋。

表 1-4 尖晶石-$MgMn_2O_4$ 和 $MgNi_{0.5}Mn_{1.5}O_4$ 的晶格常数和模拟 K 点计算结果

空间群			晶格常数/Å			K 点		
			a	b	c	i	j	k
$MgMn_2O_4$	$Fd\text{-}3m$	FM	8.56	8.56	8.56	4	4	4
		AFM	8.31	8.31	9.1	4	4	4
$MgNi_{0.5}Mn_{1.5}O_4$	$P4_332$	FM	8.5	8.5	8.5	4	4	4
		AFM	8.48	8.5	8.5	4	4	4

由 Kim 等人证明，用对称等效表面建造化学计量板，并松弛这些板上的所有原子，是计算表面能的最快收敛方案[185]。图 1-19 显示了表面能与板厚的关系。不同方向、不同端部的表面能变化不同。MMO 的 Mn/O 端接（001）表面能和 MNMO 的 Ni/Mn/O 端接（001）表面随板坯厚度的增加而减小。从图中可以看出，随着平板厚度的增加，所有的表面能都收敛到给定的值。表 1-4 给出了用于计算数值的原子数，足以获得精确的表面能。

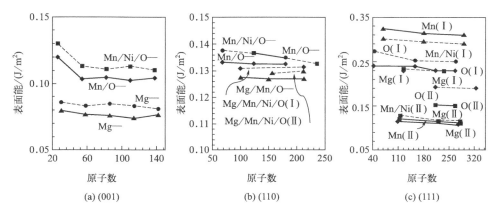

图 1-19 表面能与板厚的函数关系

MMO 和 MNMO 的表面分别用实线和虚线表示

　　MNMO 由 Mg—和 Ni/Mn/O—原子层沿 ［001］晶向交替组成，如图 1-20（a）所示。因此，（001）表面有 2 种类型的终止，即 Mg—和 Ni/Mn/O—原子层。Mg—和 Mn/Ni/O 端接表面沿 ［001］晶体取向相互补充。还有 2 种类型的终端如图 1-20（b）所示（001）表面，即 Mg—和 Mn/O—原子层。MNMO 沿 ［110］ 晶体取向排列为 Mn/O—、Mg/Ni/Mn/O（Ⅰ）、Ni/Mn/O—和 Mg/Ni/Mn/O(Ⅱ)原子层，如图 1-20（c）所示。因此，MNMO 中（110）面的端部有 4 种类型，即 Mn/O—、Mg/Ni/Mn/O（Ⅰ）—、Ni/Mn/O—和 Mg/Ni/Mn/O(Ⅱ)—原子层。从图 1-20（d）可以看出，在 MMO 中，（110）表面只有 2 种类型的端部，即 Mn/O—层和 Mg/Mn/O—层。如图 1-20（e）和（f）所示，MNMO 和 MMO 沿 ［111］ 晶体取向均有 6 种类型的端部。MNMO 的原子层构型具有周期性序列，即 Mn/Ni（Ⅰ）—、O（Ⅰ）—、

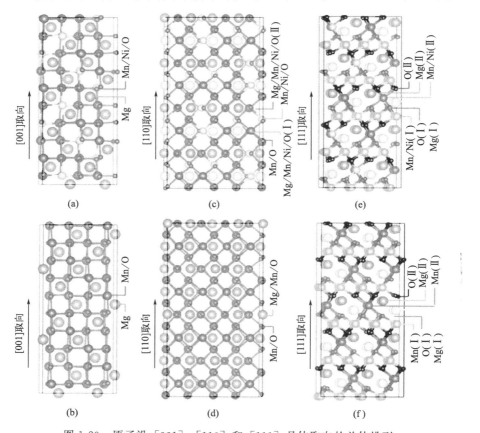

图 1-20　原子沿 ［001］、［110］和 ［111］晶体取向的总体排列

（a）（c）（e）分别表示 MNMO 沿 ［001］，［110］，［111］晶体取向的原子层序列。（b）（d）和（f）分别表示 MMO 沿着 ［001］，［110］，［111］晶体取向的原子层序列

O（Ⅱ）—、Mg（Ⅰ）—、Mn/Ni（Ⅱ）—和 Mg（Ⅱ）原子层的顺序如图 1-20（e）所示。O（Ⅰ）—和 O（Ⅱ）—终端具有相同的原子层结构，但相邻的原子层不同，这可能导致不同的表面稳定性。同样，以 Mg（Ⅰ）—和 Mg（Ⅱ）—层结尾的表面具有相同的原子构型，但相邻的原子层不同。Mn/Ni（Ⅰ）—端接表面由 9 个 Mn 原子和 3 个 Ni 原子组成，在平面上与 Mn/Ni（Ⅱ）—端接表面（有 3 个 Mn 原子和 1 个 Ni 原子）具有不同的原子层结构。

由于块体材料中表面原子的键合环境与对应原子的键合环境不同，常会发生表面重构，从而影响材料的性能[192]。原子经常周期性地排列在二维表面上，但周期性在垂直于表面的方向上经常被打破。计算得到（001）、（110）、（111）三个不同端点的表面能如表 1-5 所示。

表 1-5　$MgMn_2O_4$ 和 $MgNi_{0.5}Mn_{1.5}O_4$ （001）、（110）和 （111）面的表面能

表面	MMO			MNMO		
	终端	N	$E_{surf}/(J/m^2)$	终端	N	$E_{surf}/(J/m^2)$
(001)	Mg	142	0.08	Mg	142	0.08
	Mn/O	138	0.10	Mn/Ni/O	138	0.11
(110)	Mn/O	236	0.13	Mn/O	236	0.13
				Mg/Mn/Ni/O（Ⅰ）	212	0.13
	Mg/Mn/O	212	0.13	Mn/Ni/O	180	0.14
				Mg/Mn/Ni/O（Ⅱ）	212	0.13
(111)	Mn（Ⅰ）	292	0.31	Mn/Ni（Ⅰ）	292	0.29
	O（Ⅰ）	212	0.22	O（Ⅰ）	268	0.25
	O（Ⅱ）	268	0.15	O（Ⅱ）	324	0.19
	Mg（Ⅰ）	236	0.23	Mg（Ⅰ）	236	0.22
	Mn（Ⅱ）	284	0.11	Mn/Ni（Ⅱ）	284	0.11
	Mg（Ⅱ）	276	0.11	Mg（Ⅱ）	276	0.12

MNMO（001）表面的表面能分别为 $0.08J/m^2$ 和 $0.11J/m^2$。对于带有 Mg 层的 （001） 表面，弛豫后，表面 Mg 原子向垂直于表面的第二 Mn/Ni/O 层移动，如图 1-21(a)（b）所示。而对于 Mn/Ni/O—层终止的 （001） 表面，弛豫后最外层的 Mn/Ni/O—层向第二层移动。松弛前后，第一层与第二层之间的距离分别为 1.17Å 和 0.95Å。

在 MMO（001）表面观察到相同的表面弛豫。（001）表面能分别为 $0.08J/m^2$ 和 $0.10J/m^2$。对于 （001） 端接有 Mg—层的基体，其表面的 Mg 原子在弛豫

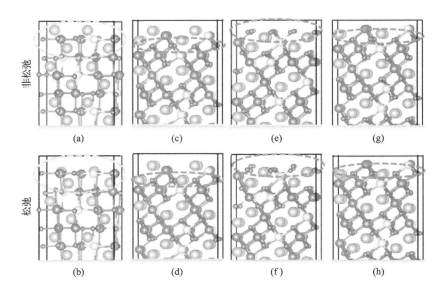

图 1-21 弛豫前后 MNMO 表面的原子构型

(a)/(b) 非松弛/松弛 （001） 表面有 Mg 终止；(c)/(d) 非松弛/松弛 （111） 表面有 Mg（Ⅰ） 层；
(e)/(f) 非松弛/松弛 （111） 表面有 O（Ⅰ） 层；(g)/(h) 非松弛/松弛 （111） 表面 Mn/Ni（Ⅱ） 层

后垂直于表面向第二 Mn/O 层移动，而 （001） 端接有 Mn/O 层的基体则在弛豫后向第二 Mg 层移动。松弛后，第一层与第二层之间的距离由 1.17Å 减小到 1.03Å，如表 1-6 所示。

表 1-6 松弛前后第一层和第二层的距离

表面	MMO			MNMO		
	终端	层间距离/Å		终端	层间距离/Å	
		松弛前	松弛后		松弛前	松弛后
（001）	Mn/O	1.17	1.03	Mn/Ni/O	1.17	0.95
（110）	Mn/O	1.60	1.44	Mn/O	1.59	1.49
	Mg/Mn/O	1.42	1.37	Mg/Mn/Ni/O（Ⅰ）	1.41	1.37
				Mn/Ni/O	1.66	1.51
				Mg/Mn/Ni/O（Ⅱ）	1.48	1.35
（111）	Mn（Ⅰ）	1.03	1.02	Mn/Ni（Ⅰ）	1.04	1.02
	O（Ⅱ）	1.23	0.84	O（Ⅱ）	1.21	0.95
	Mg（Ⅱ）	0.66	0.56	Mg（Ⅱ）	0.64	0.54

MNMO 的 （110） 表面对末端的依赖较小。表面能接近 0.13J/m² 。弛豫

后，除第一和第二原子层间距离缩短外，表面原子构型没有明显变化。Mn/O—层端接的（110）表面的离子向第二层靠近，弛豫后第一层与第二层之间的间距从 1.59Å 减小到 1.49Å。对于以 Mg/Mn/Ni/O（Ⅰ）—层为末端的（110）表面，弛豫前后的距离分别为 1.41Å 和 1.37Å；此外，对于 Mn/Ni/O—和 Mg/Mn/Ni/O（Ⅱ）端接的 MNMO(110) 表面，弛豫后第一和第二原子层间的距离缩短约 0.1Å。同样的表面松弛也发生在 MMO(110) 表面上。以 Mn/O 和 Mg/Mn/O 端接的（110）面表面能均为 0.13J/m^2。Mn/O 层端接的 MMO(110) 表面除第一、第二原子层距离由 1.60Å 减小到 1.44Å 外，无明显变化。Mg/Mn/O—层终止的（110）表面第一和第二原子层距离分别为 1.42Å 和 1.37Å。

表面能不仅与终止表面的原子构型有关，而且还与子层有关。MNMO(111) 表面的 Mg（Ⅰ）—和 Mg（Ⅱ）—末端的表面能分别为 0.22J/m^2 和 0.12J/m^2。它们有相同的原子构型，但相邻的原子层不同。对于 Mg（Ⅰ）—消去的（111）表面，弛豫后，表面 Mg 原子和第二 Mn/Ni 层保持完整，而第三 Mg 原子层垂直于表面向内移动到第四 O 层，如图 1-21(c)(d) 所示。被 Mg（Ⅱ）层终止的 MNMO(111) 表面在弛豫后向亚层靠近。用 Mg（Ⅱ）—层封接的（111）表面在弛豫前后，第一层和第二层之间的距离分别为 0.64Å 和 0.54Å。以 O（Ⅰ）—和 O（Ⅱ）—层结尾的（111）面的表面能分别为 0.25J/m^2 和 0.19J/m^2。O（Ⅰ）—和 O（Ⅱ）—末端相邻原子层的不同是引起表面能差异的主要因素。对于 O（Ⅰ）—终止的（111）表面，弛豫后表面原子保持原来的构型，而第二层原子层垂直于（111）表面向第三层移动，如图 1-21(e)(f) 所示。O（Ⅱ）—端部表面除第一和第二原子层距离从 1.21Å 减小到 0.95Å 外，无明显变化。

值得一提的是，在（111）面的所有可能的终止中，(111)Mn/Ni（Ⅱ）—端部表面的表面能最低，为 0.11J/m^2。Mn/Ni（Ⅰ）—端接表面（由 9 个 Mn 原子和 3 个 Ni 原子组成）与 Mn/Ni（Ⅱ）=端接表面（由 3 个 Mn 原子和 1 个 Ni 原子组成）具有不同的原子层结构。此外，它们还有不同的相邻子层。Mn/Ni（Ⅰ）—端接表面靠近 O—层，而 Mn/Ni（Ⅱ）端接表面靠近 Mg 层。Mn/Ni（Ⅰ）层终止的（111）表面弛豫后向第二原子 Mg 层移动，弛豫前后距离分别为 1.04Å 和 1.02Å。然而，表面原子基本上完好无损的（111）表面弛豫后终止于 Mn/Ni（Ⅱ）层，而第二 Mg 原子层垂直于（001）和（110）表面向内移动到第三 O—层，这与（001）和（110）表面的结果明显不同，如图 1-21(g)(h) 所示。

　　同样的表面松弛也发生在 MMO(111) 表面。以 Mn(Ⅱ) 层和 Mg(Ⅱ) 层为末端的 MMO(111) 表面的表面能最低，为 0.11J/m²，如表 1-5 所示。Mn(Ⅰ)—、O(Ⅱ)—和 Mg(Ⅱ) 终止的 MMO(111) 表面除了弛豫后第一和第二原子层之间的距离缩短外，没有明显的变化。Mn(Ⅰ) 端接表面的第一层和第二层之间的距离分别为 1.03Å 和 1.02Å。O(Ⅱ)—端面弛豫前后第一层和第二层之间的距离分别为 1.23Å 和 0.84Å。弛豫后的 Mg(Ⅱ) 终端表面第一和第二原子层之间的层间距离缩短约 0.01Å。对于以 O(Ⅰ)═层结尾的 (111) 表面，表面原子在弛豫后仍保持原有的构型，但第二层原子层垂直于表面向第三层移动。

　　对于有 Mg(Ⅰ) 层的 (111) 表面，弛豫后第一 Mg—层和第二 Mn—层保持不变，而第三 Mg 原子层垂直于表面向第四 O═层移动。此外，对于终止 Mn(Ⅱ) 层的 (111) 表面，弛豫后表面原子基本保持完整，而第二原子层垂直于表面向第三个原子层移动。

　　结果表明，添加 Mg—层的 MMO 和 MNMO 的 (001) 表面的能量值最低，为 0.08J/m²。对于 MNMO，以 Mn/Ni(Ⅱ)—和 Mg(Ⅱ) 结尾的 (111) 面表面能分别为 0.11J/m² 和 0.12J/m²，与 (001) 刻面最低能非常接近。Mn/Ni(Ⅱ) 端接的 (111) 表面能量更低，结构更稳定。相比于 MNMO 和 MMO 的表面能，表面能对 Ni 掺杂的依赖性较小。LMO 的 Wulff 形状取决于 (001) 和 (111) 表面的能量比，从截断立方体 (0.01J/m²) 到长八面体 (0.13J/m²)，再到截断八面体形状 (0.13J/m²) 的计算表明，其变化范围为 0.03J/m²，比 (111) 表面更稳定，所以无论是 MMO 还是 MNMO 都表现出更多的 (001) 面，即具有更多的立方字符。这些结果需要进一步的实验证实。

　　在 LMO 中掺杂其他阳离子可能会影响离子在近表面和体中的分布，从而影响结构和电化学性能。最近，在层状 LNMO 中，Ni 对表面的成分偏析已经被报道[193,194]。与层状 LNMO 相比，Ni 掺杂在尖晶石状 LNMO 中均匀分布[195]，而 Cr、Fe 和 Ga 掺杂则倾向于向表面偏析[196]。为了确定 Ni 掺杂剂是否偏向于表面偏析，计算了具有稳定表面的 MMO 平板中 Ni 原子取代 Mn 原子的形成能。计算地层能量[197]公式如下：

$$E_f(Ni_{Mn}) = E_{tot}(Ni_{Mn}) - E_{tot}(perfect) + \mu_{Mn} - \mu_{Ni} \qquad (1-7)$$

　　式中，$E_{tot}(Ni_{Mn})$ 和 $E_{tot}(perfect)$ 分别为有 Ni 取代 Mn 原子和没有 Ni 原子的超级单体的总能量；μ_{Mn} 和 μ_{Ni} 分别为体 Mn 和 Ni 对应的化学势。计算出的地层能量如图 1-22 所示。对于以 Mg 端接的 (001) 表面和以 Mg/Mn/O

端接的（110）表面的取代缺陷，表面的形成能高于内部，表明 Ni 倾向于占据 Mn 的位置。对于以 Mn（Ⅱ）结尾的（111）表面，形成能对位置的依赖性较小。结果表明，Ni 在 MMO 表面的偏析倾向较小，表现出与尖晶石型相同的行为[195]。

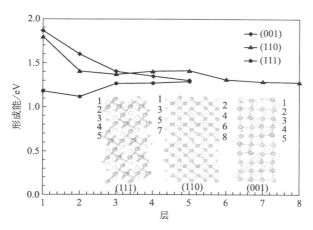

图 1-22　一个 Ni 原子取代一个 Mn 原子的形成能

作为 MIBs 的阴极，锰的溶解被认为是 $LiMn_2O_4$ 容量降低的主要原因[198,199]，这也是 MnO_2 充电容量下降的原因[163]。为了解决这一问题，对阴极电极进行表面改性是减少副反应的有效途径。单层石墨烯通过阻断锰的扩散和表面锰的氧化状态，抑制锰在 LMO 阴极中的溶解[200]。当使用 MMO 和 MNMO 作为 MIBs 的阴极时，锰的溶解可能是一个问题。为了揭示 MMO 和 MNMO 表面的溶解过程，需要对蓝月[115,201]集合进行 DFT 等事件模拟水溶过程中原子尺度的过程。

总结

采用密度泛函理论研究了尖晶石 MNMO 和 MMO 的表面能。结果表明，无论是 MMO 还是 MNMO，带有 Mg—端部的（001）表面能量最低，为 $0.08 J/m^2$。MNMO（111）面 Mn/Ni（Ⅱ）—终端表面能量为 $0.11 J/m^2$。通过缩短第一、第二原子层之间的层间距离或将表面原子移动到垂直于表面的第二层，可以确定两种类型的表面重建。

2. 钛离子掺杂镁锰氧化物纳米材料的制备与电化学性能

可充电镁离子电池（MIBs）是一种很有前途的替代锂离子电池（LIB）技

术，以满足未来大规模移动和固定设备的电能存储需求。MIBs 除了具有较高的稳定性和金属镁的天然丰度外，还具有比锂更稳定、熔点更高的潜在优势，使其比锂更安全。镁离子的二价性质在容量方面也呈现出潜在的优势。相对于 Li 的 $2046mA \cdot h/cm^3$，Mg 为 $3833mA \cdot h/cm^{3}$[202]。因此，为 MIBs 寻找合适的、具有良好电化学性能的电极材料，以实现器件的高能量容量和安全可充电离子电池是一个重要的挑战[159]。

具有尖晶石结构的氧化物，如尖晶石型 Mn_2O_4 被广泛用作锂离子电池的正极材料。然而，对于 $LiMnO_4$ 的商业化发展，由 Jahn-Teller（JT）畸变导致的循环过程中严重的容量退化，以及锰在电解液中的溶解等缺陷，阻碍了该方法的应用。尖晶石型 Mn_2O_4 的插层用 Mg^{2+} 取代 Li^+ 为 MIBs 的阴极材料的制备奠定了基础。由于每个 Mg^{2+} 携带两个电荷，MIBs 具有更高的体积能量密度和更低的成本，在相同的浓度中，电荷储存能力是 Li^+ 的两倍，因此这一问题受到了广泛的关注。在系统中掺杂其他过渡金属元素有望提高电池的安全性和电化学性能。钛（Ti）是过渡金属之一，是地壳中含量第九多的元素，具有较高的结构稳定性。利用 Ti 作为 $MgMn_2O_4$ 的掺杂元素，有望在 MIBs 中表现出更好的 Mg 离子的插入/提取效率。

同时，少数文献[170,203]报道了不同合成方法的镁基氧化物，如溶胶-凝胶自燃烧法[204]、草酸盐分解法[205]、非晶金属配合物法[206]。由于自蔓延燃烧法是一种简单而经济的燃烧方法，因此选择了自蔓延燃烧法。它还具有加热速度快、反应时间短的优点，以生产非常细的粉末。

据所知，掺杂 Ti 的 $MgMn_2O_4$ 正极材料的电化学性能很少被关注。因此，$MgMn_2O_4$ 和 $MgMn_{1.9}Ti_{0.1}O_4$ 的制备以柠檬酸为还原剂，采用自蔓延燃烧法合成。Ti 掺杂对 $MgMn_2O_4$ 晶体结构的影响以及 $MgMn_{1.9}Ti_{0.1}O_4$ 的电化学性能（作为纳米管的正极材料）已经得到了广泛的研究。

（1）材料和方法

采用自蔓延燃烧法合成了 $MgMn_2O_4$ 和 $MgMn_{1.9}Ti_{0.1}O_4$ 粉体。首先通过加入六水硝酸镁 $Mg(NO_3)_2 \cdot 6H_2O$（Sigma Aldrich，纯度>99%）、硝酸锰（Ⅱ）水合物 $Mn(NO_3)_2 \cdot xH_2O$（Sigma Aldrich，纯度>99%）和甲氧基钛（Ⅳ）$Ti(OCH_3)_4$（Sigma Ald rich，纯度>97%），然后与柠檬酸混合（$C_6H_8O_7$）（Sigma Aldrich，纯度>97%）。所有这些物质都是根据它的化学计量数加进来的。溶液在 300℃下搅拌蒸发，所得粉末在 700℃下炉中退火 24h。将最终产品研磨，直到得到细粉。

使用同步热重分析（STA）和 SETARAM SETSYS Evolution1750（TG-DSC）对前驱体的分解温度进行了评估，在 $30\sim1200°C$ 的温度范围内，使用 15mg 前驱体粉末，加热速率为 $10°C/min$。为了确定材料的晶相和纯度，采用 Cu-K$_\alpha$ 辐射的 PANalytical X$'$pert Pro 粉末衍射仪记录 X 射线（X-ray）衍射（XRD），并采用 Bragg-Bentano 光学结构进行测量。为了最大限度地减少首选取向效应，采用后加载方法制备样品。使用 PANalytical X$'$Pert HighScore Plus 软件对样品的 XRD 图谱进行 Rietveld 细化。

采用 JEOL JSM-7600F 型场发射扫描电镜（FESEM）检测粉体的粒径和形貌。采用 WonaTech WBCS3000 电池测试仪对电池的电化学性能进行测试。EDX 测量使用优化的光学条件，如样品到电子束的距离、加速电压、样品的位置和探测器设置。测量中使用的 EDX 设备是 EDX Oxford INC A X-Max 51-XMX0021 与 SEM（JEOL JSM-7600F）集成在一起的。镁离子电池以镁箔为阳极，在充满氩气的手套箱中组装。所使用的电解液中双（三氟甲基磺酰）亚胺镁（MgTFSI）与碳酸乙烯（EC）和碳酸丙烯（PC），EC 与 PC 的体积比为 $1:1$。在 $3.0\sim1.5V$ 的电压范围内，施加 1.0mA 的恒流，对正极材料 $MgMn_2O_4$ 和 $MgMn_{1.9}Ti_{0.1}O_4$ 进行充放电循环。

（2）结果与讨论

图 1-23(a)（b）为分别 $MgMn_2O_4$ 和 $MgMn_{1.9}Ti_{0.1}O_4$ 前驱体的 TG-DSC 表征。在图 1-23(a) 中可以观察到三个显著的失重阶段，在 $100\sim200°C$ 温度范围内，失重较小，这是由样品脱水造成的。在 $200\sim400°C$ 温度下获得第二个放热峰，失重 13%。这可能是由分解的还原剂，即柠檬酸造成的。在 $400\sim450°C$ 的温度范围内，可以看到另一个轻微的重量下降，这种现象可能与 $MgMn_2O_4$ 的分解有关。图 1-23(b) 显示了 Ti 掺杂时，只有两个主要的失重阶段。第一个失重是由水分子的蒸发造成的。第二个主要放热峰是由于 $MgMn_{1.9}Ti_{0.1}O_4$ 的完全分解，失重率为 35%。这意味着在 $700°C$ 的煅烧温度下，$MgMn_2O_4$ 和 $MgMn_{1.9}Ti_{0.1}O_4$ 前体都能稳定地形成尖晶石相。

$MgMn_2O_4$ 和 $MgMn_{1.9}Ti_{0.1}O_4$ 正极材料在 $700°C$ 退火 24h 后的 XRD 谱图如图 1-24 所示。正方尖晶石型结构 $MgMn_2O_4$ 空间群 Id_1/amd 可以清楚地识别出来。所有的特征峰（101）、（200）、（103）、（211）、（202）、（220）、（312）、（303）、（224）和（400）均出现在图 1-24(a) 的 XRD 谱图中。然而，从图 1-24(b) 中可以看出，$MgMn_{1.9}Ti_{0.1}O_4$ 的衍射峰比 $MgMn_2O_4$ 宽，这可能是由于结晶度差和粒径较小。此外，还出现了新的峰（004）、（213）和

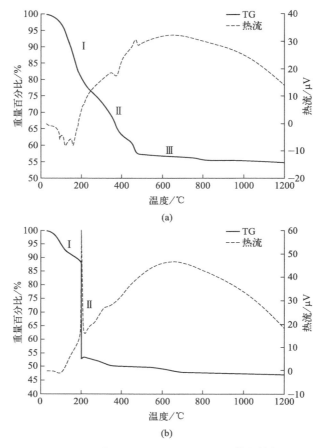

图 1-23　(a) $MgMn_2O_4$ 和 (b) $MgMn_{1.9}Ti_{0.1}O_4$ 前驱体的 TG-DSC 表征

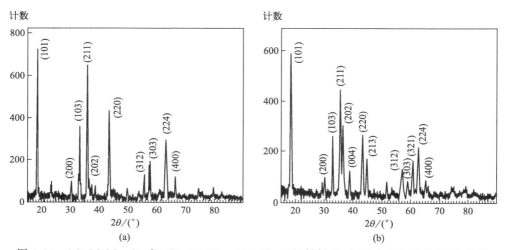

图 1-24　(a) $MgMn_2O_4$ 和 (b) $MgMn_{1.9}Ti_{0.1}O_4$ 正极材料 700℃ 退火 24h 后的 XRD 谱图

（321），表明体系中存在钛。

$MgMn_2O_4$ 和 $MgMn_{1.9}Ti_{0.1}O_4$ 材料的 XRD 细化结果如图 1-25 所示，得到

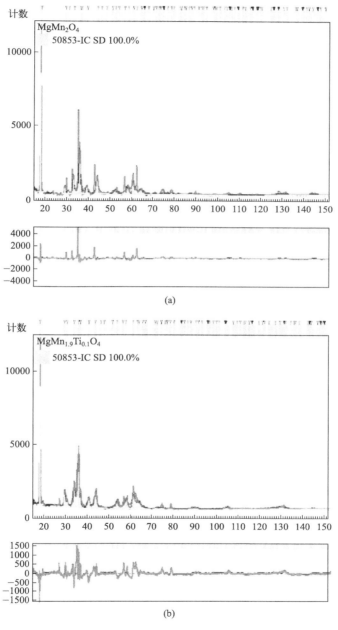

(a)

(b)

图 1-25 （a）$MgMn_2O_4$ 和（b）$MgMn_{1.9}Ti_{0.1}O_4$ 正极材料
700℃退火 24h 后的 XRD 细化结果（电子版）

了纯的单相化合物。这说明 Ti 在 $MgMn_2O_4$ 中的掺杂已成功完成。所得材料具有 $LiMn_2O_4$ 等结构的四方尖晶石晶体结构。Rietveld 的细化是使用结构 ICSD 参考 50853 进行的。表 1-7 中列出的晶体学参数是由 XRD 数据集的 Rietveld 细化得到的，如图 1-25 所示。结果表明，Ti 的存在使胞体参数 a 增加，而 c 和胞体体积 V 减小。这可能是由锰和钛的离子半径不同造成的[207]。

表 1-7 Rietveld 细化后 XRD 样品的晶体学参数

样品	$a=b/\text{Å}$	$c/\text{Å}$	$V/\text{Å}^3$	c/a	Rwp	χ	s.o.f of Mg in 3a	s.o.f of Mn in 8c	s.o.f of Ti in 8c	Total s.o.f of 8c	s.o.f of O
50853	5.74	8.671	285.7	32.95	—	—	1.0	0.89		0.89	0.96
$MgMn_2O_4$	5.788	9.141	306.3	33.50	31.64	18.92	0.99	0.89		0.89	0.95
$MgMn_{1.9}Ti_{0.1}O_4$	5.856	8.910	305.6	34.30	13.54	11.37	1.00	0.639	0.050	0.689	0.82

Jin 等也报道了用 Ni 取代 Mn 到结构中的研究[208]。掺杂材料的 8c 位占位因子较小，这可能是电池参数降低的原因。这也可以解释掺钛样品形貌的变化。

$MgMn_2O_4$ 和 $MgMn_{1.9}Ti_{0.1}O_4$ 正极材料在 700℃退火 24h 后的 FESEM 图像如图 1-26 所示。在 $MgMn_2O_4$ 中可以看到密集的聚集体和多晶纳米颗粒，样品平均尺寸为 120nm。由图 1-26（b）可知，$MgMn_{1.9}Ti_{0.1}O_4$ 的形态样品呈海绵状网状结构，平均孔径约为 80nm。因此可以推断，Ti 被掺杂到 $MgMn_2O_4$ 中，有助于增加可循环性期间的容量衰退。

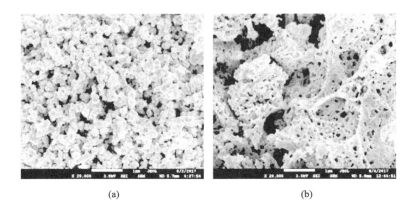

(a)　　　　　　　　　　　　(b)

图 1-26　（a）$MgMn_2O_4$ 和（b）$MgMn_{1.9}Ti_{0.1}O_4$ 正极材料 700℃退火 24h 后的 FESEM 图像

图 1-27（a）（b）分别为 $MgMn_2O_4$ 和 $MgMn_{1.9}Ti_{0.1}O_4$ 正极材料在 700℃退

火 24h 后，通过 FESEM 得到的 EDX 结果。结果表明，含 $MgMn_{1.9}Ti_{0.1}O_4$ 正极材料的试样中存在过渡金属 Ti。结果见表 1-8，并与计算值进行比较。结果表明，两种正极材料的 EDX 结果显示过渡金属含量与计算值相当接近。

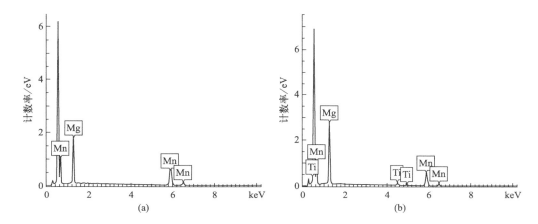

图 1-27　（a）$MgMn_2O_4$ 和（b）$MgMn_{1.9}Ti_{0.1}O_4$ 正极材料 700℃退火 24h 后的 EDX 图像

表 1-8　FESEM-EDX 测量正极材料的原子分数

元素	EDX 测试的原子百分比/%	计算的原子百分比/%
$MgMn_2O_4$ 阴极材料		
Mg	33.33	27.22
Mn	66.67	72.78
总计	100.00	100.00
$MgMn_{1.9}Ti_{0.1}O_4$ 阴极材料		
Mg	33.33	37.91
Mn	63.33	57.08
Ti	3.33	5.01
总计	100.00	100.00

以 $MgMn_2O_4$ 和 $MgMn_{1.9}Ti_{0.1}O_4$ 为正极材料的 MIBs 放电容量随电压的变化如图 1-28 所示。如图 1-28（a）所示，$MgMn_2O_4$ 样品的初始放电容量为 $225mA \cdot h/g$，但在第 2 次循环后迅速下降。第 10 次循环后容量衰减约 97%，这可能与 $MgMn_2O_4$ 的结构不稳定性有关。原因是 Jahn-Teller（JT）畸变，以及 Mn 在电解液中的溶解[154]。JT 不稳定性是电池正极潜在的负特性，需要仔细研究。立方-四方跃迁过程中的各向异性体积变化导致电极在重复放电/充放电循环过程中存储容量的损失。不稳定性在非平衡放电条件下尤其增强，形

成电极表面 Mn^{3+} 富集的地区。

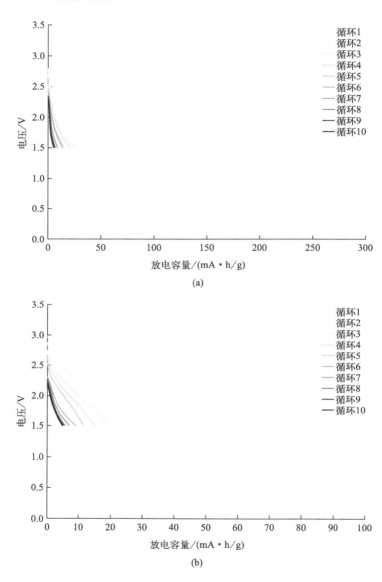

图 1-28　（a）$MgMn_2O_4$ 样品和（b）$MgMn_{1.9}Ti_{0.1}O_4$ 样品在
700℃退火后前 10 个循环的放电容量与电压的关系

$MgMn_2O_4$ 中电化学容量的衰退被认为是与 Jahn-Teller 相关联的活性 Mn^{3+}，循环数次后结晶度降低[209]。然而，为了证实得到的这些结果的原因，将利用 X 射线光电子能谱进行进一步的研究。

在 $MgMn_2O_4$ 中掺入钛可以降低结构的不稳定性，正如 Rietveld 细化数据所揭示的那样，也可以降低容量的衰减。如图 1-28(b) 所示，第 1 个循环的初始放电容量为 $52mA \cdot h/g$。在第 10 次循环后，计算出容量衰减约 88%，这一数值比 $MgMn_2O_4$ 样本有所提高。然而，$MgMn_{1.9}Ti_{0.1}O_4$ 的放电容量低于 $MgMn_2O_4$。这可能与 $MgMn_{1.9}Ti_{0.1}O_4$ 结晶度差有关，纯 Mg 金属的反应使还原产物沉积在电极表面，形成致密的钝化表面阻塞层。此外，表面膜有效地阻塞了电极，如 Mg^{2+} 通过不透水钝化膜的迁移率极低[202]。较低的 Mg^{2+} 迁移率是由在主体材料中带二价电荷的阳离子相互作用和重分布引起的[210]。

总结

以柠檬酸为还原剂，采用自蔓延燃烧法成功合成了 $MgMn_2O_4$ 和 $MgMn_{1.9}Ti_{0.1}O_4$ 正极材料。两者的 STA 配置文件阴极材料在 700℃ 时是稳定的。XRD 分析也证实了 $MgMn_2O_4$ 和 $MgMn_{1.9}Ti_{0.1}O_4$ 阴极材料的纯度和晶相。$MgMn_2O_4$ 的 FESEM 图像呈不规则形状，平均尺寸为 120nm，$MgMn_{1.9}Ti_{0.1}O_4$ 形成了高度多孔的相互连通的孔隙，平均孔径约为 80nm。700℃ 退火后的 $MgMn_2O_4$ 和 $MgMn_{1.9}Ti_{0.1}O_4$ 的第一次放电容量分别为 $225mA \cdot h/g$ 和 $52mA \cdot h/g$。

3. 锶离子掺杂镁锰氧化物纳米材料的制备与电化学性能

目前，电动汽车（EV）、混合动力汽车（HEV）和电子应用（笔记本电脑、智能手机）对储能电源具有更高能量密度的需求，因此需要开发锂离子电池技术之外的新型储能系统[211-213]。可充电镁电池因其材料成本低、安全、运行稳定性高、环境友好、比容量高（$2205A \cdot h/kg$），高能量密度（$3833mA \cdot h/cm^3$），以及高自然丰度而受到越来越多的关注[214]。镁离子电池于 2000 年首次投产[215]，到目前为止，镁离子电池技术正在迅速发展，以探索稳定的电解质和更高电压的阴极材料[216-221]。阴极是电池中最重要的部分，因为它负责电池电化学过程的第一步。目前，由于镁离子的二价性质和电极-电解质的不兼容性，镁电池面临着镁插层阴极选择有限等诸多困难[222,223]。因此，迫切需要寻找和探索能够与 Mg^{2+} 发生可逆反应的新型阴极材料。之前的研究表明，$MgMn_2O_4$ 尖晶石氧化物以其优越的比容量（$272mA \cdot h/g$）和高能量密度（$1000W \cdot h/kg$）而成为镁离子电池极具吸引力的正极材料之一[158,181,224]。同时，许多研究小组已经报道，在 $LnBaCo_2O_{5+d}$ 中用 Sr^{2+} 掺杂 Ba^{2+} 可以改善阴极材料的电化学性能。阳离子掺杂已被证明是改善阴极材料结构性能和循环性能的有效方法。因此，在这项工作中，将研究在镁锰氧化物基阴极材料上掺杂锶（Sr）的效果，有望改善镁离子电池的性能。这些材料是用自蔓延燃烧法制备的。以下是高氯酸镁［$Mg(ClO_4)_2$］盐和三氟甲基磺酸镁［$Mg(CF_3SO_3)_2$］盐两种不同电解质的电化学性能研究。

（1）材料和方法

采用自蔓延燃烧法合成并制备了 $MgMn_2O_4$ 和 $MgMn_{1.8}Sr_{0.2}O_4$。在该方法中，采用六水硝酸镁 $Mg(NO_3)_2\cdot 6H_2O$、硝酸锰（Ⅱ）水合物 $Mn(NO_3)_2\cdot xH_2O$ 和硝酸锶 $Sr(NO_3)_2$，根据其化学计量称取 $C_6H_8O_7$（Sigma-Aldrich，纯度＞99.9%），并在混合之前分别溶解在去离子水中。搅拌溶液直至均匀，并在 200～250℃下缓慢加热，直至发生燃烧。然后，将所得产品研磨，直到形成细粉末。所得产品在 700℃和 800℃下炉中退火 24h。

为了确定退火过程的合适温度，使用 SETARAM SETSYS Evolution 1750（TG-DSC）对 15mg 前体粉末进行热重分析（TGA）和差示扫描量热分析（DSC），在 30～1000℃的温度范围内以 10℃/min 的加热速率进行。使用 Cu-K$_\alpha$ 辐射 PANalytic X'pert Pro 粉末衍射仪和 Bragg-Brentano 光学结构对所制备材料的晶体结构和纯度进行 X 射线衍射（XRD）分析。为了使首选的定向效应最小化，对样品采用了反向加载方法。使用 JEOL JSM-7600F 显微镜进行场发射扫描电镜（FESEM）和透射电镜（TEM）观察样品的详细表面形貌和颗粒大小。用能量色散 X 射线光谱（EDX）分析检测了样品中存在的元素。使用 BEL Japan Inc. 的 BELSORP-mini Ⅱ 仪器测量了催化剂的氮（N_2）吸附-脱附等温线。使用 Brunauer-Emmett-Teller（BET）计算了比表面积和孔径分布。使用 Bruker 色散拉曼光谱仪记录了激光为 532nm 的拉曼光谱，拉曼位移范围为 100～800cm^{-1}。

线性扫描伏安法（LSV）和循环伏安法（CV）使用带恒电位仪/恒电流器（WPG100e）的 WonaTech 设备进行。阴极由 80% 的 $MgMn_{1.8}Sr_{0.2}O_4$、10% 活性炭和 10% 聚四氟乙烯（PTFE）混合而成。将混合物压在不锈钢网上，然后在 200℃的烘箱中干燥 24h。之后使用金属镁作为阳极组装镁离子电池。使用了两种类型的电解质，即 1M 三氟甲基磺酸镁［$Mg(CF_3SO_3)_2$］和 1M 高氯酸镁［$Mg(ClO_4)_2$］、碳酸乙烯酯（EC）和 1,2-二甲氧基乙烷（DME）体积比为 1:1。这两种电解质的电导率都是通过阻抗谱确定的，阻抗谱是使用频率范围为 50Hz～500kHz 的 HIOKI 3531-01 LCR 电桥测量的。采用 Celgard 2400 微孔聚乙烯膜作为分离器。使用电池测试仪 Neware 对电池进行了测试。据所知，目前还没有关于使用掺锶阴极材料以及使用此类电解质的镁离子电池的报道。

（2）结果和讨论

① 热学研究

采用热重分析（TGA）和差示扫描量热仪（DSC）以评估材料的热稳定性并确定前体的退火温度。图 1-29 分别显示了 $MgMn_2O_4$ 和 $MgMn_{1.8}Sr_{0.2}O_4$ 前体的热廓线。

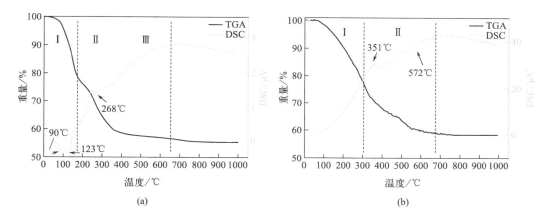

图 1-29　（a）$MgMn_2O_4$ 和（b）$MgMn_{1.8}Sr_{0.2}O_4$ 前体的 TGA/DSC 谱图

图 1-29（a）清楚地显示了 $MgMn_2O_4$ 样品的三个失重区域。在第一个区域，在 $100\sim200℃$ 的温度范围内观察到初始失重率为 21.5%，这是由样品中的脱水所致。这与 $90℃$ 和 $123℃$ 时 DSC 曲线中的吸热峰相对应。在 $200\sim350℃$ 温度范围内的第二个区域，可以发现约 19.5% 的失重。这代表了 Rahman 等人报告的 MgO 的形成[225]。这一结果也得到了 DSC 示踪的支持，在 $268℃$ 时有一个吸热峰。在 $350\sim680℃$ 温度范围内的第三个区域，可以观察到约 3.28% 的轻微失重失。该结果与 Rahman 等人的结果一致，其中少量的失重归因于 Mn_2O_3 的形成[225]。TG 曲线在 $700\sim1000℃$ 的温度范围呈现出一个平台区域，表明样品的稳定性。

图 1-29（b）显示了掺锶样品的 TG 和 DSC 曲线。可以注意到，在这个样本中存在两个失重区域。在 $100\sim300℃$ 的温度范围内，水分子蒸发导致第一个区域的重量损失为 23%。在 $300\sim680℃$ 的温度范围内，第二个区域的重量损失为 18%，这与 DSC 曲线中 $351℃$ 和 $572℃$ 下的两个吸热峰一致，这一结果可能分别与 Mn_2O_3 的形成和硝酸锶的重量损失有关。在 $700\sim1000℃$ 范围内

TGA 曲线没有大量离子的变化，表明结晶和立方相的形成，这将通过 XRD 测量得到证实。从 TGA 和 DSC 曲线来看，在 $700\sim1000^\circ\text{C}$ 的温度范围内，这些材料的热稳定性大致相同。因此，选择样品在 700°C 和 800°C 的温度下进行退火。通过结构和形态测试进一步研究这些样品的性能。

② XRD 分析

图 1-30(a) 和 (b) 分别显示了制备的 $MgMn_2O_4$ 和 $MgMn_{1.8}Sr_{0.2}O_4$ 在 700°C 和 800°C 不同温度下的 XRD 图谱。未掺杂样品 $MgMn_2O_4$ 的谱图显示，在 $2\theta=18^\circ$、29°、32°、36°、37°、44°、56°、61°、64° 和 66° 处，可以清晰地观察到指纹图谱，即 (101)、(200)、(103)、(211)、(202)、(220)、(303)、(215)、(116) 和 (323)，属于四方尖晶石晶体结构的 $MgMn_2O_4$ 阴极材料，$I4_1/amd$ 空间群，以及相应的参考代码 01-072-1336。XRD 图谱中的尖峰表明材料的结晶度较高。$MgMn_2O_4$ 对应于尖晶石四方结构，其中 Mg^{2+} 和 $Mn^{3+/4+}$ 离子占据四面体和八面体位置[226]。对于在 700°C 退火的掺锶样品，可以观察到在 (110) 处出现峰值，而对于在 800°C 退火的样品，获得了与未掺杂样品相同的指纹图谱。这意味着锶在 $MgMn_2O_4$ 结构中是间隙掺杂的，该结构具有立方晶系和 $Im\text{-}3m$ 空间群，对应于参考代码 01-089-4047。预计在 $MgMn_2O_4$ 结构中间隙掺杂锶可以稳定锰位，从而提高阴极材料的性能和循环能力。这一结果将通过拉曼光谱分析得到证实，在下面讨论。

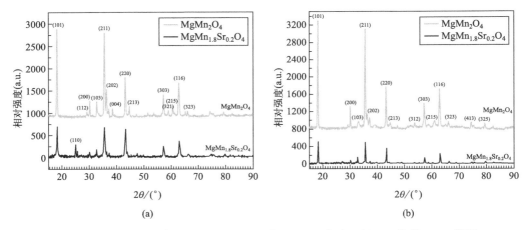

图 1-30 $MgMn_2O_4$ 和 $MgMn_{1.8}Sr_{0.2}O_4$ 在 (a) 700°C 和 (b) 800°C 的 XRD 谱图

③ 拉曼光谱

图 1-31(a) (b) 显示了 $MgMn_2O_4$ 和 $MgMn_{1.8}Sr_{0.2}O_4$ 的拉曼光谱。在 $250\sim$

$750\mathrm{cm}^{-1}$ 的区域内，取样温度为 $700\sim800℃$ 时，基本上所有光谱都显示出共同特征：$630\sim660\mathrm{cm}^{-1}$ 附近有一个强峰，$250\sim400\mathrm{cm}^{-1}$ 之间有一组峰，在 $530\sim560\mathrm{cm}^{-1}$ 附近有一个强度较小的峰值。在这项工作中，两种温度下的样品，在约为 $650\mathrm{cm}^{-1}$ 的峰值是 $MgMn_2O_4$ 和 $MgMn_{1.8}Sr_{0.2}O_4$ 最强烈的峰值。温度为 $700℃$ 时，$MgMn_2O_4$ 的峰值频率在 $655\mathrm{cm}^{-1}$，$MgMn_{1.8}Sr_{0.2}O_4$ 的峰值频率移动到 $635\mathrm{cm}^{-1}$。温度为 $800℃$ 时，$MgMn_2O_4$ 峰值频率在 $646\mathrm{cm}^{-1}$，$MgMn_{1.8}Sr_{0.2}O_4$ 样品的峰值频率移至 $652\mathrm{cm}^{-1}$。XRD 分析得到的晶格常数 c/a 可知，随着四方畸变降低，峰值的相对强度减小，如表 1-9 所示。这种畸变表明锶成功掺杂在 $MgMn_2O_4$ 中。在 $700℃$ 和 $800℃$ 温度下，$MgMn_2O_4$ 和 $MgMn_{1.8}Sr_{0.2}O_4$ 样品在 $530\sim560\mathrm{cm}^{-1}$ 范围内有一个非常宽的峰值，并且强度很低。该峰值范围对于立方 $LiMn_2O_4$ 具有类似的拉曼散射特征，据 Prabaharan 等研究，该散射与 $500\mathrm{cm}^{-1}$ 左右的 Li—O 运动有关[227]。在这项工作中，可以观察到频率从 $800℃$ 时的 $436\mathrm{cm}^{-1}$ 软化到 $700℃$ 时的 $430\mathrm{cm}^{-1}$。该峰值仅出现在两种温度下的锶掺杂光谱中。第二个展宽峰仅在未掺杂样品 $MgMn_2O_4$ 中发现，在 $700℃$ 和 $800℃$ 时分别位于 $363\mathrm{cm}^{-1}$ 和 $359\mathrm{cm}^{-1}$。还可以注意到，$800℃$ 时的峰值比 $700℃$ 时的峰值更宽，强度更高。展宽峰与样品中正离子-负离子键长度和多面体变形有关[228]。该峰值在 $300\sim360\mathrm{cm}^{-1}$ 之间，只能在 $MgMn_2O_4$ 样品中观察到，而在锶掺杂样品后，该峰消失。这一观察结果可能是由于间隙锶对四面体位置的锰离子的掺杂，从而影响了从四方结构到立方结构的结构变化。因此，在本研究中，这一行为证实了锶掺杂对 $MgMn_2O_4$ 阴极材料的影响，如之前在 XRD 分析中所讨论的，晶体结构已改

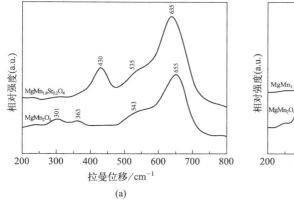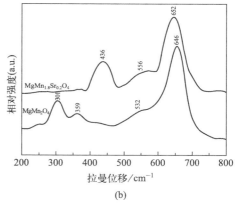

图 1-31　$MgMn_2O_4$ 和 $MgMn_{1.8}Sr_{0.2}O_4$ 在（a）$700℃$ 和（b）$800℃$ 时的拉曼光谱

变为稳定的立方结构，空间群为 $Im\text{-}3m$。

表 1-9　$MgMn_2O_4$ 和 $MgMn_{1.8}Sr_{0.2}O_4$ 在 700℃和 800℃时的 c/a 晶格常数

样品	温度/℃	$c/a/Å$
$MgMn_2O_4$	700	1.62
	800	1.62
$MgMn_{1.8}Sr_{0.2}O_4$	700	1.00
	800	1.00

④ EDX 和 EDS 图谱分析

图 1-32 显示了 $MgMn_2O_4$ 和 $MgMn_{1.8}Sr_{0.2}O_4$ 的 EDX 光谱和 EDS 映射结果。在 $MgMn_{1.8}Sr_{0.2}O_4$ 中可见锶元素的存在。这意味着锶掺杂已经通过自蔓延燃烧合成成功。结果总结见表 1-10，将从 FESEM-EDX 获得的原子分数与计算值进行比较。观察到样品中各元素的原子分数与计算值大致相同。计算是基于化学计量值进行的，考虑到氧原子与周围环境发生反应，忽略了氧的量。为了确定未掺杂和掺杂样品中各元素的分布，进行了 EDS 映射。所得结果清楚地证实了锶在 $MgMn_2O_4$ 中的元素均匀分布。

表 1-10　$MgMn_2O_4$ 和 $MgMn_{1.8}Sr_{0.2}O_4$ 的原子分数

元素	EDX 测试的原子百分比/%	计算的原子百分比/%
$MgMn_2O_4$ 阴极材料		
Mg	36.00	33.33
Mn	64.00	66.66
总计	100.00	100.00
$MgMn_{1.8}Sr_{0.2}O_4$ 阴极材料		
Mg	36.62	33.33
Mn	58.22	60.00
Sr	5.160	6.67
总计	100.00	100.00

⑤ FESEM 和 TEM 分析

$MgMn_2O_4$ 和 $MgMn_{1.8}Sr_{0.2}O_4$ 阴极材料在 700℃和 800℃下退火的 FESEM 图像如图 1-33 所示。分别在 700℃和 800℃下退火的 $MgMn_2O_4$ 中，可以观察到颗粒尺寸范围在 100~150nm 形成的多面体形状纳米颗粒的致密聚集体，如图 1-33(a)(c) 所示。可以看出，随着温度的升高，颗粒尺寸也会增加。通过 TEM 分析研究了 $MgMn_2O_4$ 和 $MgMn_{1.8}Sr_{0.2}O_4$ 样品的颗粒形状，如图 1-34

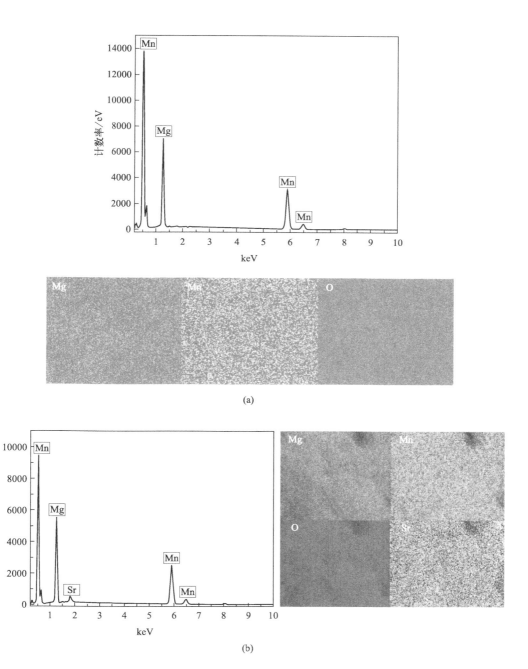

图 1-32 （a）$MgMn_2O_4$ 和（b）$MgMn_{1.8}Sr_{0.2}O_4$ 的 EDX 光谱和 EDS 映射结果（电子版）

（a）（b）所示。可以看到明显的立方形状，属于 $MgMn_{1.8}Sr_{0.2}O_4$ 样品。XRD 结果表明，这项工作与 XRD 结果一致，在掺杂 $MgMn_{1.8}Sr_{0.2}O_4$ 样品中，$MgMn_2O_4$ 的结构相从四方结构转变为立方结构。另外，图 1-33（b）（d）中 700℃ 和 800℃ 下 $MgMn_{1.8}Sr_{0.2}O_4$ 样品的形貌为海绵状骨架或相互连通的孔隙。掺杂样品的多孔形成可归因于锶在 $MgMn_2O_4$ 中的掺杂效应。如图 1-33（d）所示，$MgMn_{1.8}Sr_{0.2}O_4$ 与 700℃ 退火的样品相比，800℃ 下具有更高的孔隙率，具有多个相互连接的孔隙和更小的颗粒尺寸。多孔形成和更小的颗粒尺寸有望促进充放电过程中的离子插层和脱层，从而使镁电池具有更好的循环性能。这些结果已被进一步使用 BET 研究测量。Sufri 及其同事报告，催化剂结构影响孔隙率，这有利于催化反应。这与研究结果一致，即阴极材料的孔隙率在改善离子插层过程中起着至关重要的作用，并显示出更好的电化学性能。

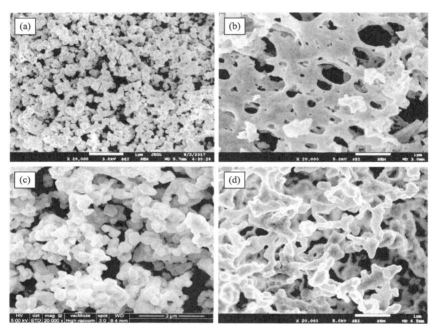

图 1-33　（a）$MgMn_2O_4$ 和（b）$MgMn_{1.8}Sr_{0.2}O_4$ 在 700℃时退火的 FESEM 图像
以及（c）$MgMn_2O_4$ 和（d）$MgMn_{1.8}Sr_{0.2}O_4$ 在 800℃时退火的 FESEM 图像

⑥ BET

根据国际纯粹与应用化学联合会（IUPAC）分类标准，$MgMn_2O_4$ 和 $MgMn_{1.8}Sr_{0.2}O_4$ 的吸附等温线可分为 Ⅱ 型，图 1-35（a）（b）所示。这说明两种样品都是大孔的。使用 BET 法计算了两种样品的比表面积、孔隙体积和孔

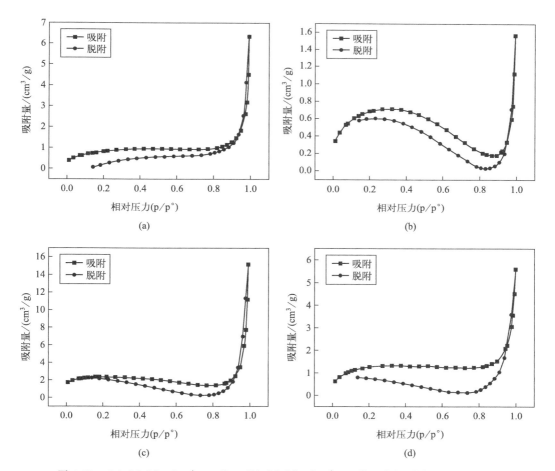

图 1-34 （a）$MgMn_2O_4$ 和 （b）$MgMn_{1.8}Sr_{0.2}O_4$ 在 800℃时退火的 TEM 图像

图 1-35 （a）$MgMn_2O_4$ 在 700℃、（b）$MgMn_2O_4$ 在 800℃、（c）$MgMn_{1.8}Sr_{0.2}O_4$
在 700℃以及 （d）$MgMn_{1.8}Sr_{0.2}O_4$ 在 800℃时的氮吸附-脱附等温线

隙大小，如表 1-11 所示。可以观察到 $MgMn_{1.8}Sr_{0.2}O_4$ 在 700℃ 和 800℃ 的温度下比表面积分别为 $4.5929m^2/g$ 和 $8.5967m^2/g$，而 $MgMn_2O_4$ 在 700℃ 和 800℃ 的温度下的比表面积分别为 $2.5504m^2/g$ 和 $2.9999m^2/g$。这表明掺锶样品比未掺锶的 $MgMn_2O_4$ 阴极样品具有更大的比表面积。可以注意到，对于掺杂和未掺杂锶样品，随着温度的升高，孔体积和孔径减小，如表 1-11 所示。这些结果与 FESEM 得出的结果非常一致，其中最小的颗粒产生更大的比表面积。BET 分析还表明锶掺杂 $MgMn_2O_4$ 会影响材料的孔隙率。

表 1-11　$MgMn_2O_4$ 和 $MgMn_{1.8}Sr_{0.2}O_4$ 的 BET 比表面积、孔隙体积、孔隙大小

阴极材料	$S_{BET}/(m^2/g)$	孔体积/(cm^3/g)	孔径/Å
$MgMn_2O_4$-700	2.5504	0.009815	13.08702
$MgMn_2O_4$-800	2.9999	0.002417	3.79096
$MgMn_{1.8}Sr_{0.2}O_4$-700	4.5929	0.023395	108.8540
$MgMn_{1.8}Sr_{0.2}O_4$-800	8.5967	0.008617	75.0463

⑦ 电化学研究

电池制造中使用的电解质类型非常重要，因为它可能会影响电压传递、容量和循环稳定性。基于以上讨论的结果，选择了 $MgMn_{1.8}Sr_{0.2}O_4$ 作为镁离子电池的阴极材料进行试验。在之前的研究中，使用了双（三氟甲基磺酰）亚胺镁 $Mg(TFSI)_2$；然而，镁离子电池的性能并不是有效地[229]。这可能是由于电解液的电导率值较低，为 $10^{-6}S/cm$。因此，在这项工作中，选择了基于 $Mg(CF_3SO_3)_2$ 和 $Mg(ClO_4)_2$ 的电解质，因为它们的电导率高于 $Mg(TFSI)_2$，这将在下面进一步讨论。

⑧ EIS 研究

通过电化学阻抗谱（EIS，又称交流阻抗谱）研究了 $Mg(CF_3SO_3)_2$ 和 $Mg(ClO_4)_2$ 电解液对镁离子电池中的 $MgMn_{1.8}Sr_{0.2}O_4$ 样品电化学性能的影响，如图 1-36 所示。所有曲线在高频时由一个小截距和部分半圆组成，在低频时由一条线性线组成，其中截距和半圆对应于欧姆电阻 R_s 和电荷转移电阻 R_{ct}。线性是由扩散控制的 Warbug 阻抗[230]。体电阻 R_b 值可从阻抗图中获得。当从复阻抗图中难以获得 R_b 时，阻抗数据被转换为导纳数据。如图 1-36 所示，通过绘制虚导纳 A_i 与实导纳 A_f 的对比图，可以更容易地获得 $1/R_b$。由 $Mg(CF_3SO_3)_2$ 和 $Mg(ClO_4)_2$ 电解质计算的 R_b 值和电导率分别为 35.11Ω、$1.12\times10^{-3}S/cm$ 和 92.2Ω、$4.48\times10^{-4}S/cm$。这证明与 $Mg(ClO_4)_2$ 电解液

相比，$Mg(CF_3SO_3)_2$ 电解液具有更高的电导率和较低的 R_b 值，这意味着更好的电池性能。

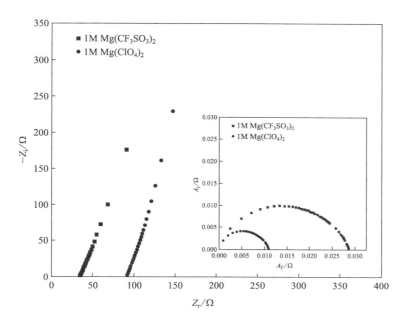

图 1-36　$Mg(CF_3SO_3)_2$ 和 $Mg(ClO_4)_2$ 的电解质的 EIS 谱图

⑨ LSV 和 CV 研究

图 1-37 显示了在 700℃和 800℃时 $MgMn_{1.8}Sr_{0.2}O_4$ 在 $Mg(CF_3SO_3)_2$ 和

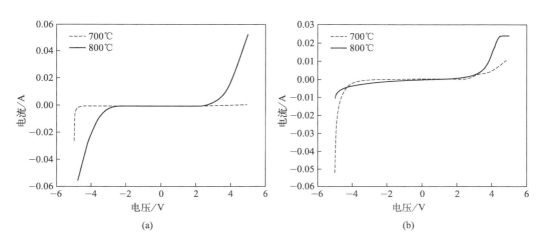

图 1-37　温度分别为 700℃和 800℃时 $MgMn_{1.8}Sr_{0.2}O_4$ 在（a）1M $Mg(ClO_4)_2$

和（b）1M $Mg(CF_3SO_3)_2$ 中的 LSV 曲线

$Mg(ClO_4)_2$ 电解液中的 LSV 曲线。在 700℃和 800℃时观察到了 $MgMn_{1.8}Sr_{0.2}O_4$ 在 $Mg(CF_3SO_3)_2$ 电解液中的电化学电位窗口范围分别为$-3.43\sim2.7V$ 和 $-3.75\sim3.2V$。与此同时，$MgMn_{1.8}Sr_{0.2}O_4$ 样品在 $Mg(ClO_4)_2$ 电解液中于 700℃和 800℃两种温度下在$-2.62\sim2.4V$ 都具有电化学稳定性。很明显，在 800℃ $MgMn_{1.8}Sr_{0.2}O_4$ 样品时在 $Mg(CF_3SO_3)_2$ 中显示出最稳定的电化学稳定性。

采用循环伏安法（CV）研究了阴极材料在循环过程中的氧化/还原电位。$MgMn_{1.8}Sr_{0.2}O_4$ 样品在 700℃和 800℃条件下在 $Mg(CF_3SO_3)_2$ 和 $Mg(ClO_4)_2$ 电解液中以 1.0mV/s 的扫描速率（书中简称扫速）采集 0.5~3.0V 电位范围内的 CV 曲线如图 1-38 所示。如图 1-38(a) 所示，在 700℃时，在 $Mg(CF_3SO_3)_2$ 电解液中检测到样品在 1.29~2.0V 下的一对氧化/还原峰，而在 800℃时，氧化峰和还原峰分别出现在 2.43V 和 1.53V 左右。对于 $Mg(ClO_4)_2$ 电解液中两种温度下的样品，氧化峰和还原峰分别出现在 2.52V 和 1.15V 左右，如图 1-38(b) 所示。从 CV 曲线获得的峰值参数如表 1-12 所示。$MgMn_{1.8}Sr_{0.2}O_4$ 样品在 $Mg(CF_3SO_3)_2$ 电解液中的峰值分离（ΔE_p），在 700℃和 800℃下分别为 71mV 和 90mV，而 $MgMn_{1.8}Sr_{0.2}O_4$ 样品在 $Mg(ClO_4)_2$ 电解液中的峰值分离，两种温度下均为 137mV。$Mg(CF_3SO_3)_2$ 电解液中样品的峰间距较小，表明它们比 $Mg(ClO_4)_2$ 电解液中的样品具有更强的可逆性[231]。

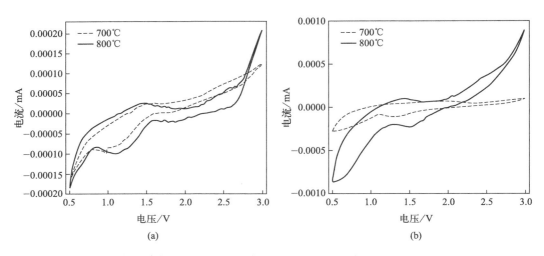

图 1-38　温度分别为 700℃和 800℃时 $MgMn_{1.8}Sr_{0.2}O_4$ 在 (a) 1M $Mg(CF_3SO_3)_2$ 和 (b) 1M $Mg(ClO_4)_2$ 的 CV 曲线

表 1-12　MgMn$_{1.8}$Sr$_{0.2}$O$_4$ 在 700℃和 800℃的循环伏安法氧化还原峰

电解液	温度/℃	ΔE vs Mg/Mg^{2+} 氧化峰/V	ΔE vs Mg/Mg^{2+} 还原峰/V	ΔE_p/mV
Mg(CF$_3$SO$_3$)$_2$	700	2.0	1.29	71
	800	2.43	1.53	90
Mg(ClO$_4$)$_2$	700	2.52	1.15	137
	800	2.52	1.15	137

充放电过程中提出的氧化 [式(1-8)]、还原 [式(1-9)] 和整体 [式(1-10)] 化学反应如下所示。

阳极：
$$Mg \rightarrow Mg^{2+} + 2e^- \tag{1-8}$$

阴极：
$$Mg^{2+} + 2e^- + Mn_{2-x}Sr_xO_2 \rightarrow MgMn_{2-x}Sr_xO_4 \tag{1-9}$$

整体：
$$Mg + Mg^{2+} + Mn_{2-x}Sr_xO_2 \rightarrow Mg^{2+} + MgMn_{2-x}Sr_xO_4 \tag{1-10}$$

⑩ 镁离子电池的充放电

电池的充放电循环是在 0.1mA 的恒定电流下，在 0.5～2.5V 的电压范围内采用恒流法进行的。图 1-39 为 Mg(CF$_3$SO$_3$)$_2$ 和 Mg(ClO$_4$)$_2$ 电解液在 700℃和 800℃条件下，镁离子电池的 10 个循环中电压随放电容量的变化。在第 1 个循环中，Mg(CF$_3$SO$_3$)$_2$ 电解液在 700℃和 800℃的放电容量分别为 40mA·h/g 和 160mA·h/g，而在 Mg(ClO$_4$)$_2$ 电解液下，电池的放电容量分别为 32mA·h/g 和 80mA·h/g。这些结果与前面讨论的电解液电导率值一致。在图 1-39（a）中，在第 4 个循环中观察到容量下降，从 40mA·h/g 降至 20mA·h/g。这一结果是由电解液中镁金属的热力学不稳定性造成的；在界面处可以形成钝化膜。镁钝化膜往往会阻碍 Mg^{2+} 的运输，限制镁沉积的可达位点面积[232-234]。Cabello 等以 MgMn$_2$O$_4$ 为正极的非水电解质为镁离子电池获得了 120mA·h/g 的容量[235]。其他研究人员也报告了在 MgMn$_2$O$_4$ 中掺杂其他元素的情况，如 Banu 等人，他们报告了在 MgMn$_2$O$_4$ 上掺杂 Ni 和 Co 获得的放电容量分别为 46mA·h/g 和 24mA·h/g[236]。Jin 等利用密度泛函理论研究了掺杂镍的尖晶石 MgMn$_2$O$_4$ 作为镁离子电池正极材料的表面稳定性[154]。他们声称，镍掺杂的 MgMn$_2$O$_4$ 对表面结构的依赖性较小。在目前的研究中，通过在 MgMn$_2$O$_4$ 中掺杂 Sr 元素，在 800℃下获得的最高容量为 160mA·h/g。尽管不同的电解质显示出不同的放电性能曲线，但在这项工作中，所有含有两种电解质的镁离子电池在 10 个充放电循环内实现可逆反应，表明二价镁离子（Mg^{2+}）的插入和萃取已经发生。在被测电池中，使用 Mg(CF$_3$SO$_3$)$_2$ 电解液

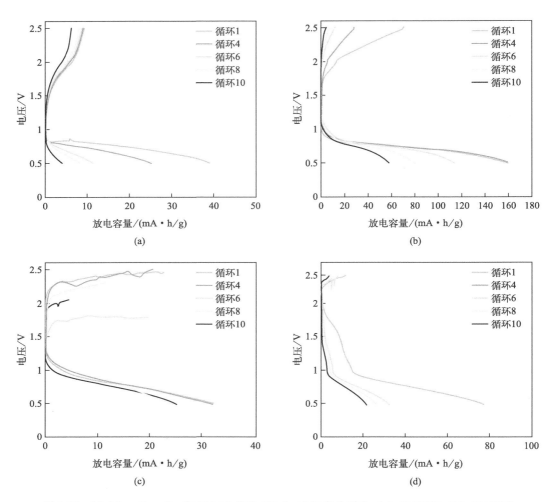

图 1-39　$MgMn_{1.8}Sr_{0.2}O_4$ 在 1M $Mg(CF_3SO_3)_2$ 中温度分别为 （a）700℃和 （b）800℃时和在 1M $Mg(ClO_4)_2$ 中温度分别为 （c）700℃和 （d）800℃时的恒流充放电曲线 （电子版）

的 $MgMn_{1.8}Sr_{0.2}O_4$ 阴极电池在 800℃下，显示出最高的放电容量值。这一结果可归因于 800℃下在 $MgMn_2O_4$ 阴极材料中掺杂 Sr，具有更高的孔隙率结构，如 FESEM 和 BET 结果所示，这解释了该掺杂阴极材料样品表面上存在易于传输的通道，用于 Mg^{2+} 的可逆插层和脱插层过程。此外，通过 LSV 和 CV 结果进行了验证，该样品在 $Mg(CF_3SO_3)_2$ 电解液中似乎也是最稳定的。3 次循环后，样品的可逆性很高，但随着循环的重复，样品的放电和充电能力逐渐降低。如上文所述，容量的降低可能是由于还原 Mg^{2+} 在电极表面沉淀或正电极氧化而形成的钝化层。

总结

采用自蔓延燃烧法成功地合成了 Mg 基阴极材料 $MgMn_2O_4$ 和 $MgMn_{1.8}Sr_{0.2}O_4$，700℃和 800℃下退火温度的选择是根据 TGA 的结果。XRD 研究表明，$MgMn_2O_4$ 和 $MgMn_{1.8}Sr_{0.2}O_4$ 样品分别是 $I4_1/amd$ 空间群的四方结构和 $Im\text{-}3m$ 空间群的立方结构。FESEM 图像和 BET 比表面积表明，与未掺杂样品相比，掺锶样品具有更小的粒径和更大的比表面积。使用 $MgMn_{1.8}Sr_{0.2}O_4$ 样品的镁离子电池，在 1M $Mg(CF_3SO_3)_2$ 电解液中于 800℃下退火显示出最高的放电容量为 160mA·h/g.

4. 铝离子掺杂镁锰氧化物纳米材料的制备与电化学性能

高成本、资源稀缺、安全问题和能源密度等因素阻碍了新技术的大规模应用[237]。镁离子电池有望成为解决这些问题的下一代电池技术的候选者。除了镁是低成本和地壳中丰富的元素外，它在环境大气中的反应性也很低，而且由于其氧化物表面钝化，镁的沉积/剥离速度很快，可以形成自由枝晶，从而避免涉及内部短路等安全问题。此外，镁的理论容量和重量比容量分别为 3832mA·h/cm³ 和 2205mA·h/g[238-241]。然而，镁电池的发展由于选择合适的电解液和阴极材料而受到限制。因此，寻找一种合适的、具有良好电化学性能的正极材料是实现镁电池高可逆容量需要解决的挑战之一。二价 Mg^{2+} 和主体晶格之间的强静电相互作用导致 Mg^{2+} 在电极内部的固态扩散缓慢，导致 Mg 离子插层/脱层的可逆容量较低[242,243]。尖晶石结构的氧化物被广泛用作阴极材料[208]。由于镁锰氧化物（$MgMn_2O_4$）尖晶石具有 272mA·h/g 的比容量和 1000W·h/kg 的高能量密度，是镁离子电池正极材料的理想选择。它由四方填充氧化物镁离子和八角填充氧化物锰离子组成[206]。根据一些研究人员的工作，在锂锰氧化物（$LiMn_2O_4$）掺杂 Al 可以通过稳定尖晶石结构来改善循环性能，其中掺杂的 Al^{3+} 主要占据八面体 Mn 位（16d）[244,245]。因此，在这项工作中，将全面研究铝掺杂对镁锰氧化物阴极材料的影响。这些样品是使用不同的燃料（还原剂），即三乙醇胺和柠檬酸，通过自蔓延燃烧法合成的。还研究了使用这两种不同燃料制备的阴极材料的特性比较。讨论了优化后的阴极材料对镁离子电池性能的影响。

（1）样品制备

采用自蔓延燃烧法合成了 $MgMn_2O_4$ 和 $MgMn_{1.98}Al_{0.02}O_4$ 样品。根据化学

计量计算，使用分析天平对硝酸镁水合物 $Mg(NO_3)_2 \cdot H_2O$、硝酸锰（Ⅱ）水合物 $Mn(NO_3)_2 \cdot H_2O$、硝酸铝水合物 $Al(NO_3)_3 \cdot 9H_2O$ 和用作还原剂的柠檬酸（$C_6H_8O_9$）和三乙醇胺（$C_6H_{15}NO_3$）燃料进行称重。在 SPC 方法中，为了在燃烧过程中最大限度释放能量，必须计算金属盐和氧化剂的正确用量。否则，反应可能无法正确完成，并可能在最终产品中产生杂质。金属盐和氧化剂的物质的量的比为 1∶1。在制备 $MgMn_2O_4$ 时，6.4692g 硝酸镁水合物 $Mg(NO_3)_2 \cdot H_2O$ 和 9.0298g 硝酸锰（Ⅱ）水合物 $Mn(NO_3)_2 \cdot H_2O$ 溶解在 4mL 去离子水中。将混合物搅拌 4～6h，直至均匀。采用类似的合成路线合成了 $MgMn_{1.98}Al_{0.02}O_4$，加入适量的硝酸铝水合物 $Al(NO_3)_3 \cdot 9H_2O$。然后将每种溶液混合物在 230℃下加热直到燃烧过程发生。之后，研磨前驱体，直到获得细粉末。前驱体在 700℃退火持续 6h。

（2）表征方法

热重分析（TGA）是确定样品热稳定性和确定合适退火的重要技术。该试验在 30～1000℃的温度范围内，以 10℃/min 的加热速率对 10mg 前体粉末进行。使用 PANalytic X′pert Pro 粉末衍射设备，在 5°～100°的 2θ 范围内，分析采用 Cu-K$_\alpha$ 辐射（$\lambda = 0.15418nm$）进行 X 射线衍射（XRD）分析。使用 X′pert High Score 软件对 XRD 数据进行分析。用场发射扫描电子显微镜（FESEM）和 JEOLJSM-7600F 显微镜观察表面形貌。使用 ImageJ 软件从 FESEM 图像确定样品的粒径，并使用能量色散 X 射线光谱（EDX）鉴定材料的元素组成。

使用线性扫描伏安法（LSV）和循环伏安法（CV），以制备的样品作为工作电极，金属镁用作计数器和参比电极，通过三探针技术研究电化学性能。使用 WonaTech 设备（WPG100e），面积为 $0.25 \times 0.25cm^2$，在以 EC∶DME（1∶1）的 1M 三氟甲烷磺酸镁（$MgTF_2$）为电解液中进行测量。阴极材料的制备使用了 80%（质量分数）的活性材料、10%的 Super-P 导电乙炔黑（AC）和 10%的聚四氟乙烯（PTFE）作为黏合剂。这些材料在研钵中研磨在一起。在所有混合物完全混合后，将混合物压在厚度为 106μm 的不锈钢网上，用作集电器，并在 100℃的烘箱中保持干燥 12h。制备的阴极电极的活性质量约为 18mg。然后，将镁离子电池组装在手套箱中，使用 189μm 厚（$1 \times 1cm^2$）的夹层阴极电极的电池支架，在氩气气氛（H_2O 小于 0.001‰）下使用，Celgard 2400 微孔聚丙烯（PP）作为分离器（厚度为 32μm），已浸泡在 1M $MgTF_2$ 中，使用 EC∶DME（1∶1）作为电解质和镁金属作为阳极（面积为

$1.5 \times 1.5cm^2$），如图 1-40 所示。使用电池测试仪 Neware 对电池进行了测试。

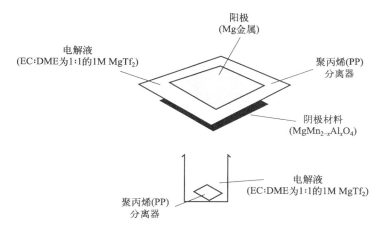

图 1-40　镁离子电池组分的排列

（3）结果和讨论

① 热重分析（TGA）

使用 TGA 测量了 $MgMn_2O_4$ 和 $MgMn_{1.98}Al_{0.02}O_4$ 样品不同燃料下的热行为。使用两种燃料的 $MgMn_2O_4$ 样品的 TGA 曲线显示了两种燃料的三个失重阶段，如图 1-41(a) 所示。使用三乙醇胺和柠檬酸燃料的 $MgMn_2O_4$ 样品在 30～200℃ 范围内的第一个区域（区域Ⅰ）显示重量分别下降了 1.1% 和 23.8%。这可归因于前体吸收水的损失[246]。温度范围为 200～640℃ 的第二个区域（区域Ⅱ）与硝酸盐分解成氧化物有关。三乙醇胺燃料和柠檬酸燃料的重量损失分别为 2.2% 和 19.8%，正如张晓峰等人所报道的，$Mn(NO_3)_2$ 和 $Mg(NO_3)_2$ 分解反应机理的产物分别是 MnO_2 和 MgO。在温度为 640℃ 及以上的第三个区域（区域Ⅲ）显示了样品的稳定状态，观察到的重量损失非常小[247]。可以看出，对于使用三乙醇胺和柠檬酸燃料的 Al 掺杂 $MgMn_2O_4$ 样品，观察到附加区域（区域Ⅳ），如图 1-41(b) 所示。第一个区域（区域Ⅰ）的温度范围为 30～190℃ 的重量损失分别为 4.7% 和 3.6%，属于三乙醇胺燃料和柠檬酸燃料。该区域表示样本中的水分脱水。温度范围从 190～400℃ 表明，第二个区域（区域Ⅱ）与 MnO_2、MgO 等氧化物的形成以及硝酸铝的重量损失有关，硝酸铝将转化为氧化铝（Al_2O_3）。三乙醇胺燃料和柠檬酸燃料对 $MgMn_{1.98}Al_{0.02}O_4$ 的失重率分别为 8.2% 和 4.3%。在第三个区域（区域Ⅲ），温度范围为 400～650℃，在 500℃ 左右的温度下，重量增加；这表明 Al

取代了 $MgMn_2O_4$ 结构[248]。温度高于 650℃ 的第四个区域表示样品的热稳定性。总的来说，从图 1-41(a)（b）中可以观察到，当温度高于 650℃ 时，重量损失略有下降，这归因于剩余有机成分的燃烧。因此，在其他表征之前，样品已在 700℃ 退火。

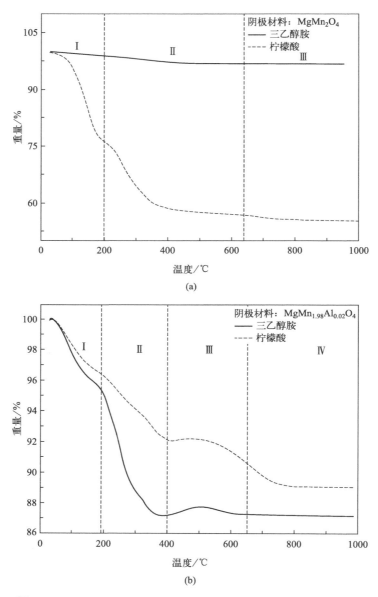

图 1-41 （a）$MgMn_2O_4$ 和 （b）$MgMn_{1.98}Al_{0.02}O_4$ 在柠檬酸燃料
和三乙醇胺燃料下的 TGA 曲线

② X 射线衍射分析

图 1-42 显示了分别使用三乙醇胺和柠檬酸在 700℃下退火的未掺杂和掺杂样品的 XRD 图谱。这些模式完全由 $MgMn_2O_4$（ICDD 01-072-1336）和 $MgMn_{1.98}Al_{0.02}O_4$（ICDD 01-075 0526）索引。这些 ICDD（国际衍射数据中心）卡号被称为参考代码，从 X'Pert High Score 软件的 XRD 数据库中获得。未掺杂的样品在 2θ 的 18°，29°，33°，36°，39°，45°，52°，59°，60°，65°，66°显示出的米勒指数为（101）、（112）、（103）、（211）、（004）、（220）、（105）、（321）、（224）、（314）和（323），而掺杂的样品在 2θ 的 18°，30°，35°，37°，43°，57°，63°，66°显示出的米勒指数为（111）、（220）、（311）、（222）、（400）、（511）、（440）和（531）。除了两种燃料中的铝，衍射峰（440）略微向更高的 2θ 角移动，约为 0.1°，这表明晶格参数随着收缩单元（颗粒大小）的变化而减少[249]。这可能是由于加入的 Al^{3+} 以掺杂离子的形式进入主体结构，因为 Al^{3+}（0.51Å）与 Mg^{2+}（0.66Å）和 Mn^{4+}（0.53Å）相比，离子的离子半径较小[250,251]。基于匹配良好数据库的 ICDD 卡号，由于两种燃料的 $MgMn_2O_4$ 间隙掺杂了 Al，在掺杂 Al 后，未掺杂的晶体结构从四方结构变

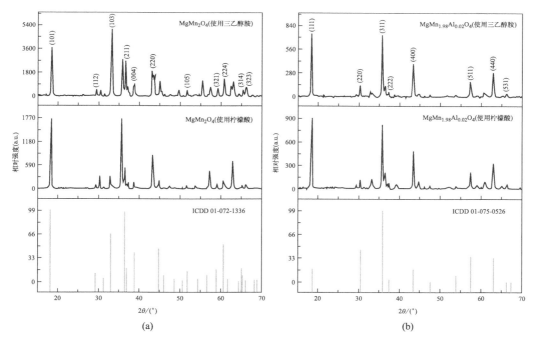

图 1-42 （a）$MgMn_2O_4$ 和 （b）$MgMn_{1.98}Al_{0.02}O_4$ 在不同燃料下的 XRD 谱图，

ICDD 卡号分别为 01-072-1336 和 01-075-0526

为立方结构。四方晶体结构属于空间群的 $I4_1/amd$，而铝掺杂在空间群的 $Fd\text{-}3M$ 下表现为立方晶体结构[156,252]。同样，表 1-13 中给出的晶格常数的理想轴比 c/a 也证明了这一点，其中未掺杂样品的 c/a 为 1.62，这代表了四方结构的理想比率，并且随着 c/a 变为 1.00，掺杂材料变为立方结构。根据 XRD 图谱计算样品的晶格常数、$MgMn_{2-x}Al_xO_4$ 中的晶格常数 a 和 c，以及 c/a 比值与 x 的函数关系。如图 1-42 所示，c/a 的比值随着 x 的减小而稳定地减小，这意味着晶格随着 Al 掺杂剂的引入而减小。这些点阵参数是从 X′Pert High Score 软件库的 ICDD 卡数据库结果中提取的。$MgMn_2O_4$ 是四方畸变的尖晶石，其中 Mg^{2+} 占据四面体的位置。八面体位置中的 Mn^{3+} 是静态协同 Jahn-Teller 畸变的原因，这是由于两个顶端 Mn—O 键的四方延伸，由 XRD 数据获得的 c/a 参数的晶格常数表示，如表 1-13 所示[253]。

表 1-13　通过 XRD 分析确定的晶格常数、平均晶粒尺寸和结晶度

燃料	前驱体材料	晶格参数 $c/a/$Å	平均晶粒尺寸 ± 0.7/nm	结晶度/%
三乙醇胺	$MgMn_2O_4$	1.62	42.4	80.5
	$MgMn_{1.98}Al_{0.02}O_4$	1.00	33.2	67.2
柠檬酸	$MgMn_2O_4$	1.62	40.1	76.7
	$MgMn_{1.98}Al_{0.02}O_4$	1.00	38.7	68.3

XRD 峰的平均晶粒尺寸通过谢乐（Scherrer）公式(1-11)估算[254]。

$$D_{hkl}=\frac{K\lambda}{\beta\cos\theta}\qquad(1\text{-}11)$$

式中，K 为谢乐常数 0.9；λ 为波长 0.15406nm 的 X 射线源；β 为弧度半最大宽度（FWHM）；θ 为峰值位置弧度。

结晶度的百分比可以通过等式（1-12）来确定[255,256]。

$$结晶度=\frac{结晶峰面积}{所有峰的总面积(结晶和非结晶)}\qquad(1\text{-}12)$$

结晶度和平均晶粒尺寸使用 origin 软件在表 1-13 所示的分析仪峰截面下进行计算。根据 XRD 结果，两种掺杂样品的结晶度均低于未掺杂样品。铝的引入降低了峰强度，拓宽了宽度。由于晶体结构不同，每个晶面的总面积也不同，所以每个衍射峰的强度也不同。众所周知，晶体样品的衍射会产生具有一定宽度的峰值，这被称为峰值加宽。峰宽取决于晶体的大小，与晶体尺寸成反比；也就是说，峰值宽度随着晶体粒度的减小而增大。因此，XRD 峰的宽度表明所形成的微晶必须非常小。正如预期的那样，在表 1-13 中观察到，铝的

掺杂降低了掺杂样品的微晶尺寸。同样值得一提的是，减小的晶粒尺寸也受到较小的离子半径的影响，即 Al^{3+}（0.51Å）与 Mg^{2+}（0.66Å）相比具有更高的稳定性。这些样品的粒度确认将在 FESEM 分析中进行研究和讨论。

③ FESEM-EDX 分析

图 1-43 显示了使用三乙醇胺和柠檬酸不同燃料制备 $MgMn_2O_4$ 和 $MgMn_{1.98}Al_{0.02}O_4$ 的 FESEM 图像。从图 1-43(a)（c）中可以看出，未掺杂的样品均具有团块的不规则球形形态。然而，与图 1-43(c) 中使用柠檬酸获得的 $MgMn_2O_4$ 样品相比，图 1-43(a) 中使用三乙醇胺的 $MgMn_2O_4$ 样品显示晶体分布分散性较差。使用 ImageJ 软件分析 FESEM 的成像结果，包括粒度、孔径和孔隙率[257,258]。对于孔径，使用与粒度测量相同的方法确定，而对于孔隙度测量，则需要调整阈值技术。使用三乙醇胺制备的 $MgMn_2O_4$ 颗粒尺寸平均为 136nm。此外，$MgMn_2O_4$ 和 Al 掺杂化合物之间的形态不同，表明 Al^{3+} 显著影响它们的形态。如图 1-43(b) 所示，相互连接的纳米晶体颗粒形成了均匀的多孔材料，孔隙和空隙覆盖了整个表面结构。结果表明，孔的大小在 $50\sim$ $240nm$，孔隙率为 8.14%。而在图 1-43(d) 中，观察到具有大孔隙和剩余大

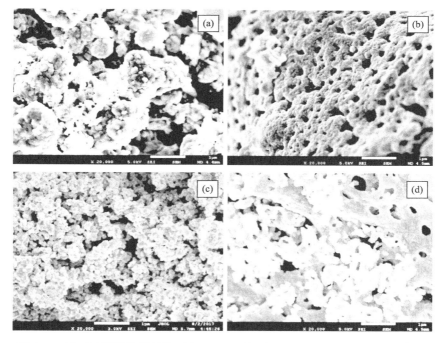

图 1-43 以三乙醇胺为燃料的 (a) $MgMn_2O_4$ 和 (b) $MgMn_{1.98}Al_{0.02}O_4$ 与以柠檬酸为燃料的 (c) $MgMn_2O_4$ 和 (d) $MgMn_{1.98}Al_{0.02}O_4$ 的 FESEM 图像

块纳米晶颗粒的不均匀多孔材料的表面结构。孔径估计在 $80\sim310$nm 范围内，孔隙率为 6.84%。使用三乙醇胺制备的样品显示出比使用柠檬酸获得的样品更高的孔隙率。这是因为三乙醇胺在燃烧过程中比柠檬酸释放更多的气体酸，三乙醇胺的燃烧被认为比柠檬酸的更剧烈。此外，如图 1-43（b）（d）所示，分别以 61nm 和 69nm 的 $MgMn_2O_4$ 铝掺杂后平均粒径减小。这些结果与 XRD 结果一致。从这些结果可以看出，燃料在形貌形成中也起着重要作用。如图 1-44 所示，通过 EDX 光谱测定样品中元素的存在。在 $MgMn_{1.98}Al_{0.02}O_4$ 中成功地检测到了铝掺杂。根据化学计量计算值，将从 FESEM-EDX 结果中获得的原子分数与表 1-14 中列出的计算值进行比较。由于氧原子与周围条件发生反应，因此在计算中不考虑氧原子的值。

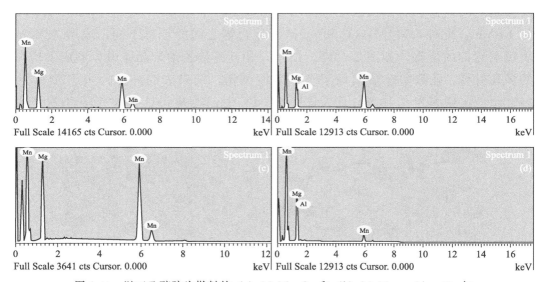

图 1-44 以三乙醇胺为燃料的 （a）$MgMn_2O_4$ 和 （b）$MgMn_{1.98}Al_{0.02}O_4$ 与以柠檬酸为燃料的 （c）$MgMn_2O_4$ 和 （d）$MgMn_{1.98}Al_{0.02}O_4$ 的 EDX 光谱

表 1-14　从 EDX 数据和化学计量计算得到的数据比较

燃料	元素	质量分数/%	原子分数/%	计算的原子分数/%
	$MgMn_2O_4$			
	Mg	22.08	39.04	33.33
三乙醇胺	Mn	77.92	60.96	66.67
	总计	100	100	100
	$MgMn_{1.98}Al_{0.02}O_4$			
	Mg	17.98	33.01	33.33

燃料	元素	质量分数/%	原子分数/%	计算的原子分数/%
三乙醇胺	Mn	81.65	66.37	66
	Al	0.37	0.62	0.67
	总计	100	100	100
柠檬酸	$MgMn_2O_4$			
	Mg	19.93	36.00	33.33
	Mn	80.07	64.00	66.67
	总计	100	100	100
	$MgMn_{1.98}Al_{0.02}O_4$			
	Mg	20.48	38.08	33.33
	Mn	79.01	61.17	66
	Al	0.51	0.75	0.67
	总计	100	100	100

④ 电化学研究

a. 线性扫描伏安法（LSV）。

图 1-45(a)（b）分别是以三乙醇胺和柠檬酸为燃料的线性扫描伏安法（LSV）曲线。使用 EC∶DME（1∶1）中的 1M 三氟甲烷磺酸镁（$MgTF_2$）作为电解液，在 $-5\sim5V$ 的电压范围内以 10mV/s 扫描速率进行测量。从图 1-45 中可以看出，以截止电压为点的 LSV 曲线表明，电压发生了分解，如表 1-15 所示。在三乙醇胺燃料下，未掺杂和掺铝样品的电化学电位窗口稳定性优于柠

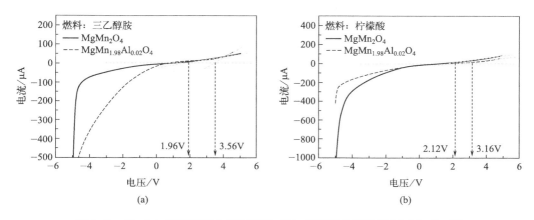

图 1-45 以（a）三乙醇胺为燃料和以（b）柠檬酸为燃料的 $MgMn_2O_4$ 和
$MgMn_{1.98}Al_{0.02}O_4$ 的 LSV 结果

檬酸。掺铝样品的电压稳定性均高于 3.0；这是由于掺杂样品的动力学反应，如 FESEM 和 XRD 结果所述，当铝掺杂到 $MgMn_2O_4$ 时，颗粒尺寸减小。Al^{3+} 的存在倾向于减小微晶的尺寸。Al^{3+} 进入 $MgMn_2O_4$ 的填隙位使晶格的长程排列顺序降低。当带正电荷的 Al^{3+} 与负氧离子相互作用时，$MgMn_2O_4$ 层的结合强度增加。因此，稳定结构具有更好的性能和电压稳定性。

表 1-15 所有样品的 LSV 截止电压汇总

燃料	样品	截止电压/V
三乙醇胺	$MgMn_2O_4$	1.96
	$MgMn_{1.98}Al_{0.02}O_4$	3.55
柠檬酸	$MgMn_2O_4$	2.12
	$MgMn_{1.98}Al_{0.02}O_4$	3.16

b. 循环伏安法。

根据 Aprida 等人报告的工作，在低扫描速率下，镁离子进入电极上所有孔的时间更长，但反应仍然不稳定。因此，在这研究中，在 1M $MgTF_2$ 电解液中，使用循环伏安法（CV）评估了不同燃料的样品在扫描速率为 50mV/s、电位窗口为 $0\sim3V$ 的条件下 3 次循环的氧化还原反应。这一结论得到了 Shirley 等和 Claudio 等研究的支持，他们分别使用 50mV/s 和 100mV/s 的高扫描率来检测 CV[259]。CV 曲线结果如图 1-46 所示。以三乙醇胺为燃料的 $MgMn_2O_4$ 样品，其氧化还原曲线近似碰撞重叠循环，如图 1-46（a）所示。在图 1-46（b）中，以柠檬酸为燃料的 $MgMn_2O_4$ 的 CV 曲线显示，循环 1 与循环 2、循环 3 重叠部分略有减少。尽管两种燃料都掺杂了铝，但氧化还原峰值电压没有显著变化，后续循环的重叠表明，使用 EC：DME 1：1 的 1M $MgTF_2$ 电解液，阴极材料和金属镁之间的电荷转移是可逆的。因此，使用三乙醇胺制备的样品具有足够的电化学稳定性，并且有望为镁离子电池的性能提供更好的循环稳定性。由于 Al^{3+} 的阳离子结合能较大，预插层 Al^{3+} 在反复的铝插入/提取循环中，可作为支柱并稳定 $MgMn_2O_4$ 的结构。这将为提高 $MgMn_2O_4$ 的电化学性能和电极的循环稳定性提供一条可行的途径。循环伏安法（CV）在接下来的循环中保持不变，表明阴极材料具有稳定的电化学可逆性。总的来说，氧化/还原过程中可能发生的电化学反应可以用以下方程式表示。

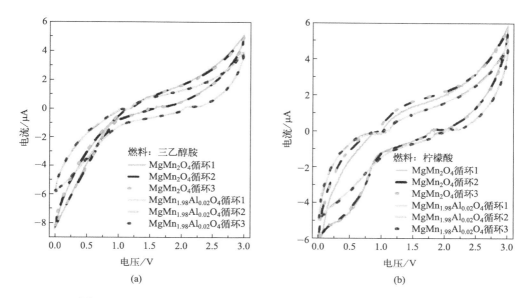

图 1-46 以（a）三乙醇胺为燃料和以（b）柠檬酸为燃料的 $MgMn_2O_4$
和 $MgMn_{1.98}Al_{0.02}O_4$ 的 CV 曲线（电子版）

$MgMn_2O_4$ 反应方程式如下。

阳极：$Mg \rightleftharpoons Mg^{2+} + 2e^-$

阴极：$2MnO_2 + Mg^{2+} + 2e^- \rightleftharpoons MgMn_2O_4$

总体：$Mg + 2MnO_2 \rightleftharpoons MgMn_2O_4$

$MgMn_{1.98}Al_{0.02}O_4$ 反应方程式如下。

阳极：$Mg \rightleftharpoons Mg^{2+} + 2e^-$

阴极：$Mn_{1.98}Al_{0.02}O_4 + Mg^{2+} + 2e^- \rightleftharpoons MgMn_{1.98}Al_{0.02}O_4$

总体：$Mg + Mn_{1.98}Al_{0.02}O_4 \rightleftharpoons MgMn_{1.98}Al_{0.02}O_4$

⑤ 镁离子电池的充放电

分别以 $MgMn_2O_4$ 和 $MgMn_{1.98}Al_{0.02}O_4$ 为正极材料，分别以三乙醇胺燃料
和柠檬酸为燃料，在 $0.5 \sim 2.5V$ 电压范围内，镁离子电池充放电循环性能如
图 1-47 所示。使用三乙醇胺和柠檬酸燃料制备的未掺杂阴极材料的镁离子电
池在第一个循环内的放电容量分别为 $25mA \cdot h/g$ 和 $29mA \cdot h/g$，如图 1-47
（a）（c）所示。图 1-47（b）（d）显示了掺铝样品的镁离子电池的充放电，其放
电容量分别为 $146mA \cdot h/g$ 和 $71mA \cdot h/g$。这些放电容量的初步结果是使用
$1M$ $MgTF_2$ 和 $1:1$ 的 EC：DME 作为电解液进行的。在第二个循环中，由于
电解液中镁金属的热力学不稳定性，镁沉积后电极表面形成钝化层，因此放电

容量急剧降低[202,232]。这种钝化层会影响 Mg^{2+} 在主体材料中的低迁移[202]。在这项工作中，使用三乙醇胺燃料制备的掺铝样品的电池获得了最高的放电容量146mA·h/g，这是由于其高孔隙率，如 FESEM 结果中所讨论的。高孔隙率结构影响可逆反应，从而使镁离子在电解质中容易发生插层和脱插层过程。此外，XRD 分析表明，Al^{3+} 插入 $MgMn_2O_4$ 间隙位置会降低晶格常数。当带有正电荷的预插层金属离子与负氧离子相互作用时，$MgMn_2O_4$ 层的结合强度增加。由于 Al^{3+} 的阳离子结合能较大，预插层 Al^{3+} 在反复的铝插入/萃取循环中，可作为支柱并稳定 $MgMn_2O_4$ 的结构。此外，该样本也代表了 LSV 和 CV 结果中最稳定的电压。在第一次循环后，由于界面钝化层的形成，放电容量迅速下降，用三乙醇胺燃料制备的 $MgMn_{1.98}Al_{0.02}O_4$ 在循环过程中表现出更好的 Mg^{2+} 可逆反应。

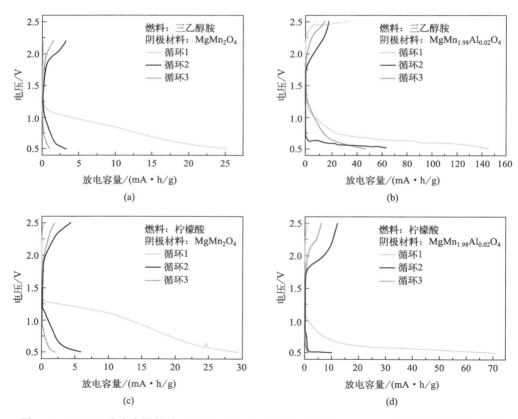

图 1-47　以三乙醇胺为燃料的（a）$MgMn_2O_4$ 和（b）$MgMn_{1.98}Al_{0.02}O_4$ 和以柠檬酸为燃料的（c）$MgMn_2O_4$ 和（d）$MgMn_{1.98}Al_{0.02}O_4$ 的镁离子电池恒流充放电曲线（电子版）

总结

在这项工作中，通过自蔓延燃烧用不同的燃料，即以三乙醇胺和柠檬酸作为还原剂制备了 $MgMn_2O_4$ 和 $MgMn_{1.98}Al_{0.02}O_4$。掺杂 Al 后，$MgMn_2O_4$ 由 $I4_1/amd$ 空间群的四方结构转变为 Fd-$3m$ 空间群的立方结构。XRD 分析表明，两种掺杂样品结晶度较低，峰宽、晶粒尺寸非常小。该预测得到了 Scherrer 方程的证实和 FESEM 分析的支持。然而，使用三乙醇胺制备的掺杂样品具有更高的孔隙率，这是因为三乙醇胺在燃烧过程中比柠檬酸释放出更多的气体。可见，燃料类型对形貌的形成起着重要的作用，而形貌的形成又直接影响着电化学性能。同样，用三乙醇胺制备的镁离子电池具有更好的电化学稳定性和循环稳定性。镁离子电池的初步实验结果表明，三乙醇胺燃料掺铝样品的镁离子电池的放电性能优于柠檬酸。电池的最高放电容量为 146mA·h/g。结果表明，掺铝 $MgMn_2O_4$ 是一种优良的镁离子电池正极材料。

1.4.2　阴离子掺杂

用于阴离子掺杂的元素以 F、P、N、S 等为代表。它们对电极材料的掺杂可以参考锰酸锂 $LiMn_2O_4$。比如用 F 元素可以有效改善该种电极材料的诸多缺点。$LiMn_2O_4$ 存在着活性物质的溶解和构造不稳定的问题，对其进行阳离子掺杂（如 Li、Mg 等）固然能稳定其晶体结构，提升循环性能，但这种掺杂会使得 Mn 元素的含量下降，导致 $LiMn_2O_4$ 初始容量的降低。F 元素的电负性很强，它的掺入能使得晶体结构更加稳定。同时它的加入会提高晶格参数，有效增加初始容量和抑制容量衰减。

为了让读者更清晰地了解阴离子掺杂，下面着重介绍 Wang 等人通过氧空位掺杂制备黑色 TiO_{2-x} 的内容[260]。

以无枝晶、安全且资源丰富的金属镁作为阳极组装成的可充电镁电池在理论上具有比容量高、能量密度高的潜在优势。然而，鉴于二价镁离子的极性较大，使得二价镁离子插入到电极材料的过程具有缓慢的动力学特性，这严重制约了镁电池的性能。因此，在这一方面，本研究会展示一种以利用二维超薄硫化钛纳米片作为前驱体，控制制备疏松多孔且富含氧空位（OVs）的超薄黑色二氧化钛（B-TiO_{2-x}）纳米片的原子取代法。发现在 B-TiO_{2-x} 电极材料中的氧空位可以极大地改善可充放电镁电池的电化学性能。实验结果和密度泛函理论仿真均证实了氧空位的引入可以显著提高二价镁离子的电导率，并增加活性位点的存储数量。富含空位的 B-TiO_{2-x} 纳米片在大电流密度的长期循环下，表现出了较高的可逆容量及较好的容量保持能力。希望这能对可充电镁电池电极材料的缺陷提供有价值的见解和启示。

基于多价离子的可充放电电池有着资源可持续、成本低且安全系数高的优势，为下一代大型储能系统提供了广阔的前景[211,261-263]。在这之中，镁电池由于其地球存量丰富、单位体积能量密度大（3833mA·h/cm^3）且在循环的过程中没有枝晶生长[115,264]，故而引起了人们的广泛关注。然而，可循环充电镁电池的发展却受到了其内部固有矛盾的阻碍。一个障碍是缺乏能够保证镁完成可逆的沉积/剥离过程，进而提供特定的稳定工作电压窗口的合适电解液[265]。另一个障碍在于极化强度较大的二价镁离子与电极材料晶体晶格之间的强静电相互作用，使得电极材料中的二价镁离子在动力学上具有缓慢迟滞的特性[266,267]。自 2000 年以来，人们在镁电池上耗费了巨大的精力去寻找电势合适、容量大、循环周期长且动力学特征快的可兼容的先进电极材料与合适的电解质[158,202,215,268-273]。时至今日，对可循环充放电镁电池而言，仅有少量金属或合金类以及离子插入型负极材料表现出了合理的充放电容量和循环耐久度[218,263,274-277]。

诸如氧空位一类的晶体缺陷，其在过渡金属氧化物的物化性质中起着至关重要的作用。氧空位的存在可以提高过渡金属氧化物的电子导电性，在催化、光分解及储能方面有较多的应用[278-282]。尤其是锂离子或钠离子电池中氧基电极上的氧空位可以促进电子或离子的迁移，进而提升电池容量和充放电倍率性能[283-288]。例如，据报道，在二氧化钛中引入氧空位可以减小带隙且提高二氧化钛中低于费米能级的态密度[289-292]，从而提高其电子导电性，进而改善锂离子和钠离子电池的电化学性能[292]。但是，在镁电池中，氧空位对于电极材料电化学性能的影响很少被研究。

本书中对超薄二维硫化钛纳米片进行原子替换，将其转化为多孔、富氧空位的黑色二氧化钛纳米片；还展示了氧空位对 B-TiO_{2-x} 纳米片中镁存储能力的增强效果（与此同时氧空位也增强了电极材料的可逆容量、倍率性能及长循环稳定性）。纳米片中的镁离子存储机理已经由系统电化学表征、非原位表征及理论计算揭示了二价镁离子的插入过程和电容响应过程都对存储容量做出了积极影响。本研究表明对于镁电池而言，在过渡金属氧化物电极材料中引入氧空位是一种有效处理电极性能的方式。

（1）实验过程与仪器及其计算方法

① 实验过程

a. 合成超薄 TiS_2 纳米片。

简言之，将 800mL 的硫单质溶解于三颈瓶中盛装的 30mL 的油胺中。首先该溶液在强磁搅拌条件下加热至 100℃，在高纯氮的保护下加热 2h 左右以去除水和氧气。溶液自然冷却到室温。然后，将 2mL 的 $TiCl_4$ 注入瓶内。在氮气环境下，溶液的温度在 3h 内逐渐升高到 300℃，并在 300℃ 下保持 3h。产物经离心、三氯甲烷和无水乙醇多次洗涤后，在真空烘箱中 60℃ 干燥 12h。最后，在氩气环境下 400℃ 退火 4h，去除任何可能的有机残留物。

b. 合成多孔 $B\text{-}TiO_{2-x}$ 纳米片。

将 TiS_2 纳米片分散在 20mL 去离子水中，室温下大力搅拌 72h。最后，用去离子水和无水乙醇离心洗涤几次，然后在真空烘箱中 50℃ 干燥 12h。将多孔 $B\text{-}TiO_{2-x}$ 纳米片在 450℃ 空气中退火不同时长（1h、2h、4h）制备不同氧空位含量的对照样品。

② 仪器介绍

用扫描电镜（SEM，HITACH S-4800）和透射电镜（TEM，JEM-2100）表征样品的形貌。用日本岛津公司产的配备有一个旋式阳极和一个 Cu-K$_\alpha$ 辐射源（$\lambda = 1.54178$Å）的 XRD-6000 衍射仪记录了 X 射线衍射（XRD）。采用 BET 模型，在 Quantachrome Autosorb-IQ-2C-TCD-VP 仪器上测量了 77K 下的氮吸附-脱附等温线。利用带有 Al-K$_\alpha$ X 射线源的 PHI-5000 VersaProbe X 射线光电子分光仪获得 X 射线光电子能谱（XPS）。在室温下用 BrukerEMX-10/12X 波段光谱仪获得了 EPR 光谱。以硫酸钡粉末为对照样品，以岛津 UV-2600 测定 300～1200nm 范围内紫外-可见漫反射光谱。

③ 电池组装和电化学测量

以总质量 80% 的指定活性物质（$B\text{-}TiO_{2-x}$ 或 $W\text{-}TiO_2$）、10% 的 KetjenBlack 和 10% 作为黏结剂的聚偏氟乙烯（PVDF）的混合物为原料制备工作电极。将该混合物加入 N-甲基-2-吡咯烷酮（NMP）溶剂中形成均匀的浆料，然后涂抹于作为集流体的碳纸上，在 60℃ 的真空烘箱中干燥 12h。活性物质的质量负荷为 1.5～2.0mg/cm²。在一个以惠特曼玻璃纤维（GF/A）为分离器并充满氩气的手套箱中，以清洁抛光的镁箔为阳极组装 CR2032 纽扣电池。使用前先用砂纸打磨镁箔，再用 THF 溶剂清洗。参照先前步骤，以 0.4M 2PhMgCl-

AlCl$_3$（简称 APC）的 THF 溶液作为镁电池的电解液[293]。室温下在 LAND CT2001A 型多通道电池测试系统上进行了恒流充放电实验，实验电压范围为 0.05～2.1V。循环伏安测试是在电化学工作站（Chenhua CHI-760E）上进行的，扫描速率为 0.2mV/s。根据活性物质的负载量计算其比容量。

④ 计算方法

在广义梯度近似法（GGA）中的 PBE 密度泛函理论中，利用基于自旋极化离散傅里叶变换 DFT 的 CASTEP 编码进行 DFT 计算方法，利用超软赝势来描述价电子与离子核之间的相互作用。平面波展开的截止能量为 380eV，Monkhorst-Pack 法对布里渊区积分生成的弹性极限网格为 3×3×3 单元，对其进行几何优化，直到总能量小于 1.0×10^{-5}eV/原子，最大力小于 0.03eV/Å。

采用 2×2×1 含一个氧空位的锐钛矿型 TiO$_2$ 超晶胞以引入 Mg^{2+}。Ti$_{16}$O$_{31}$ 的氧空位结构是通过去除超晶胞中心的一个氧原子而产生的，其中 O 与 Ti 是三重配位。为了简单起见，Ti$_{16}$O$_{31}$ 模型可以表示为 B-TiO$_{2-x}$。值得一提的是该模型中的氧空位浓度比在实验中发现的还要多。不管怎样，从所选的 Ti$_{16}$O$_{31}$ 模型中可以得到关于氧空位效应对电子结构影响的定性结论，从而使实验合理化。如图 1-48 所示，在 B-TiO$_{2-x}$ 晶胞中，一个 Mg^{2+} 可能有三个不等效的插入位点（标记为 A、B 和 C）。灰色和黄色的八面体代表 Ti^{4+}-O 八面体，蓝色的八面体代表 Ti^{3+}-O 八面体。绿色和红色的小球代表 Mg 和 O 原子。采用过渡态结构（TS）搜索策略，利用完整的 LST/QST 搜索协议和 NEB 算法，计算了 B-TiO$_{2-x}$ 中单个 Mg^{2+} 迁移的势垒。收敛阈值设置为 0.05eV/Å。基于含有单个氧空位的 2×2×1 锐钛矿型 TiO$_2$ 超晶胞中每单位 TiO$_{2-x}$ 的相对化合能

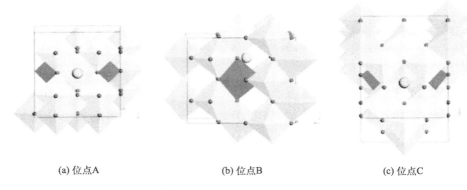

(a) 位点A   (b) 位点B   (c) 位点C

图 1-48　B-TiO$_{2-x}$ 结构中，一个 Mg^{2+} 三个不同的插入位点（电子版）

灰色和黄色的八面体代表 Ti^{4+}-O 八面体，蓝色的八面体代表 Ti^{3+}-O 八面体。

绿色和红色的小球代表 Mg 和 O 原子

定义为

$$E_{\text{formation}} = E(\text{Mg}_n\text{TiO}_{2-x}) - E(\text{Mg}_{n-0.06}\text{TiO}_{2-x}) - [E(\text{Mg}_{0.06}\text{TiO}_{2-x}) - E(\text{TiO}_{2-x})]$$

$$(1-13)$$

式中，n 为 Mg^{2+} 的插入量；$E(\text{Mg}_n\text{TiO}_{2-x})$ 是 n 个离子插入到锐钛矿型 B-TiO_{2-x} 中的能量，而 $E(\text{TiO}_{2-x})$ 是含有一氧空位的 $2\times2\times1$ 锐钛矿型 TiO_2 超晶胞的能量。

（2）富含氧空位的二维黑色 TiO_{2-x} 纳米薄片的性能分析

图 1-49（a）为多孔富氧空位 B-TiO_{2-x} 纳米片合成方法的原理图。首先，实验部分已经对于在氮气作为保护性气体条件下，由四氯化钛与硫在 300℃ 的油胺回流作用下反应生成二维超薄硫化钛纳米片的详细情况做了细致的研究。

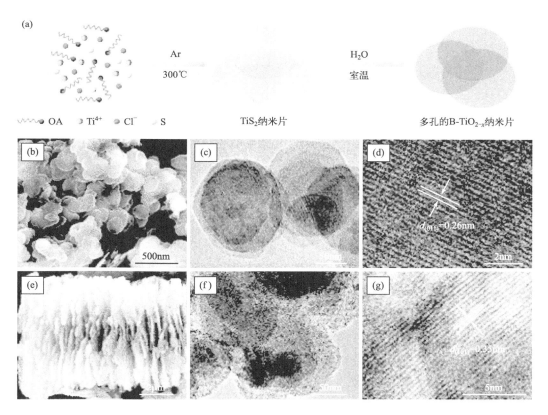

图 1-49　B-TiO_{2-x} 纳米片合成过程图解和样品的形态表征

（a）为采用原子取代法将二维超薄硫化钛纳米片转化为富氧空位且疏松多孔的黑色二氧化钛纳米片的合成
过程示意图，（b）～（d）前驱体 TiS_2 纳米片和（e）～（g）获得的 B-TiO_{2-x} 纳米片的 SEM、TEM 和
高分辨率透射电镜（HRTEM）图片

硫化钛纳米片的 X 射线衍射测试图像（图 1-50）表明其强烈的衍射峰可以很好地对应到 TiS_2 的六方相上（JCPDS. PDF No. 88-1967，空间群 P-$3m1$，$a=b=3.4073Å$，$c=5.6953Å$）。富氧空位的 B-TiO_{2-x} 纳米片只需在室温下将硫化钛纳米片在水中搅拌 72h 即可获得。在这一步中，TiS_2 纳米片中的硫原子被氧原子取代生成还原剂硫化氢 H_2S，且在原子分配过程中由于一部分四价钛离子被硫化氢还原为三价钛离子而产生了大量的氧空位。

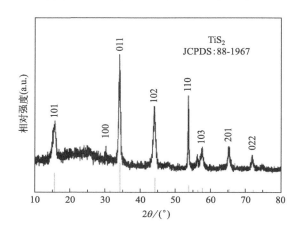

图 1-50　超薄 TiS_2 纳米片的 XRD 图

如图 1-49(b)～(g) 所示，前驱体硫化钛纳米片和生成的富氧空位 B-TiO_{2-x} 纳米片的 SEM、TEM 及高分辨率透射电镜（HRTEM）图像表述了二者的形貌。光滑的硫化钛纳米片尺寸均匀，厚度介于 $5\sim10nm$，直径 $100\sim200nm$，见图 1-49(b)(c)。大部分的硫化钛纳米片都会为了使表面能降至最低而自发地聚集成堆。此外，HRTEM 图像清晰地展示了其晶格间距为 0.26nm，这与硫化钛纳六方相的（011）面完美地吻合，见图 1-49(d)。图 1-49(e) 表明 B-TiO_{2-x} 纳米片也堆积了起来，而图 1-49(f) 则展示了其粗糙多孔的表面特征。多孔表面的形成很有可能是由于硫化钛中的硫离子经由原子取代法被体积更小的氧离子取代了。高分辨率透射电镜图像如图 1-49(g) 所示，0.35nm 的晶格间距能与四方相锐钛型二氧化钛的（101）面吻合度较高。晶格中无序区域的存在表明晶体中的确引入了氧空位。还通过将 B-TiO_{2-x} 纳米片在空气中 450℃退火 4h，制备了一组无氧空位完全氧化的 W-TiO_2 纳米片对照样本。

如图 1-51 所示，W-TiO_2 纳米片对照样品形貌图片可以看出其很好地保持了 B-TiO_{2-x} 纳米片的原始形貌。采用 N_2 吸附-脱附等温线研究了 B-TiO_{2-x} 纳米片和W-TiO$_2$纳米片对照样品的比表面积和多孔特性（图1-52），揭示了样品的高倍形貌，二者比表面积分别为 $134\mathrm{m}^2/\mathrm{g}$ 和 $139\mathrm{m}^2/\mathrm{g}$。图 1-53 为 B-TiO$_{2-x}$ 纳米片和 W-TiO$_2$ 纳米片的表征。

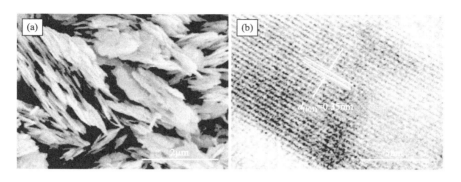

图 1-51　W-TiO$_2$ 纳米薄片的（a）SEM 和（b）HRTEM 图像作为对照样品

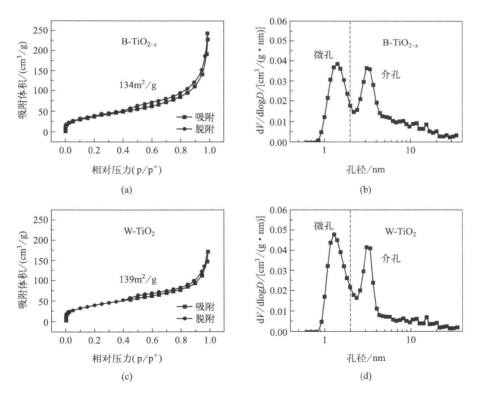

图 1-52　（a）（b）多孔的 B-TiO$_{2-x}$ 纳米片和（c）（d）W-TiO$_2$
对照样品的氮吸附-脱附等温线和孔径分布

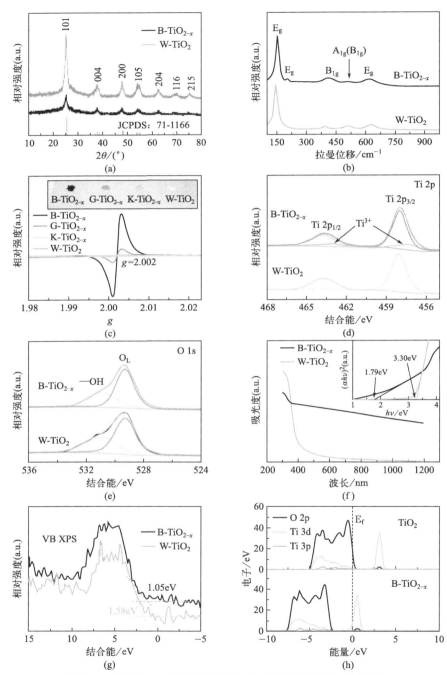

图 1-53　B-TiO$_{2-x}$ 纳米片和 W-TiO$_2$ 纳米片的表征（电子版）

（a）为 B-TiO$_{2-x}$ 纳米片和 W-TiO$_2$ 纳米片的 XRD 图谱；（b）为 B-TiO$_{2-x}$ 纳米片和其对照样品的拉曼光谱；（c）为 B-TiO$_{2-x}$ 纳米片和其对照样品在空气中按不同时长退火后的照片和 EPR 光谱，其中 G-TiO$_{2-x}$ 为退火 1h，K-TiO$_{2-x}$ 为退火 2h，W-TiO$_2$ 为退火 4h；（d）（e）分别为 B-TiO$_{2-x}$ 纳米片和 W-TiO$_2$ 纳米片中 Ti 原子 2p 能级与 O 原子 1s 能级的 XPS 图像；（f）为紫外-可见漫反射光谱和光学带隙；（g）为 B-TiO$_{2-x}$ 纳米片和 W-TiO$_2$ 对照样品的价带 X 射线光电子谱；（h）为由原始状态的 TiO$_2$ 和富氧空位的 B-TiO$_{2-x}$ 计算出的部分态密度通过分析图 1-53(a) 的 XRD 图谱，研究了 B-TiO$_{2-x}$ 纳米片和 W-TiO$_2$ 纳米片的结晶度结构。两种样品的主要 X 射线衍射峰均为四方相 TiO$_2$（JCPDS No. 71-1166，空间群 $I4_1/amd$，$a=b=3.7842$ Å，$c=9.5146$ Å）。这一结果表明二硫化钛成功地转化成了 B-TiO$_{2-x}$。用拉曼光谱进一步研究了这两种样品的结构特征。

如图 1-53(b) 所示，在 B-TiO$_{2-x}$ 纳米片中检测到了六种（$3E_g+2B_{1g}+A_{1g}$）拉曼激活模（151.9cm^{-1}、200.9cm^{-1}、414.8cm^{-1}、506.9cm^{-1}、625.8cm^{-1}）[294]。由 Ti—O 键（151.9cm^{-1}）的外部振动引起的最强的 E_g 模与 W-TiO$_2$ 键（145.4cm^{-1}）相比有明显的红移，这可归因于 B-TiO$_{2-x}$ 中大量增加的氧空位。在 450℃空气环境下，对多孔黑色二氧化钛进行退火处理，处理时间为 1h、2h 或 4h，制备了氧空位含量不同的对照样品，研究了 B-TiO$_{2-x}$ 中氧空位含量的不同对其镁离子存储能力的影响。图 1-53(c) 中插图显示这些对照样品的颜色由黑色逐渐演化为灰色、卡其色、白色，这些对照样品被称为 B-TiO$_{2-x}$、G-TiO$_{2-x}$、K-TiO$_{2-x}$、W-TiO$_2$，其变化与氧空位含量下降有关。

在室温下对这些对照样品进行了电子顺磁共振波谱（EPR）检测，以验证氧空位的存在，如图 1-53(c) 所示。B-TiO$_{2-x}$、G-TiO$_{2-x}$、K-TiO$_{2-x}$ 纳米片状物具有明显的电子顺磁共振信号，g 值为 2.002，表明在金属氧化物材料表面的氧空位存在超氧自由基（O$_2^-$·）[285,291,294-296]。在电子自旋浓度测量的基础上，估算了多孔 B-TiO$_{2-x}$ 纳米片中 O$_2^-$·浓度为 0.57μmol/g，明显高于其先前记录的 0.018μmol/g[297]。随着退火时间的延长，EPR 信号的强度逐渐减小，这意味着氧空位含量有所降低。退火 4h 后，样品被完全氧化为几乎没有氧空位的 W-TiO$_2$。

为了进一步分析样品的元素组成和化学状态，进行了 XPS 测试和 EDX 分析，如图 1-53(d)(e) 所示。B-TiO$_{2-x}$ 纳米片的 XPS 分析表明 Ti 和 O 元素共存，见图 1-54；几乎没有发现硫元素的特征峰，表明 TiS$_2$ 成功地转化为 B-TiO$_{2-x}$。B-TiO$_{2-x}$ 纳米片中 Ti 原子 2p 轨道区域的能带可以反卷积为四个峰；位于 458.0eV 和 463.7eV 处的峰分别对应于为 Ti^{4+} 的 $2p_{3/2}$ 和 $2p_{1/2}$ 轨道。

位于 457.3eV 和 463.0eV 的峰分别对应于 Ti^{3+} 的 $2p_{3/2}$ 和 $2p_{1/2}$ 轨道[298]。在二价硫离子和二价氧离子的原子转换过程中，TiO$_{2-x}$ 中的四价钛离子被生成的硫化氢还原为三价钛离子。相反，W-TiO$_2$ 纳米片在 458.0eV 和 463.7eV 处只出现两个峰，这是 Ti^{4+} 的典型特征。图 1-53(e) 中 B-TiO$_{2-x}$ 和 W-TiO$_2$ 纳米片的 O$_{1s}$ 带可分为两类峰，分别对应于 TiO$_{2-x}$（约 529.3eV）和表面—OH 基团（约 530.9eV）中的晶格氧[299,300]。

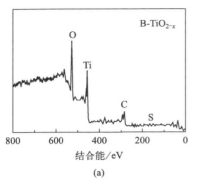
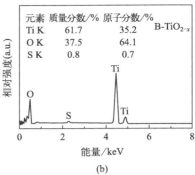

图 1-54　B-TiO$_{2-x}$ 纳米片的 (a) XPS 光谱和 (b) EDX 分析

如图 1-53(f) 部分的紫外-可见漫反射光谱表明 B-TiO$_{2-x}$ 纳米片的光吸收已经从紫外区域拓展到了可见光及红外区域。如图 1-53(f) 中插图所示，B-TiO$_{2-x}$ 纳米片的带隙为 1.79eV，比 W-TiO$_2$（约 3.30eV）窄得多。

光学带隙的缩小可能是由 Ti^{3+} 和氧空位引入的介于导带和价带之间的额外的杂质能级所致[290,298]。B-TiO$_{2-x}$ 纳米片的价带 XPS 图谱［图 1-53(g)］表明其有一个起始吸收点约在 1.05eV；此时 W-TiO$_2$ 的起始吸收点迁移至约 1.58eV，表明 B-TiO$_{2-x}$ 纳米片中的氧空位诱发的能带结构发生了改变。

如图 1-53(h) 所示，部分态密度（PDOS）的密度泛函理论（DFT）计算结果表明：原始锐钛矿型 TiO$_2$ 的价带边缘主要是由 O 的 2p 态组成，此时导带主要是由 Ti 3d 态组成的。在锐钛矿型 TiO$_2$（即 B-TiO$_{2-x}$）中引入氧空位之后，费米能级转移到导带，禁带变窄。这表明了实验中观察到的 B-TiO$_{2-x}$ 中电子电导率的提高是合理的。

为了表征 B-TiO$_{2-x}$ 纳米片插入 Mg^{2+} 的电化学性能，可以通过组装以溶解于四氢呋喃 THF 中的 0.4M 2PhMgCl-AlCl$_3$ 为电解液和以抛光 Mg 箔片作为阳极材料的 CR2032 型纽扣电池进行评估。为了探究镁电池系统中因 Mg 的脱附-吸附而引入的 APC 电解液的相溶性，采用镁箔作为对电极和参照电极、铂片作为工作电极和 0.4M APC/THF 电解液的三电极测试系统对循环伏安（CV）曲线进行了测试（图 1-55）。测得镀镁过电位为 0.25V，且镁脱附-吸附的库仑效率为 100%，表明 APC/THF 电解液具有良好的相容性。图 1-56(a) 部分给出了 B-TiO$_{2-x}$ 纳米片在 0.2mV/s 的扫描速率下，第 1、2、5 次循环中的循环伏安曲线。多孔 B-TiO$_{2-x}$ 纳米片电极具有较宽的阴极阳极响应范围。

考虑到较弱的氧化还原峰和近似矩形的循环伏安曲线，B-TiO$_{2-x}$ 电极上 Mg^{2+} 的存储机制既有 Mg^{2+} 的插入/扩散贡献，亦有 Mg^{2+} 镀层电容效应的贡

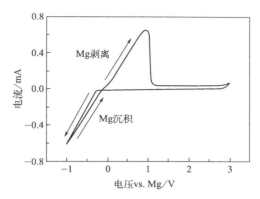

图 1-55　在扫描速率为 25mV/s 下测量了 Mg 剥离/电镀的循环伏安图

献，详情将在下文详细讨论。显而易见的是 B-TiO$_{2-x}$ 电极的电流密度明显高于 W-TiO$_2$ 电极 [见图 1-57(a)]，说明氧空位的存在使其电化学活性显著提高。图 1-56(b) 描述了在电流密度为 50mA/g 时，在第 1、2、5 次循环中多孔 B-TiO$_{2-x}$ 纳米片的放电/充电曲线。初始放电、充电容量分别为 190mA·h/g 和 134mA·h/g，对应等价于每单位化合式 Mg$_{0.28}$TiO$_{2-x}$ 中存储量 0.28 的等价 Mg^{2+} 储量且其库仑效率为 70%。第一周期的不可逆容量主要归因于 Mg^{2+} 插入到不可逆中心[301,302]，初始放电电压相对较低是由 Mg 阳极表面氧化层极化较大所致[303]。在第 8 次循环中，放电、充电容量分别为 147mA·h/g 和 155mA·h/g，库仑效率大幅度提高到 95%，与 Mg$_{0.22}$TiO$_{2-x}$ 中 Mg^{2+} 的理论存储值相对应。电流密度 150mA/g 下 B-TiO$_{2-x}$ 纳米片的循环性能如图 1-56(c) 所示。在初始 30 次循环中，可逆容量逐渐增大，放电、充电容量分别达到 105mA·h/g 和 108mA·h/g，库仑比效率为 103%。200 次循环后，放电容量仍高达 106mA·h/g。图 1-56(d) (e) 部分显示了 B-TiO$_{2-x}$ 纳米片循环在 50～300mA/g 不同电流密度变化范围的放电-电荷曲线和倍率特性。50mA/g、100mA/g、200mA/g、300mA/g 电流密度下的放电容量分别为 150mA·h/g、126mA·h/g、114mA·h/g 和 106mA·h/g。当电流密度从 50mA/g 增加到 300mA/g 时，B-TiO$_{2-x}$ 电极的容量保持率为 70%。循环时，充放电曲线呈现倾斜特征。表 1-16 列出了具有代表性的钛基阳极[281,302,304,305]和镁电池用金属阳极[161,273,306]的 Mg^{2+} 存储性能。对比于其他已报道的钛基阳极材料镁电池，如 Li$_4$Ti$_5$O$_{12}$[276]，阳离子缺陷性的锐钛矿 TiO$_2$[304]，Mg^{2+}/Mg 复合 B-TiO$_{2-x}$ 的平均放电电压为 0.5V。

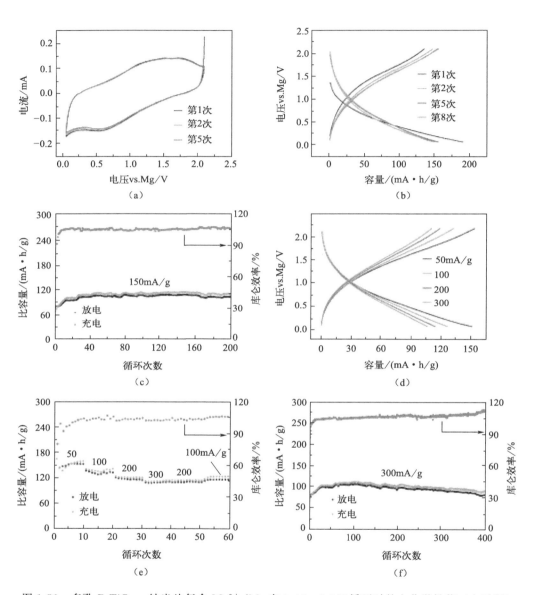

图 1-56　多孔 B-TiO$_{2-x}$ 纳米片复合 Mg^{2+}/Mg 在 0.05～2.1V 循环时的电化学性能（电子版）

（a）扫描速率为 0.2mV/s 时的 CV 曲线；（b）电流密度为 50mA/g 时的放电-充电曲线；

（c）电流密度为 150mA/g 时的循环性能和库仑效率；（d）50～300mA/g 变化范围内不同电流

密度下的放电-充电曲线；（e）300mA/g 电流密度下测得的倍率性能；

（f）300mA/g 电流密度下测得的循环性能

表1-16　富氧空位 B-TiO$_{2-x}$ 纳米片与其他报道的电池负极材料的 Mg^{2+} 存储性能比较

参考文献	阳极材料	电解液	电位区间 (vs. Mg^{2+}/Mg)	首次放电容量	放电电压 (vs. Mg^{2+}/Mg)	长循环稳定性
本研究	多孔位 B-TiO$_{2-x}$纳米片	溶解于 THF 中的 0.4M APC	0.05~2.1V	190mA·h/g(电流密度 50mA/g)	平均放电电压约 0.5V	77mA·h/g(电流密度 300mA/g，400 次循环后)
Wu[276]	Li$_4$Ti$_5$O$_{12}$	溶解于 THF 中的 0.25M Mg(AlCl$_2$EtBu)$_2$	0~1.85V	155mA·h/g(电流密度 15mA/g)	约 0.5V	55mA·h/g(电流密度 300mA/g，500 次循环后)
Meng[302]	超薄 TiO$_2$ 纳米线	溶解于 THF 中的 0.4M APC	0.01~2.0V	142mA·h/g(电流密度 10mA/g)	—	37mA·h/g(电流密度 200mA/g，500 次循环后)
Koketsu[304]	阳离子缺陷型锐钛矿 TiO$_2$	溶解于 THF 中的 0.2M APC	0.05~2.3V	165mA·h/g(电流密度 20mA/g)	约 0.5V	65mA·h/g(电流密度 300mA/g，500 次循环后)
Chen[305]	Na$_2$Ti$_3$O$_7$ 纳米带	溶解于 THF 中的 0.25M APC	0.01~2.0V	135mA·h/g(电流密度 20mA/g)	—	53mA·h/g(电流密度 200mA/g，500 次循环后)
Cheng[273]	Sn	溶解于 THF 中的 0.4M APC	0~0.8V	275mA·h/g(电流密度 50mA/g)	放电平台约 0.14V	—
	SnSb	溶解于 THF 中的 0.4M APC	0~0.8V	420mA·h/g(电流密度 50mA/g)	放电平台约 0.17V	270mA·h/g(电流密度 500mA/g，200 次循环后)
Arthur[161]	Bi	溶解于 ACN 中的 Mg(N(SO$_2$CF$_3$)$_2$)$_2$	0.02~0.6V	330mA·h/g(电流密度 50mA/g)	放电平台约 0.25V	220mA·h/g(电流密度 350mA/g，100 次循环后)
Parent[306]	SnSb-石墨烯	APC	0~0.8V	420mA·h/g(电流密度 50mA/g)	放电平台约 0.16V	260mA·h/g(电流密度 500mA/g，200 次循环后)

　　此外，对比于此前镁电池的金属阳极，如 Bi、Sn、Sb 及其合金，由于没有多数金属阳极存在的体积膨胀[161,305,307]，B-TiO$_{2-x}$ 的循环稳定性十分出众。300mA/g 的电流密度下，B-TiO$_{2-x}$ 纳米片的长循环测试如图 1-56(f) 部分所示，其初始放电、充电容量分别为 101mA·h/g 和 64mA·h/g，而库仑效率为 63%。可逆容量在 30 次循环后逐渐稳定。第 30 次放电、充电容量分别为 98mA·h/g 和 102mA·h/g，库仑效率约为 104%。300mA/g 电流密度下循环 400 次后，放电容量保持在 77mA·h/g，容量保持率为 76%，表明其循环稳定性良好。

　　对对照样品的 Mg^{2+} 存储性能进行研究，以便于比较。几乎无氧空位的 W-TiO$_2$ 纳米片的循环伏安曲线和充电-放电曲线对比于 B-TiO$_{2-x}$ 纳米片，表现出了相似的特征，如图 1-57(a)(b) 所示。如图 1-57(c)(d) 所示，对其他

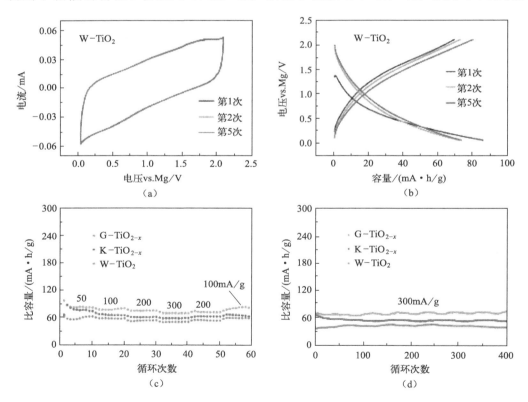

图 1-57　对照样品的 Mg^{2+} 存储性能研究（电子版）

(a) W-TiO$_2$ 对照样品在 0.2mV/s 扫描速率下的 CV 曲线；(b) W-TiO$_2$ 控制样品在 50mA/g

电流密度下的放电电压分布；(c) 制备不同 OV 含量的对照样品的速率性能；

(d) 对照样品在 300mA/g 电流密度下的循环性能

对照样品的 Mg^{2+} 存储性能做了测试。随着退火时间的延长，对照样品的放电容量明显降低。如图 1-57（d）所示，W-TiO$_2$ 纳米片的长周期循环曲线在 300mA/g 的电流密度下的初始放电容量仅为 35mA·h/g，充电容量仅为 30mA·h/g，远低于 B-TiO$_{2-x}$。如图 1-58 所示，同时对 B-TiO$_{2-x}$ 和 W-TiO$_2$ 的电化学阻抗谱（EIS）进行了分析。奈奎斯特（Nquist）曲线高频区的半圆与电极/电解质界面的电荷转移电阻有关。B-TiO$_{2-x}$ 电极的阻抗值低于 W-TiO$_2$ 电极，有利于提高 Mg^{2+} 的存储性能。上述结果表明，多孔 B-TiO$_{2-x}$ 纳米片具有较好的 Mg^{2+} 存储性能，与空气中 450℃ 退火制备的样品相比，具有更好的存储性能，较好地符合氧空位含量变化情况。

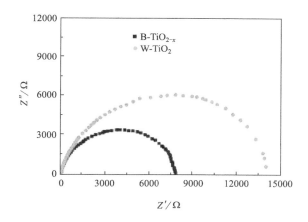

图 1-58　多孔 B-TiO$_{2-x}$ 纳米片和 W-TiO$_2$ 对照样品的 EIS 曲线

为了研究 Mg^{2+} 的存储机理，实验对新制备的、初次放电-充电的 B-TiO$_{2-x}$ 纳米片的非原位 XPS、非原位 XRD 及非原位拉曼光谱进行了研究分析 ［图 1-59（a）～（d）］。如图 1-59（a）所示，新制备的 B-TiO$_{2-x}$ 电极在 Ti 2p 区的 XPS 谱显示出四个峰。位于 458.0eV 和 463.8eV 处的峰分别对应于 Ti^{4+} 的 Ti 2p$_{3/2}$ 和 Ti 2p$_{1/2}$ 带。另外两个以 457.3eV 和 462.7eV 为中心的小峰分别属于 Ti^{3+} 的 2p$_{3/2}$ 和 2p$_{1/2}$ 带。XPS 结果表明 Ti^{4+} 和 Ti^{3+} 在 B-TiO$_{2-x}$ 中的占有量比例分别为 80% 和 20%，这与 x 值为 0.1 相一致，如表 1-17 所示。放电至 0.05V 后，Ti^{3+} 的比例由 20% 提高到 48%。然而在充电到 2.1V 后，由 XPS 结果所量化的 Ti^{3+} 的比例下降到 33%，这意味着部分 Mg^{2+} 仍被限制于电极材料中，如表 1-17 所示。

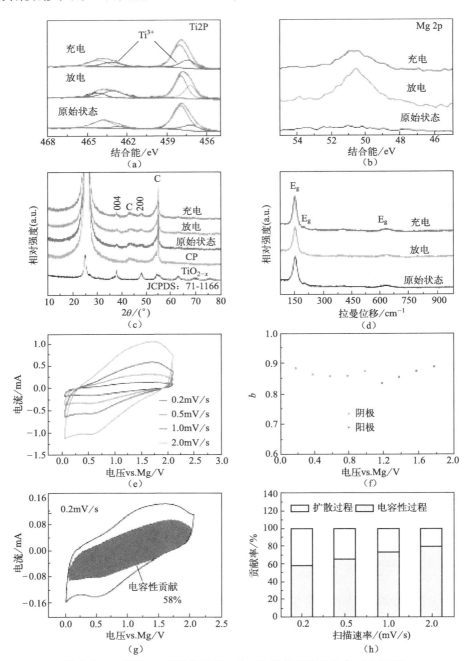

图 1-59　B-TiO$_{2-x}$ 纳米片阳极中 Mg^{2+} 存储机理的研究（电子版）

由新制备的 B-TiO$_{2-x}$ 纳米片阳极分别在 Ti 2p（a）和 Mg 2p（b）区域初次放电-充电所获得的非原位 XPS 光谱；
新制备的初次放电-充电的 B-TiO$_{2-x}$ 纳米片阳极的（c）非原位 XRD 图谱和（d）非原位拉曼光谱，"C"峰源于充
当集流器的碳纸；（e）不同扫描速率下第 3 次循环的循环伏安曲线；（f）根据 B-TiO$_{2-x}$ 纳米片阳极的正负极扫描
电压计算出的 b 值；（g）0.2mV/s 的扫描速率下，基于方程 $i(V)=k_1v+k_2v^{1/2}$ 计算出的对于总的存储电荷的电容
贡献值（阴影区）；（h）由 Mg^{2+} 插入/扩散及电容性过程引起的 B-TiO$_{2-x}$ 纳米片中电荷存储贡献度速率相关柱状图

表 1-17　利用 B-TiO$_{2-x}$ 纳米片阳极在不同放电-充电状态下的

XPS 光谱中 Ti 2p 峰面积计算的 Ti^{4+} 和 Ti^{3+} 的比例

放电-充电状态	Ti^{4+} /%	Ti^{3+} /%
新鲜制备的 B-TiO$_{2-x}$	80	20
首次放电后的 B-TiO$_{2-x}$	52	48
首次充电后的 B-TiO$_{2-x}$	67	33

这些结果清楚地表明，Ti^{4+}/Ti^{3+} 的转化参与了放电-充电过程。如图 1-56（b）部分所示，B-TiO$_{2-x}$ 中增加的 Ti^{3+} 浓度会使其电导率得以增强，但也削弱了随后的循环中的极化强度。图 1-59（b）展示了新制备的、首次放电-充电的 B-TiO$_{2-x}$ 纳米片阳极的 Mg 2p 核心能级的 XPS 谱。在充电状态的峰值强度低于放电状态的峰值强度，这表明 B-TiO$_{2-x}$ 纳米片的磁化/去磁过程是可逆的，但有些 Mg^{2+} 在整个循环过程始终被限制于 B-TiO$_{2-x}$ 中。图 1-60（a）（b）分别展示了第一次放电、充电后利用 EDX 谱估算出的 Mg^{2+} 含量，其结果与测量的电池容量一致。同时，非原位 XRD［图 1-59（c）］和非原位拉曼光谱［图 1-59（d）］特征表明，在磁化/去磁过程中没有出现新的峰，峰移也可以忽略不计。XRD 和拉曼光谱表明峰强也只有轻微的变化，说明循环具有良好的可逆性。实验为了进一步研究 B-TiO$_{2-x}$ 纳米片的电化学反应收集了在 $0.2 \sim 2.0 \, \text{mV/s}$，不同扫描速率下的循环伏安曲线［图 1-59（e）］，其展示了较宽的阴阳极响应。通常在扫描过程中，电流 i 与扫描速率 v 服从函数如下：

$$i(V) = av^b \tag{1-14}$$

$$\lg i(V) = b \lg v + \lg a \tag{1-15}$$

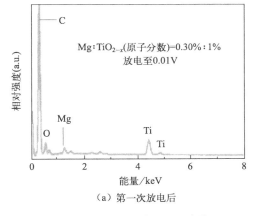

（a）第一次放电后

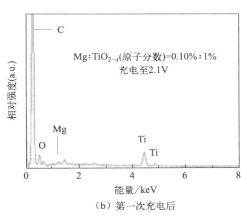

（b）第一次充电后

图 1-60　多孔 B-TiO$_{2-x}$ 纳米片阳极的 EDX 光谱

当测量的电流 i 与扫描速率 v 服从幂律关系时，a 和 b 是可调参数[308,309]。如果 b 值为 0.5，则电极是扩散控制的，而 b 值接近 1.0，表明电容式响应占主导地位[278,310-312]。图 1-59(f) 和图 1-61(a)(b)，给出了在不同电流密度下根据 B-TiO$_{2-x}$ 纳米片的循环伏安曲线计算的 b 值。在正反双向过程中，b 值都在 0.83～0.89 范围内，说明扩散过程和电容响应对总储存量都有贡献[313,314]。在一定的扫描速率下，上述两种贡献的比例可以按照以下公式量化。

$$i(V) = k_1 v + k_2 v^{1/2} \tag{1-16}$$

$$i(V) v^{-1/2} = k_1 v^{1/2} + k_2 \tag{1-17}$$

式中，$i(V)$、v、$k_1 v$ 和 $k_2 v^{1/2}$ 分别是特定电位下的电流、扫描速率、电容控制电流和扩散限制电流。图 1-61(c)(d) 显示了在放电-充电过程中特定电压下 $i(V)$ $v^{-1/2}$ 和 $v^{1/2}$ 的线性图。当扫描速率分别为 0.2mV/s、0.5mV/s、1.0mV/s 和 2.0mV/s 时，对应于循环伏安曲线阴影区域的电容贡献分别占总

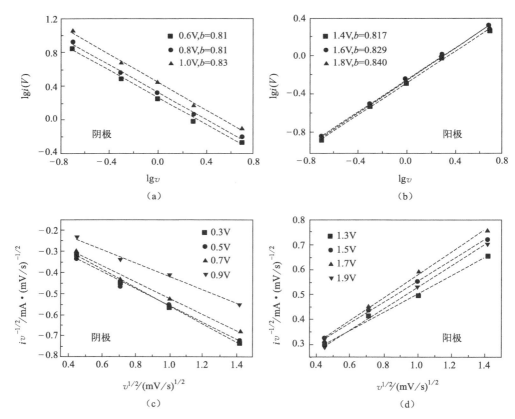

图 1-61　(a)(b) 基于 $\lg i(V) = b \lg v + \lg a$ 的 (a) $\lg i$ 与 (b) $\lg v$ 在不同扫描速率下的关系图及 (c)(d) 特定电压下的 $v^{-1/2}$ 与 $v^{1/2}$ 曲线（v 的取值范围为 0.2～2.0mV/s）

容量的 58%、64%、73%、78%，如图 1-59（g）、图 1-62 所示。如图 1-59（h）所示，随着扫描速率的增加，电容贡献越来越明显。类似的现象也在镁电池的其他研究工作中有所报道[315,316]。

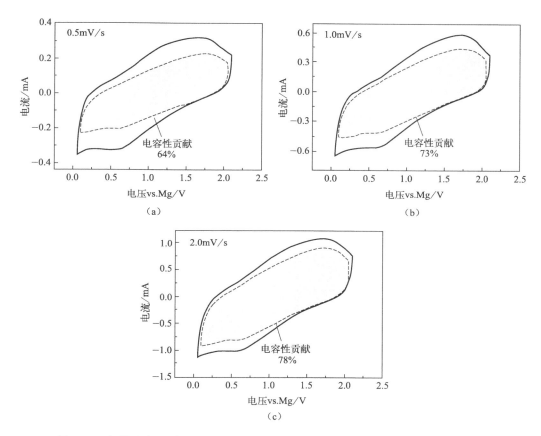

图 1-62　扫描速率分别为 （a） 0.5mV/s、（b） 1.0mV/s、（c） 2.0mV/s 时，由公式 $i(V)=k_1 v+k_2 v^{1/2}$ 计算得到总容量的电容贡献 （对应阴影区域）

DFT 计算进一步研究了 B-TiO$_{2-x}$ 的 Mg^{2+} 插入/脱出机理，并在支持信息中给出了详细的计算方法。通过去除 $2\times2\times1$ 锐钛矿型 TiO$_2$ 超晶胞的中心氧原子，生成了 TiO$_{2-x}$ 的氧空位构型，其中 O 与 Ti 有三重配位。如图 1-48 所示，在 TiO$_{2-x}$ 的单位晶胞中，Mg^{2+} 有三种可能的非等效插入位点 （标记为A、B 和 C）。A 位和 B 位均为八面体间隙，分别包含 Ti 的正常氧化态 （即Ti^{4+}） 和较低的氧化态 （即 Ti^{3+}）。C 点是边缘共享的 Ti^{4+}-O 八面体间隙。图1-63（a） 部分显示了 TiO$_{2-x}$ 单位晶胞中可能的 Mg^{2+} 插入状态 （Mg$_n$TiO$_{2-x}$，$n=0.06，0.12，0.18$ 或 0.24）。如表 1-18 所示，还计算了 Mg^{2+} 插入 TiO$_{2-x}$

的相对化合能。化合能值（负值）越低，说明 Mg^{2+} 插入 TiO_{2-x} 的过程耗能越多，即镁离子更好地插入了其中。结果表明，在三处插入位点中 A 位处（$Mg_{0.06}TiO_{2-x}\_a$），Mg 插入能量最低，是最有利的。相反，由于相对于 A 和 B 点而言能量较高，在位点 C 插入 Mg^{2+} 是非常困难的，使得 C 点的空腔要小得多（表 1-18）。图 1-63（b）部分显示了 Mg_nTiO_{2-x} 中计算的化合能的绝对值随 Mg^{2+} 插入量的变化而变化。当 TiO_{2-x} 单位晶格中 Mg^{2+} 含量小于 0.24 时，进一步插入有利的。

表 1-18 不同类型 Mg_nTiO_{2-x} 的晶格常数、能量和相对形成能

分子式	浓度		晶格参数						每个 TiO_2 的能量/eV	相对化合能 $E_{formation}$ /(MeV/TiO_2)
	氧空位	Mg^{2+}	a/Å	b/Å	c/Å	α/(°)	β/(°)	γ/(°)		
TiO_2(exp.)	0	0	7.57	7.57	9.51	90	90	90		
TiO_2(cal.)	0	0	7.60	7.60	9.71	90	90	90	−2481.573	
TiO_{2-x}	0.0312	0	7.61	7.61	9.71	90	90	90	−2481.573	
Mg^{2+} 插入										
$Mg_{0.06}TiO_{2-x}\_a$	0.0625		7.66	7.77	9.58	90	90	90	−2515.018	0
$Mg_{0.06}TiO_{2-x}\_b$	0.0625		7.67	7.75	9.56	90	90	90	−2515.016	0
$Mg_{0.06}TiO_{2-x}\_c$	0.0625		7.76	7.64	9.67	90	90	90	−2514.984	0
$Mg_{0.12}TiO_{2-x}\_a$	0.125		7.68	7.96	9.39	90	90	90	−2575.946	−14.25
$Mg_{0.12}TiO_{2-x}\_b$	0.125		7.70	7.98	9.42	90	90	90	−2575.926	5.61
$Mg_{0.12}TiO_{2-x}\_c$	0.125		7.87	7.87	9.38	90	90	90	−2575.912	19.51
$Mg_{0.18}TiO_{2-x}\_a$	0.187		7.69	8.11	9.34	90	90	90	−2636.862	−3.35
$Mg_{0.18}TiO_{2-x}\_b$	0.187		7.82	8.06	9.21	90	90	90	−2636.836	22.39
$Mg_{0.18}TiO_{2-x}\_c$	0.187		7.87	7.94	9.36	90	90	90	−2636.796	62.60
$Mg_{0.24}TiO_{2-x}\_a$	0.250		7.80	8.13	9.26	90	90	90	−2697.777	−1.81
$Mg_{0.24}TiO_{2-x}\_b$	0.250		8.16	7.94	9.00	90	90	90	−2697.768	7.63
$Mg_{0.24}TiO_{2-x}\_c$	0.250		8.02	8.03	9.04	90	90	90	−2697.754	21.32

图 1-63（c）（d）和表 1-19 表明，Mg^{2+} 从能量较低的有利位点 C（$Mg_{0.06}TiO_{2-x}\_c$）迁移到更稳定的位点 B（$Mg_{0.06}TiO_{2-x}\_b$）是最容易的，对应于最大迁移能垒（0.11eV）。这意味着 C 位点在热力学和动力学上都不可能插入 Mg^{2+}，因此尽管能量屏障很低，Mg^{2+} 也不会沿路径 C→B 迁移。此外，发现较长的迁移距离通常导致更大的迁移能量屏障。

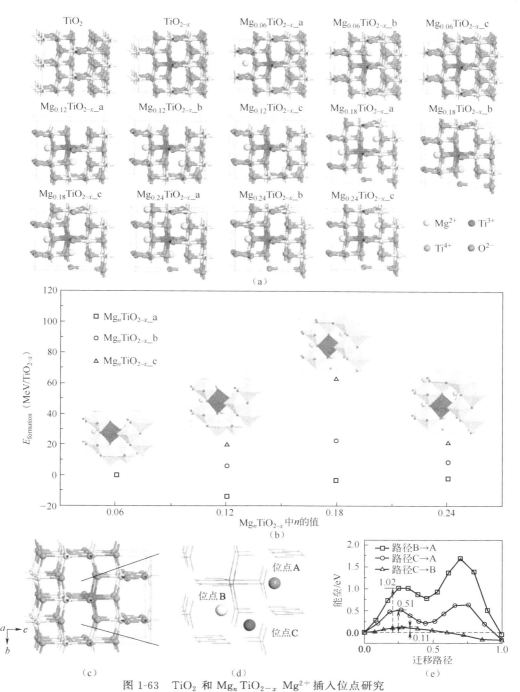

图 1-63 TiO$_2$ 和 Mg$_n$TiO$_{2-x}$ Mg^{2+} 插入位点研究

(a) DFT 计算 TiO$_2$ 和 Mg$_n$TiO$_{2-x}$ 中可能的 Mg^{2+} 插入位点的结构模型($n=0.06$、0.12、0.18 或 0.24);

(b) 不同 Mg^{2+} 量下 Mg^{2+} 插入锐钛矿型 TiO$_{2-x}$ 的形成能;

(c) 模拟模型的插图;(d) 镁离子可能的插入位点 A、B 和 C;

(e) TiO$_{2-x}$ 超级电池中一个 Mg^{2+} 的三条相应迁移路径的相对能量曲线:路径 B 到 A、路径 C 到 A 及路径 C 到 B

表 1-19　一个 Mg^{2+} 在 $B\text{-}TiO_{2-x}$ 超单体中三个不同位置之间的迁移能垒和迁移距离

迁移路径	迁移能垒/eV	迁移距离/Å
位点 B→位点 A	1.02	3.92
位点 C→位点 A	0.51	3.80
位点 C→位点 B	0.11	1.59

结论

本研究提供了一种高效制备富氧空位的超薄多孔 $B\text{-}TiO_{2-x}$ 纳米片的原子取代策略，这对具有较高充放电容量和长循环稳定性的可逆 Mg^{2+} 存储起着至关重要的作用。实验结果和 DFT 计算结果表明，氧空位能提高电导率，增加 Mg^{2+} 活性位点存储数目。与 $W\text{-}TiO_2$ 对照样品相比，富氧空位的超薄 $B\text{-}TiO_{2-x}$ 纳米片的存储动力学和容量有了很大的提高，证明了利用缺陷来提高可充电镁电池电极材料整体电化学性能的可能性。

1.5　离子扩散动力学性能分析

1.5.1　恒流间歇滴定法

恒电流间歇滴定法（GITT）是一种测定化学扩散系数的常用的方法，它主要描述的是物质的扩散过程与电荷转移之间的关系。具体的测试基于热力学稳态过程，并采用菲克（Fick）定律来研究电极材料的动力学性质。在稳态扩散的过程中，各处扩散微元的浓度只随距离变化而变化，可以用菲克第一定律来描述，其具体表达式可以表示为

$$J = -\frac{Dx\,dC}{dx} \tag{1-18}$$

式中，J 指的是在单位时间内通过垂直于扩散方向的单位截面积的扩散物质流量；D 被称为扩散系数；C 表示的是发生扩散的物质的体积浓度；负号主要表示离子的扩散方向与浓度梯度反向，因为扩散部分总是由高浓度侧向着低浓度侧进行。然而大多数扩散过程都是在非稳态的情况下发生，C 在随距离变化的同时，往往也随着时间变化。这种情况可以用菲克第二定律来描述，菲克第二定律的表达式较为复杂，具体如下：

$$\frac{\partial C}{\partial T} = D\,\frac{\partial^2 C}{\partial x^2} \tag{1-19}$$

式中，T 为时间变量。

GITT 测试数据在实际测试中是由一系列的脉冲、恒电流和弛豫时间数据组成。弛豫时间指没有电流通过的时间，因此 GITT 在实际测试中只需要设定两个主要参数，即电流 i 和弛豫时间 τ 就可以实现对上述过程的控制。对于一个测试循环，首先要在被测材料上施加一个正电流脉冲，此时由于材料电阻 R 的存在，电池的电势会快速升高。在脉冲电流未消失的时间内，电势会由陡增变为缓慢上升。随后充电电流中断，材料电势迅速下降然后进入弛豫过程。也正是在这个过程中，离子扩散使得电极中的组分逐渐趋向于均匀分布。重复上述过程便得到了一系列的 GITT 测试数据。GITT 测试的核心公式通常被写为

$$D = \frac{4}{\pi}\left(\frac{iV_{\mathrm{m}}}{z_{\mathrm{A}}FS}\right)^2\left(\frac{dE/d\delta}{dE/d\sqrt{t}}\right)^2 \tag{1-20}$$

式中，i 是人为设定的电流值；V_{m} 为电极材料的摩尔体积；F 为法拉第常数；z_{A} 是单个迁移离子所带的电荷数（如锂离子的 z_{A} 为 1，镁离子的 z_{A} 为 2）；S 是电极和电解质界面间的接触面积；$dE/d\delta$ 代表的是库仑滴定曲线的斜率；$dE/d\sqrt{t}$ 表示的是电势与时间的相对关系。工程应用中这个公式过于复杂，而且施加的脉冲电流 i 往往较小，弛豫发生的时间也很短，此时 $dE/d\sqrt{t}$ 呈现出线性关系，那么公式便可以进一步简化为

$$D = \frac{4}{\pi\tau}\left(\frac{n_{\mathrm{m}}V_{\mathrm{m}}}{S}\right)^2\left(\frac{\Delta E_{\mathrm{S}}}{\Delta E_{\mathrm{t}}}\right)^2 \tag{1-21}$$

式中，τ 指弛豫时间；n_{m} 是物质的量；ΔE_{t} 是施加恒电流 i 在时间 τ 内总的暂态电位变化；ΔE_{S} 是由于恒电流 i 的施加而引起的电流稳态电压变化量。知道了这一公式，便可以通过计算机设备来记录 GITT 曲线，测算出相应的扩散系数。

1.5.2　恒压间歇滴定法

与 GITT 测试一样，恒压间歇滴定法（PITT）也是用于测定电极材料中 Li^+ 离子扩散系数的重要手段。GITT 测试是通过改变电流来测定电压变化的测试方法，PITT 的过程则与之相反，它通过给出不同的电位来测量电流的变化。PITT 测试的结果是在轻微偏离平衡条件下获得的，在这种条件下得到的电流与时间之间的关系会更加精确，得到的离子迁移数据也会更加可靠。其核心公式可以表述为

$$i = \frac{2FS(C_s - C_0)}{L} e^{-\frac{\pi^2 Dt}{4L^2}} \tag{1-22}$$

式中，i 是电流；F 仍然是法拉第常数；S 为电极与电解质界面间的面积；C_s 是 t 时刻电极表面离子的浓度；C_0 是可电极表面的离子浓度；L 指的是电极的厚度。这个公式依然十分复杂，该公式的简化形式为

$$D = \frac{\mathrm{d}\ln i}{\mathrm{d}t} \times \frac{4L^2}{\pi^2} \tag{1-23}$$

利用这个公式，便可得到扩散系数与电流的关系。

1.5.3　循环伏安法

循环伏安法（CV）也是一种常用的电化学研究方法，它采用控制电极以不同的扫速进行一次或多次的扫描，然后记录电流随电势的变化曲线。正常的标准电阻的伏安曲线应是一条线性的直线，对于电极材料而言，由于在充放电过程中发生了氧化还原反应，此时 CV 曲线的不规律变化便可以成为表征电极材料反应特点的依据。可以根据 CV 曲线的峰型及面积等信息来判断电极材料的反应可逆性，CV 曲线氧化还原峰的位置可以反映电极材料发生氧化和还原反应的电位以及判断材料的相变化信息。另外也可以对电极材料进行变扫速的CV 测试，以得到电极材料的极化信息、插/脱机制以及电化学动力学特性。

1.5.4　电化学阻抗谱法

电化学阻抗谱（EIS）的最早应用是在电学中，一开始是用来研究线性电路网络频率特性的一种常用方法，后来被引进到电极材料等的研究过程。它采用三电极测试系统，测量工作电极的阻抗。EIS测试是研究电池内阻、电荷转移电阻以及离子于电池内部迁移的动力学扩散系数等进行数量表征的重要方法。常见的电化学阻抗谱有三种表示类型，分别是奈奎斯特图、波特图和相位图。在电极材料的测试中，更多地采用相位图。应用相位图可以对电极材料的阻抗信息进行等效电路分析，将整个系统抽象为电路模型中的电阻、电容等。通过对电路器件参数的不断修正，来分析反应过程。具体测试时将施加有一定电压幅值的电位微扰信号作用在电池体系上，同时在不同的频率范围内进行测试，最后将产生的响应信号及其与扰动信号之间的关系记录下来，就得到了所谓的交流阻抗谱。交流阻抗测试对被测系统本身的干扰很小，而且可以从多个不同角度对材料的界面以及内部的电子与离子的传输状态进行表征，测试方法简单，成了电化学性能测试的一种重要方法。

第2章 离子掺杂二氧化钛纳米材料在储能电池中的应用

2.1 离子掺杂二氧化钛材料在锂离子电池中的应用

　　锂离子电池已广泛应用于便携式电子产品中，它们也被认为是将来电动汽车和固定储能装置很有前途的电源之一。对于这些新应用，迫切需要进一步降低成本，改善能量/功率密度、安全性、循环寿命和环境影响。目前，石墨和其他含碳材料是锂离子电池中最常用的阳极材料，这种材料价格便宜、储量丰富、循环稳定。然而，这种阳极存在严重的安全问题，因为它在接近 Li^+/Li 氧化还原电位的位置工作，在过充电状态下有金属锂镀层和树枝晶形成的风险。此外，由于固体电解质界面（SEI）膜的形成，在初始循环期间，它会遭受很高的不可逆容量损失。因此，锂离子电池迫切需要具有更高电化学性能的新型阳极材料。

　　TiO_2 的一个主要问题在于其固有的低电子导电性，这严重阻碍了材料的高倍率容量。碳纳米管和还原石墨烯氧化物等含碳材料被用作导电添加剂，以提高二氧化钛的电子导电性。然而，这些含碳添加剂只能增强材料的外部电子导电性，材料块体的电子导电性仍然很低。最近，理论和实验研究都表明，TiO_2 的电子结构可以由一些共价过渡阳离子如 Nb^{5+}、Zn^{2+}、P^{5+}，V^{5+} 和 Fe^{3+}[317-320]来控制，还有一些非金属阴离子，如 N^{3-}，S^{2-}，和 F^-[321-324]。掺杂离子可以缩小 TiO_2 的间隙和在能带结构中形成局域状态，这对 TiO_2 的光催化性能有很大帮助。掺杂离子对 TiO_2 的电子导电性也有影响。此外，通过掺杂外来原子可实现 TiO_2 晶格的轻微修改，这可能会改善 Li^+ 的扩散。例如，Kim 等通过静电纺丝方法制备了 N 掺杂 TiO_2 纳米纤维。在 0.1C 的速率下掺氮纳米纤维的放电容量为 185mA/g，这远高于未掺杂的对应物[325]。Han 等报道，他们的掺氮 TiO_2 空心纳米纤维（$85mA \cdot h/g$）在 2C 速率下比普通 TiO_2 纳米颗粒高近 2 倍[326]。

为了让读者更好地了解离子掺杂二氧化钛材料在锂离子电池中的应用，以下将介绍三种离子掺杂二氧化钛材料的材料制备过程和其电化学性能，分别是氮离子掺杂锐钛矿相二氧化钛、氮离子掺杂青铜矿相二氧化钛、铜离子掺杂青铜矿相二氧化钛。

2.1.1　锐钛矿相二氧化钛纳米颗粒的合成与电化学性质研究

目前的商业锂离子电池主要使用 $LiCoO_2$ 作为正极（阴极）材料，石墨或其他碳质材料作为负极（阳极）材料。石墨电极比较理想，但是具有一些缺点，如由结构变形导致初始不可逆容量损失和锂枝晶的形成，有短路危险。为了避免这些缺点，人们开始关注钛基氧化物负极材料，如 $Li_4Ti_5O_{12}$ 和 TiO_2 等。其中锐钛矿相 TiO_2 具有比容量较高、循环性能好、安全、成本低、无毒性等优点，是非常好的可替代碳材料的锂离子电池负极材料。在本节中，采用溶剂热方法制备了锐钛矿相 TiO_2 纳米颗粒，研究了材料的结构和形貌特征，并对材料在锂离子插入/脱出过程中的电化学动力学性质进行了细致研究[327]。

（1）实验部分

① 材料的合成

TiO_2 纳米颗粒通过溶剂热法制备步骤为：将 12mL 钛酸四丁酯溶解在 48mL 乙二醇丁醚与 12mL 冰乙酸的混合液中。室温下搅拌 1h，所得溶液装入 100mL 不锈钢反应釜中，150℃下加热 10h。溶剂热反应后，反应釜自然冷却至室温，之后用去离子水和丙酮离心清洗多次。所得粉末用去离子水超声处理后冻干。最后，将前驱体粉末在空气中升温至 550℃，保温 5h 得到 TiO_2 纳米颗粒。

② 材料表征

样品晶体结构采用 Bruker AXS D8 型 X 射线衍射仪测试，并通过 Celref 3 程序计算材料的晶格常数。材料形貌由扫描电子显微镜（SEM，Hitachi SU8020）测得。

电化学测试在 2032 型纽扣电池上进行。金属锂片作为阳极，阴极由 75%（质量分数）的活性物质、15% 的炭黑导电助剂、10% 聚偏氟乙烯的 N-甲基吡咯烷酮溶液黏结剂构成。阴极材料涂抹在铝箔上，极片大小为 $8 \times 8mm^2$，TiO_2 质量大约为 4mg。阴、阳极片由 Celgard 2320 型隔膜隔离，电解液为

1mol/L 六氟磷酸锂的碳酸乙烯酯、碳酸二甲酯、碳酸甲乙酯（质量比为 1：1：8）溶液。恒流充放电循环测试在 Land-2100 电池测试仪上进行。循环伏安、电化学阻抗谱、恒电位间歇滴定测试在 Bio-Logic VSP 多通道电化学工作站上进行。阻抗测试采用 5mV 的电压微扰，频率范围从 1MHz 到 5MHz。恒电位间歇滴定在放电时进行，每个步骤电池电压降为 10mV，电压区间为 3～1.3V，每步滴定截止电流为 0.01C 倍率对应的电流。

（2）结果与讨论

① 结构和形貌

图 2-1 所示为 TiO_2 样品的 XRD 图谱。对照 PDF 卡片（JCPDS no. 21-1272）确认该材料为锐钛矿 TiO_2，空间群为 $I4_1/amd$。计算材料的晶格常数为 $a=3.7883\text{Å}$，$b=3.7883\text{Å}$，$c=9.5233\text{Å}$，晶胞体积 $V=136.67\text{Å}^3$。衍射峰较窄而且尖锐，表明样品结晶性良好。平均晶粒大小通过谢乐公式计算，$D=K\lambda/B\cos\theta$。式中，λ 是 X 射线波长；B 是最强峰（101）峰半峰宽；θ 是（101）峰的布拉格角；K 是值为 0.9 的常数。计算表明锐钛矿相 TiO_2 平均晶粒大小为 21.1nm。如图 2-2 所示，扫描电镜表明材料由球状粒子组成，粒子尺寸小于 50nm，但粒子团聚较明显。

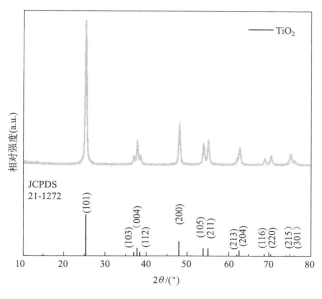

图 2-1 TiO_2 纳米颗粒的 XRD 图谱

② 恒流充放电循环测试

材料电化学性能测试的电压窗口为 1.3～3.0V。充放电实验首先采用

图 2-2　TiO$_2$纳米颗粒的扫描照片

0.1C 倍率，然后逐渐升高至 5C 倍率。图 2-3 为材料在不同充放电倍率下的充放电曲线。通常认为，Li$^+$ 的插入伴随着从正方晶系 TiO$_2$ 向正交晶系 Li$_{0.5}$TiO$_2$ 的两相转变。这意味着，在 Li$^+$ 插入时，TiO$_2$ 相减少的同时，Li$_{0.5}$TiO$_2$ 相增加。通常充放电曲线在两相转变时出现电压平台，正如在此材料中所观察到的。0.5mol Li$^+$ 插入 TiO$_2$ 的理论容量为 168mA·h/g。最近有报道称，两相转变的最终相是 Li$_{0.55}$TiO$_2$[328]。这两种观点没有本质区别，但后者理论容量更高，达到 185mA·h/g。本研究中，TiO$_2$ 在 0.1C 倍率下放电容量为 188mA·h/g，这与两相转变机理十分符合。据报道，纳米和介孔 TiO$_2$ 表面的储锂是不可忽

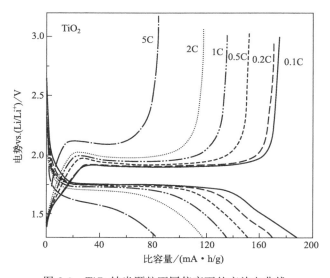

图 2-3　TiO$_2$纳米颗粒不同倍率下的充放电曲线

略的，它会提供额外的放电容量。然而该材料却没有出现这种现象，因为从扫描电镜中可见，材料粒径相对较大，且团聚较严重。

图 2-4 所示为 TiO_2 在 0.2C 倍率下的充放电循环性能。可以发现材料循环性能非常稳定，100 次循环后容量衰减很小。在循环过程中库仑效率基本保持在 100%，这表明电化学可逆性良好。图 2-5 为不同倍率下的循环性能。明显看出，在不同倍率下材料的循环稳定性非常好，而且库仑效率也基本保持在 100%。

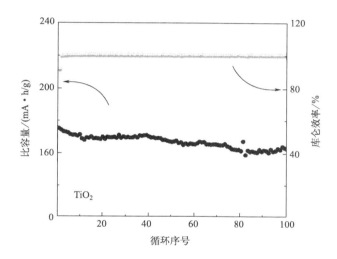

图 2-4　TiO_2 纳米颗粒在 0.2 C 倍率下的循环性能

③ 循环伏安测试

图 2-6(a) 为 TiO_2 在不同扫速下的 CV 曲线。所有 CV 曲线都有一对阴/阳极峰。随扫速提高得到 CV 曲线的整体形状逐渐偏移。阴阳两极的电压差由电极极化引起，这与活性物质的导电性密切相关[329,330]。在 0.4mV/s 扫速下，TiO_2 的阴/阳极电势为 2.13/1.62V，即电极极化电压差为 0.51V。

另外，可通过 CV 测试计算表达插入材料的锂离子扩散机制[331]。

$$I_p = 2.69 \times 10^5 n^{3/2} S D_{Li}^{1/2} v^{1/2} \Delta C_0 \tag{2-1}$$

式中，n 是反应的电子数；S 是电极表面积；D_{Li} 是 Li^+ 扩散系数；v 是扫速。由图 2-6(b) 所示，阴极电流与扫速的 1/2 次方呈线性关系。因此，可用公式(2-1) 计算出 TiO_2 的 Li^+ 扩散系数。TiO_2 的 Li^+ 扩散系数为 $5.92 \times 10^{-12} cm^2/s$。然而，基于对称过程的 CV 测试并不能精确计算 D_{Li}。为了得到准确结果，需要采用可获得近热力学平衡条件的 PITT 或 EIS。

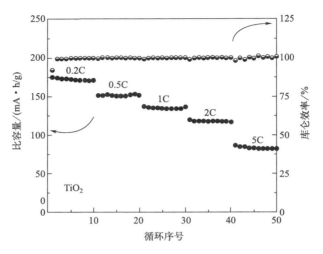

图 2-5　TiO$_2$ 纳米颗粒的倍率循环性能

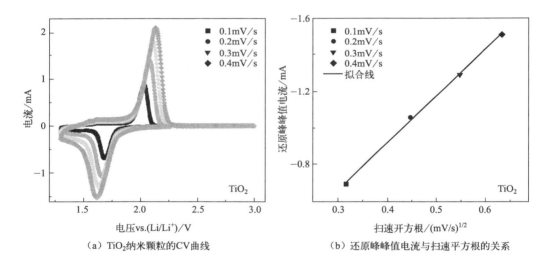

（a）TiO$_2$纳米颗粒的CV曲线　　　（b）还原峰峰值电流与扫速平方根的关系

图 2-6　TiO$_2$ 纳米颗粒的 CV 曲线及分析

④ 恒电位间歇滴定测试

恒电位间歇滴定法现已广泛应用于测定电极材料的 Li$^+$ 离子扩散系数。运用传统恒电位间歇滴定法，假设固溶体电极上发生一维扩散，离子扩散系数可用 Fick 定律通过公式计算[332]，即

$$D_{Li} = -\frac{\mathrm{dln}(i)}{\mathrm{d}t} \times \frac{4L^2}{\pi^2} \tag{2-2}$$

图 2-7(a) 所示为 TiO_2 在恒电位间歇滴定放电过程中电流、电压分别与时间的依赖关系。电池每步的电压降为 $10mV$，每步的截止电流为 0.01C 对应的电流，该过程在整个电势窗口中进行。图 2-7(b) 为 TiO_2 电极在电压从 1.69V 降到 1.68V 时电流与时间的关系。由此斜率值通过公式(2-2)可以计算出 Li^+ 扩散系数，如图 2-8 所示。初始放电时，TiO_2 的 D_{Li} 为 $1.3 \times 10^{-8} cm^2/s$，然后在放电平台中心迅速降低至最小值 $9.77 \times 10^{-12} cm^2/s$，之后升高至 $7.68 \times 10^{-10} cm^2/s$，再减小至 $1.7 \times 10^{-10} cm^2/s$，最后在放电终点降至 $2.98 \times 10^{-10} cm^2/s$。$TiO_2$ 电极的 Li^+ 离子扩散系数出现了较大的波动，这是由以下原因造成的：

a. 随着锂离子插入量的增大，二氧化钛材料由单相区逐渐转变为两相共存区，因为两相共存区的 Li^+ 扩散系数要小于单相区，因而在平台中间处 Li^+ 离子扩散系数降到最低。

b. 当锂离子插入量足够大后，活性材料又逐渐向单相区转变，Li^+ 扩散系数逐渐增大，因此 Li^+ 扩散系数明显回升。

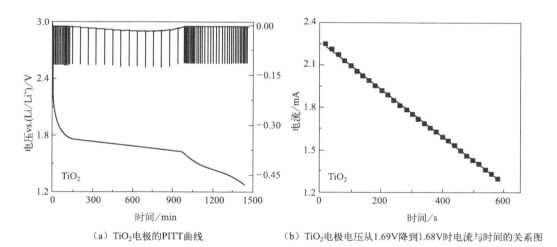

（a）TiO_2电极的PITT曲线　　　　（b）TiO_2电极电压从1.69V降到1.68V时电流与时间的关系图

图 2-7　TiO_2 电极的 PITT 曲线及分析

⑤ 电化学阻抗谱测试

为了研究材料的电化学动力学特性，在几个典型的放电状态下进行了 EIS 测试，例如 1.93V（电压平台起始）、1.79V（电压平台中心）、1.59V（电压平台结尾）和 1.48V（较低电压区）。图 2-9(a) 为 TiO_2 的奈奎斯特图。图中高频率的截距来自电解液、隔膜、集流体产生的固有电阻。高中频区的半圆来

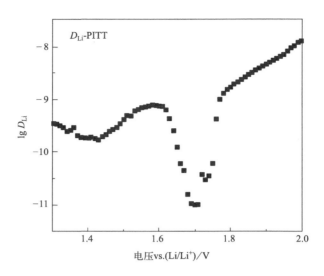

图 2-8 PITT 测定的 TiO_2 材料 Li^+ 扩散系数

自电荷转移过程，可由表面电容和电荷转移电阻描述。低频区的斜线，即 Warburg（沃伯格）区，表示 Li^+ 在电极中的扩散。如图 2-9(a) 所示，奈奎斯特图由等效电路模拟得到。电荷转移电阻随着 Li^+ 的插入保持稳定，在 $70\sim81\Omega$，只在放电平台处（1.7V）有小幅下降。

奈奎斯特图中的 Warburg 区可用于测定电极材料中的 Li^+ 扩散系数。运用 Oh 等人的模型，TiO_2 的 D_{Li} 可由下列公式计算[103]，即

$$D_{Li} = \frac{1}{2}\left(\frac{V_m}{FS\sigma} \times \frac{dE}{dx}\right)^2 \tag{2-3}$$

$$\sigma = \frac{dZ'}{d\omega^{-1/2}} \tag{2-4}$$

式中，V_m 为 TiO_2 的摩尔体积；S 是电极表面积；F 代表法拉第常数；dE/dx 是放电曲线的一次导数；σ 是 Warburg 常数，如图 2-9(b) 所示有如下关系，σ 可由 Z' 相对于 $\omega^{-1/2}$ 的直线斜率求得。由此，TiO_2 在不同电压下的 D_{Li} 可由公式(2-3) 求出，Li^+ 扩散系数在放电过程中先降低再升高，在平台中间位置 Li^+ 扩散系数最低为 $2.09 \times 10^{-12} cm^2/s$，如图 2-10 所示。由 EIS 测试得到的 D_{Li} 与 PITT 得到的相吻合。然而，需要注意的是，EIS 测得的是电压经过长时间稳定平衡后的状态。因此，从 EIS 所获得的结果可能反映了一个平衡的情况，比 PITT 得到的结果更好。然而，用于计算 EIS 的 Li^+ 扩散系数的精度依赖于实验测试的阻抗与等效电路模型的拟合。通常实验测得的阻抗谱半无

限扩散区域和有限的扩散区域之间没有很好地分离，在接头处可能会引起一些错误，这将直接影响 Li^+ 扩散系数的精度计算。然而 PITT 的结果是在轻微偏离平衡条件下获得的，该电流与时间之间的关系更直接且更精确地反映锂离子的扩散性。

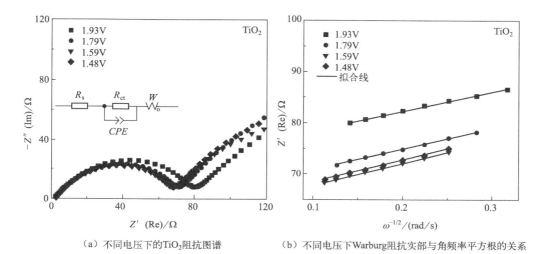

（a）不同电压下的TiO₂阻抗图谱   （b）不同电压下Warburg阻抗实部与角频率平方根的关系

图 2-9 电化学阻抗谱测试图

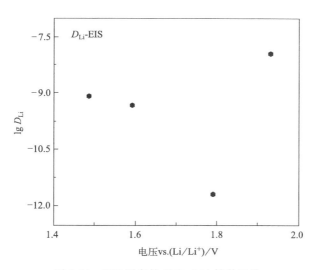

图 2-10 EIS 测定的 TiO_2 Li^+ 扩散系数

总结

　　采用溶剂热法制备了 TiO_2 纳米颗粒。由于 TiO_2 在锂离子插入过程中遵循两相转变机制，随着 Li^+ 插入量的增大，材料由单相区逐渐转变为两相共存区，因为两相共存区的 Li^+ 扩散系数小于单相区，故而在平台中间处 Li^+ 扩散系数降到最低。采用恒电位间歇滴定法和电化学阻抗谱测量了材料的 Li^+ 扩散系数（D_{Li}），两种方法得到的 D_{Li} 基本吻合，在放电过程中 D_{Li} 的变化趋势均是先降低再升高，并且两种测试手段在放电平台中间部位均显现出了最低的 Li^+ 扩散系数，分别为 $9.77\times10^{-12}\,cm^2/s$ 和 $2.09\times10^{-12}\,cm^2/s$。由于 EIS 测得的是电压长时间稳定平衡后的状态，因此 EIS 所获得的结果可能反映了一个平衡的情况，比 PITT 得到的结果更好。然而，用于计算 EIS 的 Li^+ 扩散系数的精度依赖于实验测试的阻抗与等效电路模型的拟合，因此可能会引起一些错误，这将直接影响 Li^+ 离子扩散系数的精度计算。而 PITT 的结果是在轻微偏离平衡条件下获得的，该电流与时间之间的关系更直接且更精确地反映锂离子的扩散性。

2.1.2　氮离子掺杂锐钛矿相二氧化钛材料制备及电化学性能

　　锐钛矿 TiO_2 作为 Li^+ 电池负极材料具有诸多优点，但是该材料较差的倍率性能严重影响其在锂离子电池中的实际应用。电极材料的倍率性能主要取决于电极与电解液界面的电化学动力学性质以及体相性质，如锂离子扩散和导电性等。为了提高材料的电化学性质，许多工作都致力于通过制备介孔或纳米 TiO_2 材料来缩短锂离子的扩散路径，或与碳、聚吡咯、二氧化钌等进行复合来提高材料的电导率。然而，导电添加剂只能提高材料颗粒表面和相邻颗粒间的电子传导率，TiO_2 固有的电子导电性依然很差。最近有研究称，掺杂一些异价离子如 Nb^{5+}、P^{5+}、Zn^{2+}、Fe^{3+}、N^{3-}、S^{2-} 和 $F^{-[323,326,333-338]}$ 等，可提高 TiO_2 材料的电化学性质，但是对于掺杂提高 TiO_2 电化学性质的机制尚不十分明确。由于锂离子在电极中的扩散是储能和输出能量的关键步骤，因此锂离子的化学扩散系数（D_{Li}）是电极材料最重要的动力学参数之一。恒电流间歇滴定法（GITT）是基于接近热力学平衡条件下的计时电位法，是一种可靠的高分辨率数据测定 D_{Li} 的技术。电化学阻抗谱（EIS）也是测定 D_{Li} 的一种强有力的技术，因为低频 Warburg 区与电极中的 Li^+ 扩散直接相关。近年来，对不同电极材料如 $Li[Li_{0.23}Co_{0.3}Mn_{0.47}]O_2$、$LiFeSO_4F$、$Li[Ni_{0.5}Mn_{0.3}Co_{0.2}]O_2$

和 $LiCoO_2$ 的化学扩散系数进行了多组研究[332,339-341]。然而，对于 TiO_2 的化学扩散系数及其随 Li^+ 含量或工作电压的变化仍缺乏了解。通过溶剂热法制备了氮掺杂锐钛矿相 TiO_2 纳米颗粒，通过恒电流间歇滴定法和电化学阻抗谱研究了氮掺杂对材料的电化学动力学性质的影响。

（1）实验部分

① 材料的合成

通过溶剂热法制备氮掺杂锐钛矿相 TiO_2 纳米颗粒。简言之，12mL 钛酸四丁酯溶解在 48mL 乙二醇丁醚和 12mL 冰乙酸的混合液中。室温下搅拌 1h，所得溶液装入 100mL 不锈钢反应釜中，150℃下加热 10h。溶剂热反应后，反应釜自然冷却至室温，之后用去离子水和丙酮离心清洗多次。所得粉末用去离子水超声处理后冻干。最后，将前驱体粉末在空气中升温至 550℃，保温 5h 得到纯 TiO_2。氮掺杂 TiO_2 的制备：先将溶剂热所得 TiO_2 前驱体在空气中 550℃保温 2h，然后在氨气中 550℃保温 2h。最后，氮掺杂 TiO_2 在空气中 550℃保温 1h。

② 材料表征

样品晶体结构用 $Cu-K_\alpha$ 的 Bruker AXS D8 型 X 射线衍射仪测试，并通过 Celref 3 程序计算材料的晶格常数。材料形貌由扫描电子显微镜（Hitachi SU8020）测得。X 射线光电子能谱（XPS）在 VG ESCALAB 250 光谱仪上测得，用在 284.6eV 的 C1s 峰进行标定。

使用 2032 型纽扣电池进行电化学测试，电池制作与组装与 2.1.1 小节相同。恒流充放电循环测试在 Land-2100 电池测试仪上进行。循环伏安、电化学阻抗谱、恒电流间歇滴定测试在 Bio-Logic VSP 多通道电化学工作站上进行。阻抗测试采用 5mV 的电压微扰，频率范围从 1MHz 到 5MHz。恒电流间歇滴定在放电时进行，每个步骤电池放电电流密度为 16.8mA/g，通量放电持续 0.5h，然后静置 3h 达到准平衡态。

（2）结果与讨论

① 结构和形貌

图 2-11 所示为纯相 TiO_2 和氮掺杂 TiO_2 样品的 XRD 图谱。由 PDF 卡片（JCPDS no. 21-1272）可查得，两种材料均具有锐钛矿 TiO_2 结构，空间群为 $I4_1/amd$。计算材料的晶格常数及晶胞体积如下。纯相 TiO_2：$a=3.7883Å$，$b=3.7883Å$，$c=9.5233Å$，晶胞体积 $V=136.67Å^3$。氮掺杂 TiO_2：$a=3.7905Å$，$b=3.7905Å$，$c=9.5331Å$，晶胞体积 $V=136.97Å^3$。晶格细微膨

胀的原因是：N^{3-} 半径（$r=1.46\text{Å}$）比 O^{2-}（$r=1.36\text{Å}$）大。衍射峰较窄而且尖锐，表明样品结晶性良好。平均晶粒大小通过谢乐公式计算，即 $D=K\lambda / B\cos\theta$。式中，λ 是 X 射线波长；B 是最强峰（101）峰的半峰宽；θ 是（101）峰的布拉格角；K 是值为 0.9 的常数。计算表明纯相 TiO_2 平均晶粒大小（21.1nm）比氮掺杂 TiO_2（20.2nm）略大。氮掺杂后，样品由白色变为淡黄色。如图 2-12 所示，扫描电镜表明两种材料形貌相似。材料由球状粒子组成，粒子尺寸小于 50nm，但粒子团聚明显。

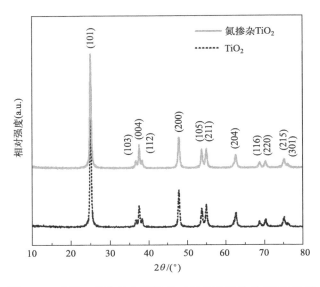

图 2-11　纯相二氧化钛与氮掺杂二氧化钛样品的 XRD 图谱

（a）　　　　　　　　　　　　　（b）

图 2-12　纯相二氧化钛（a）和氮掺杂二氧化钛（b）样品的 SEM 图片

② X 射线光电子能谱

利用 XPS 研究材料中 Ti、O、N 的化学状态。如图 2-13（a）（b）所示，两种材料的 Ti 2p 和 O 1s 的 XPS 曲线无论峰形还是结合能都很相似。在 458.4eV 时观察到 Ti 2p 的结合能，与 Ti^{4+} 一致[342]。O 1s 结合能在 529.6eV 处，确认材料中含 O^{2-}[342]。N 1s 峰的存在确定了 N 成功掺入了 TiO_2，氮掺杂量约为 1.17%（原子分数）。为了获得材料中 N 的化学状态的具体信息，采用氩离子刻蚀氮掺杂 TiO_2 材料，然后进行 XPS 分析。图 2-13（c）显示了 N 1s XPS 随氩离子刻蚀时间增长的变化。样品表面的 N 1sXPS 在 400.0eV 出现单峰，这是由于间隙 N 离子在 TiO_2 中形成了 O—Ti—N 键[343]。在材料刻蚀

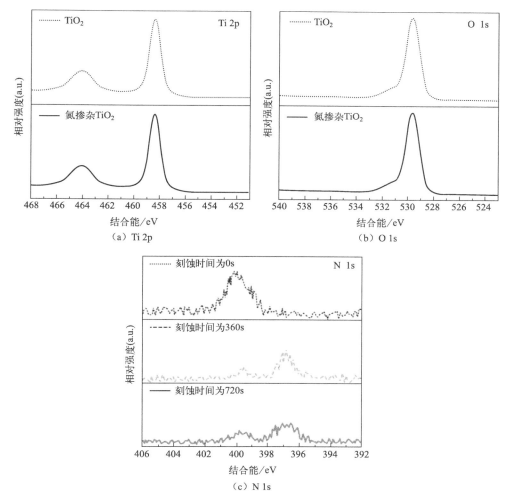

（a）Ti 2p

（b）O 1s

（c）N 1s

图 2-13　纯二氧化钛和氮掺杂二氧化钛样品的 XPS 图谱

360s 时，O—Ti—N 峰强减弱，在 396.8eV 处出现新峰，新峰表示 TiN 中的 Ti—N 键[344]。这表明一些 O 被 N 取代，并产生了 Ti—N 键。O—Ti—N 的结合能高于 Ti—N 键，因为 O 的高电负性减少了 N 的电子密度。O—Ti—N 和 Ti—N 键可在进一步刻蚀后观察到，这确定了 TiO_2 中存在间隙和取代的 N。据有关报道，N 在 TiO_2 晶格中的位置取决于材料的合成[343]。在富氧条件下煅烧容易产生间隙 N，反之，在缺氧时易产生取代 N。该研究中，氮掺杂 TiO_2 由空气中煅烧前驱体合成。因此，材料表面主要是间隙 N，而材料体相内有许多取代 N。N 掺杂 TiO_2 对电子导电性的提高，主要原因是缩短了带隙宽度。据报道，取代 N 可以提升价带、缩短带隙，而间隙 N 只能在带隙中引入局部 N 2p 态[337]，因此取代 N 掺杂在提高材料电子导电性方面起着关键作用。

③ 恒流充放电循环测试

在 1.3～3.0V 的电压窗口内研究了材料的电化学性能。充放电实验首先采用 0.2C 倍率进行测试，然后充放电倍率逐渐升高至 15C。图 2-14 为材料在不同充放电倍率下的电压曲线。通常认为，随着 Li^+ 的插入，活性物质材料发生两相转变过程，从正方晶系 TiO_2 转向正交晶系 $Li_{0.5}TiO_2$[345]。这意味着在 Li^+ 插入时，TiO_2 相减少的同时，$Li_{0.5}TiO_2$ 相也相应增加。通常情况下，充放电曲线在两相转变时出现电压平台，这与两种材料测试的充放电曲线图中观察到的相对应。TiO_2 可以插入 0.5mol Li^+，理论容量为 168mA·h/g。最近有报道称，两相转变的最终相是 $Li_{0.55}TiO_2$[328]。两种观点之间没有实质性差

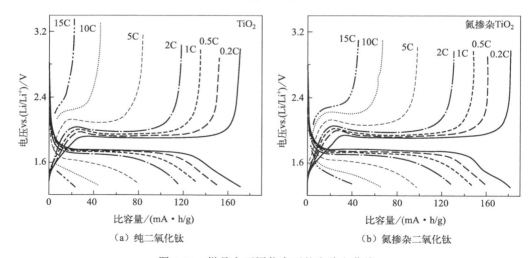

图 2-14　样品在不同倍率下的充放电曲线

异，但后一种观点给出的理论容量略高，达 $185mA \cdot h/g$。TiO_2 和氮掺杂 TiO_2 在 0.2C 倍率下放电容量分别为 $170.6mA \cdot h/g$、$181.7mA \cdot h/g$，这与上述两种相变机制很好地吻合。据报道，纳米和介孔 TiO_2 表面的储锂是不可忽略的，它会提供额外的放电容量[346]。然而，TiO_2 和氮掺杂 TiO_2 却没出现该现象，这是因为二者粒径相对较大，且团聚较严重，从扫描电镜中清晰可见。

图 2-15 为 TiO_2 和氮掺杂 TiO_2 在 0.2C 倍率下的充放电循环性能。这两种样品都表现出优越的循环稳定性，100 个循环后衰减很小。在初始循环时库仑效率基本保持在 100%，这表明具有良好的电化学可逆性。图 2-16 为不同倍率下的循环性能，明显看出，氮掺杂 TiO_2 较纯 TiO_2 倍率性能更好，尤其是在更高电荷密度的充放电倍率下。例如，氮掺杂 TiO_2 在 15C 时放电容量为 $45mA \cdot h/g$，比纯 TiO_2 高 80%。而且，纯 TiO_2 在 10C 时库仑效率开始波动，而氮掺杂 TiO_2 在 15C 时依然稳定。这说明氮掺杂 TiO_2 高倍率下稳定性更好。

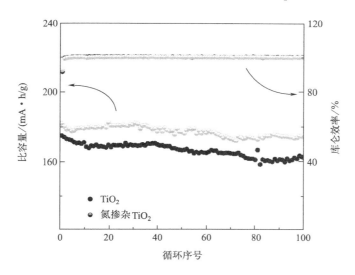

图 2-15　纯二氧化钛和氮掺杂二氧化钛样品在 0.2C 倍率下的充放电循环性能

④ 循环伏安测试

图 2-17 显示 TiO_2 和氮掺杂 TiO_2 在不同扫速下的 CV 曲线。所有 CV 曲线都有一对阴/阳极峰，这是由于 Li^+ 在两相转变机制下的插入/脱出作用。随着扫描速率的提高，得到了整体的变扫速 CV 曲线。阴极峰和阳极峰之间的电压间隙称为电极极化，阴、阳两极的电压差由电极极化引起，这与活性物质的导电性密切相关[329,330]。在 0.4mV/s 扫速下，纯 TiO_2 阴/阳极电势为 2.13/

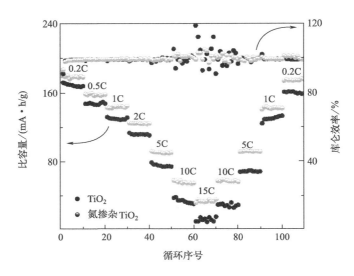

图 2-16　纯二氧化钛和氮掺杂二氧化钛样品在不同倍率下的循环性能

1.62V，即电极极化电压差为 0.51V。以类似的方式得，氮掺杂 TiO$_2$ 电极极化电压差为 0.42V。很明显，氮的掺杂提高了 TiO$_2$ 电导率，从而降低了电极极化。

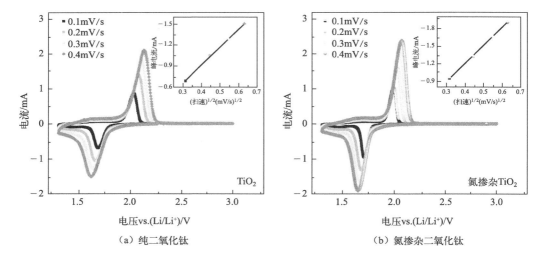

（a）纯二氧化钛　　　　　　　　　　（b）氮掺杂二氧化钛

图 2-17　样品在不同扫速下的 CV 曲线（相应的插图为峰电流和扫速平方根的线性拟合图）

　　另外，CV 测试材料的插入扩散机制可通过如下公式计算[331]。

$$I_p = 2.69 \times 10^5 n^{3/2} S D_{Li}^{1/2} v^{1/2} \Delta C_0 \tag{2-5}$$

式中，n 是反应的电子数；S 是电极表面积；D_{Li} 是 Li$^+$ 离子扩散系数；v

是扫描速率。从图 2-17 插图可见，阴极电流与扫速的 1/2 次方呈线性关系。因此，可用公式(2-5)计算并比较 TiO_2 和氮掺杂 TiO_2 的 Li^+ 扩散系数。氮掺杂 TiO_2 的 Li^+ 扩散系数将近是 TiO_2 的 2 倍。然而，基于对称过程的 CV 测试并不能精确计算 D_{Li}。为了得到准确结果，必须采用 GITT 或 EIS 这些在近热力学平衡条件下稳定的方法。

⑤ 恒电流间歇滴定测试

恒电流间歇滴定法最初由 Weppner 和 Huggins 首次提出，现已广泛应用于测定电极材料中的 Li^+ 扩散系数。运用传统恒电流间歇滴定法，电极系统受到一个小的恒定电流，电势变化作为时间的函数。不考虑欧姆电势降、双层充电、电荷转移动力学及相转变，假设固溶体电极上发生一维扩散，离子扩散系数可用 Fick 定律通过公式计算[332]：

$$D_{Li} = \frac{4}{\pi} \left(I_0 \frac{V_m}{FS} \right)^2 \left(\frac{dE/dx}{dE/dt^{1/2}} \right)^2 \tag{2-6}$$

式中，I_0 为加载电流；V_m 是活性物质摩尔体积（TiO_2：$41.24 cm^3/mol$）；F 代表法拉第常数（$96485 C/mol$）；S 是电极表面积（$0.64 cm^2$）。图 2-18 为 TiO_2 和氮掺杂 TiO_2 在放电过程中的相对于 Li^+ 数量 x 为函数的 GITT 曲线。电池的每步滴定测试采用 $16.8 mA/g$ 的电流密度放电 $0.5h$，然后开路静止 $3h$，使其电压达到准静态。之后重复此过程直至到截止电压。图 2-18 中插图比较

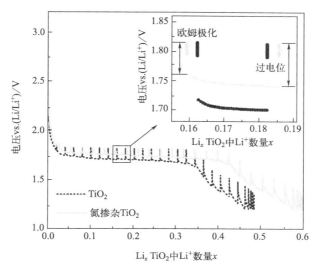

图 2-18　纯二氧化钛和氮掺杂二氧化钛样品的 GITT 曲线

（插图为插锂数 $x=0.16$ 时的滴定曲线）

了 TiO_2 和氮掺杂 TiO_2 在 $x = 0.16$ 时的滴定曲线。可以看出，氮掺杂 TiO_2 的欧姆极化和过电位较小，因此它的电导率较高。此外，氮掺杂 TiO_2 在每次滴定时具有更高的 Li^+ 插入率，表明其动力学性能更好。E_s 相对于 x 的变化由 GITT 的结果得到，如图 2-19 所示。dE_s/dx 的一次导数对 x 的函数如图 2-19（插图）所示。图 2-20 为两种材料的 E 相对于 $t^{1/2}$ 的记录曲线。在 60～300s，曲线图几乎是线性的，对其进行直线拟合得到的斜率用于计算 $dE/dt^{1/2}$。图 2-20 插图中，绘制了 $dE/dt^{1/2}$ 相对于 x 的函数。运用 dE/dx 和 $dE/dt^{1/2}$ 的值可通过公式（2-6）计算 Li^+ 扩散系数。图 2-21 展示了 TiO_2 和氮掺杂 TiO_2 的 D_{Li} 的变化趋势。可见，D_{Li} 的变化强烈依赖放电过程。在初始放电时，纯 TiO_2 的 D_{Li} 为 $1.34 \times 10^{-7} \, cm^2/s$，然后在放电平台中心迅速降低，并达到最小值 $1.65 \times 10^{-12} \, cm^2/s$，之后升高至 $1.0 \times 10^{-8} \, cm^2/s$，再减小至 $1.34 \times 10^{-9} \, cm^2/s$，最后在放电终点降至 $9.06 \times 10^{-8} \, cm^2/s$。图 2-21 显示，氮掺杂提高了 TiO_2 的 Li^+ 离子扩散系数。尤其是 D_{Li} 在放电平台的最小值为 $2.14 \times 10^{-11} \, cm^2/s$，高于纯 TiO_2 将近 13 倍。这说明 Li^+ 在氮掺杂 TiO_2 的扩散更快，导致了更高的容量和倍率性能。

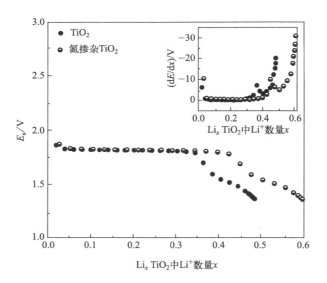

图 2-19　纯二氧化钛和氮掺杂二氧化钛样品的电压与插锂数的关系

（插图为样品的 dE_s/dx 关系）

⑥ 电化学阻抗谱测试

为了进一步研究材料的电化学动力学特性，在几个典型的放电状态进行了

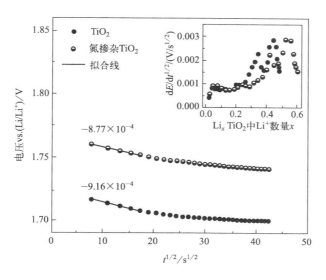

图 2-20　纯二氧化钛和氮掺杂二氧化钛样品的电压与时间平方根的关系
（插图为样品的 $\mathrm{d}E/\mathrm{d}t^{1/2}$ 关系）

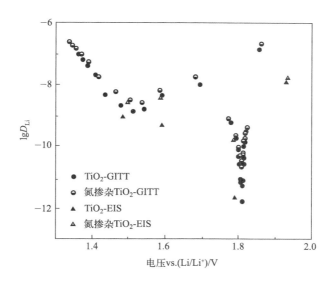

图 2-21　纯二氧化钛和氮掺杂二氧化钛样品的 Li^+ 离子扩散系数图

EIS 测试，例如 1.93V（电压平台起始）、1.79V（电压平台中心）、1.59V（电压平台结尾）和 1.48V（较低电压区）。图 2-22(a)（b）为 $\mathrm{TiO_2}$ 和氮掺杂 $\mathrm{TiO_2}$ 的奈奎斯特图。从奈奎斯特曲线图来看，图中高频率的截距来自电解液、隔膜、集流体产生的固有电阻。高中频区的半圆来自电荷转移过程，可由表面电容和电荷转移电阻描述。低频区的斜线，即 Warburg 区，表示 Li$^+$ 在电极中的扩散。如图 2-22 的（a）（b）所示，奈奎斯特图由等效电路模拟合得到。首先，电荷转移电阻与 Li$^+$ 的插入保持稳定，只在放电平台（1.7V）有小幅下降。TiO$_2$ 的电荷转移电阻在 70～81Ω，氮掺杂后降低至 41～45Ω。氮掺杂 TiO$_2$ 较小的电荷转移电阻来源于较大的电导率。

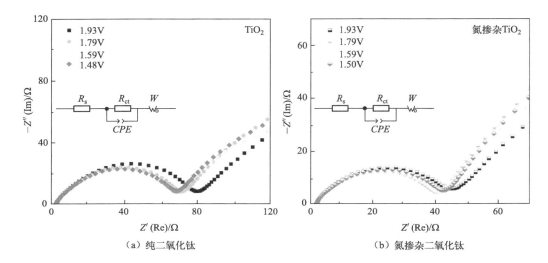

（a）纯二氧化钛　　　　　　　　　（b）氮掺杂二氧化钛

图 2-22　样品在不同放电电压处的交流阻抗谱图（插图为等效电路图）

奈奎斯特图中的 Warburg 区可用于测定电极材料中的 Li$^+$ 离子扩散系数。运用 Oh 的模型，TiO$_2$ 的 D_{Li} 可由公式计算，即

$$D_{Li} = \frac{1}{2}\left(\frac{V_m}{FS\sigma} \times \frac{dE}{dx}\right)^2 \tag{2-7}$$

$$\sigma = \frac{dZ'}{d\omega^{-1/2}} \tag{2-8}$$

式中，V_m 为 TiO$_2$ 的摩尔体积；S 是电极表面积；F 代表法拉第常数；dE/dx 是放电图的一次导数；σ 是 Warburg 常数，如图 2-23 所示，σ 可由 Z' 相对于 $\omega^{-1/2}$ 的直线斜率求得。基于此，TiO$_2$ 和氮掺杂 TiO$_2$ 在不同 SOD 的 D_{Li} 可由公式（2-7）求出，并在图 2-21 中显示。由 EIS 得到的 D_{Li} 与 GITT 得到的相吻合。再次证实，氮掺杂提高了 Li$^+$ 在 TiO$_2$ 中的扩散。然而，需要注意的是，尽管两种方法所得结果相似，但 GITT 提供的结果更准确，因为欧姆极化在 GITT 中滴定电位降很容易消除，如 Levi 和 Aurbach 提到的，这保证了 D_{Li} 可以在最准平衡状态下获得。

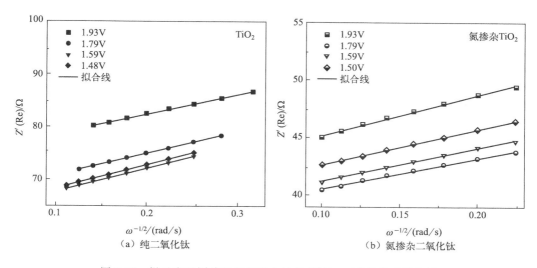

图 2-23　样品在不同放电电压平台处的 Z' 与 $\omega^{-1/2}$ 的关系拟合图

总结

采用溶剂热法制备了纯相和氮掺杂锐钛矿 TiO_2 纳米颗粒。研究表明氮离子进入材料体相的间隙和表面，稍微扩张了 TiO_2 晶格。充放电测试表明氮掺杂 TiO_2 具有优良的倍率性能，15C 放电容量为 45mA·h/g，超过纯相 TiO_2 材料80%。采用恒电流间歇滴定法测试并计算了材料的 Li^+ 扩散系数，结果表明，纯相 TiO_2 在平台处的 Li^+ 扩散系数很低，仅为 1.65×10^{-12} cm^2/s。氮掺杂改善了 TiO_2 的 Li^+ 扩散系数，在放电平台处 Li^+ 扩散系数达到 2.14×10^{-11} cm^2/s，高于纯相 TiO_2 将近13倍。氮掺杂 TiO_2 较好的电化学动力学性质有助于提高材料的放电比容量和倍率性能。

2.1.3　氮离子掺杂青铜矿相二氧化钛材料制备及电化学性能

近年来，青铜矿相二氧化钛（TiO_2-B）引起了人们的广泛关注，将其作为负极材料的研究越来越多。纳米结构的 TiO_2-B 可以储存 250mA·h/g 以上的比容量，相反，锐钛矿相和金红石相 TiO_2 的实际比容量只有 168mA·h/g。然而，与其他类型的 TiO_2 相似，TiO_2-B 较低的电子电导率同样是影响其电化学性质的主要因素。如前所述，掺杂异价离子可提高锐钛矿 TiO_2 的电导率，提高材料的 Li^+ 扩散系数。但是，掺杂对青铜矿相 TiO_2-B 材料电化学性质的影响目前还未见研究。在本节中，采用水热法制备了 N 掺杂的 TiO_2-B 纳米线，该材料具有良好的循环稳定性和良好的倍率性能，在大功率锂离子电池中具有潜在的应用前景。为了揭示其优异电化学性能的来源，利用 X 射线光电子能谱和拉曼散射研究了材料的物理和结构性质。通过循环伏安法、电化学阻抗谱和恒电流间歇滴定法研究了它们的电化学动力学性质。

（1）实验部分

① 材料的合成

使用 TiN 纳米颗粒作为实验原料制备 N 掺杂 TiO_2-B 纳米线。首先，将 TiN 纳米颗粒在空气中 400℃下进行煅烧处理，获得 N 掺杂 TiO_2 中间体。通过调整煅烧时间（10min 和 30min）来调控中间体中 N 元素的含量，最终分别获得 NTO-1 和 NTO-2 中间体。为了制备纯相 TiO_2-B 纳米线，将 TiN 热处理的温度提高到 500℃，热处理时间为 10h。将上述所有中间体经过水热反应制备出纯相 TiO_2-B 纳米线和 N 掺杂 TiO_2-B 纳米线。实验过程如下。将 0.4g 中间体材料加入 40mL 10mol/L 的 NaOH 溶液中搅拌、超声处理各 30min，将悬浊液移至 50mL 的高压反应釜中。将反应釜密封并在 170℃下热处理 60h。反应完成后，将反应釜取出后降至室温后得到白色沉淀物，使用去离子水将沉淀物离心洗涤至中性，随后向沉淀物中滴加 0.1mol/L HCl 溶液连续搅拌 4h，从而获得质子交换后的钛酸沉淀物。再次使用去离子水将钛酸沉淀物离心洗涤至中性。然后将材料在 -30℃ 条件下冻干 20h。最后，将材料在 N_2 保护下 450℃煅烧 4h 得到 TiO_2-B 纳米线。

② 材料表征

在 Bruker-AXS-D8 型 X 射线衍射仪上用 Cu-K_α 射线对材料的晶体结构进行了研究，用 Celref 3 软件计算晶格常数。通过 JSM-6700F 冷发射电场扫描电子显微镜（FESEM）和 FEI Tacnai G2 高分辨率透射电子显微镜（HRTEM）研究材料的形貌、晶体结构以及生长方向。使用 Nd 激光源的 Thermo scientific FT-Raman 拉曼散射仪对材料分子结构和振动进行分析。采用 Mg-K_α 光源在 ESCALAB 光谱仪上进行了 X 射线光电子能谱（XPS）分析，用在 284.6eV 的 C1s 峰进行标定。关于电子电导率的测试，以铜箔为衬底将样品制备成薄膜电极，厚度约为 30μm。然后，采用两电极法进行直流电导率测试。

电化学性能测试采用锂片作为电池阳极制成 CR2032 扣式电池。阴极是使用包含 70% 活性物质，15% Super P 导电助剂和 15% PVDF（聚偏氟乙烯）

黏结剂混合均匀并涂在铜箔上制备成电极片。每个电极片上每平方厘米活性物质质量为 1~2mg。阴极和阳极之间采用 Celgard 2320 隔膜分开。采用 1mol/L $LiPF_6$ 作为溶质，使用碳酸乙烯酯（EC）：碳酸二甲酯（DMC）= 3：7 作为溶液的电解液。使用 Land2100 型充放电测试仪进行恒流充放电测试，电压测试区间为 1.0~3.0V。循环伏安法（CV）、交流阻抗谱（EIS）和恒电流间歇滴定法（GITT）测试均采用法国 Bio-Logic 公司生产的 VSP 多通道电化学工作站完成。交流阻抗测试是使用 5mV 电压微扰进行测试，频率范围为 1~5MHz。GITT 测试材料首次放电过程，每一步的放电 GITT 测试均采用 30mA·h/g 电流密度进行 0.5h，然后在准平衡状态下静置 4h。

（2）结果与讨论

① X 射线衍射

图 2-24 为材料的 XRD 图谱，所有图谱的衍射峰皆表明材料是具有单斜结构和 $C2/m$ 空间群的 TiO_2-B。衍射峰很宽，表明材料具有纳米尺寸。TiO_2-B 结构框架是由波纹片状的共边和共顶角的 TiO_6 八面体构成的，通过氧原子的连接形成三维网状结构[347]。它的结构比金红石 TiO_2 和锐钛矿 TiO_2 更开放，更有利于锂离子的导通与存储。纯相 TiO_2-B 的晶格常数为 $a=12.288$Å，$b=3.759$Å，$c=6.482$Å，$\beta=107.06°$，晶胞体积 $V=286.23$Å³，该结果与 JCPDS 74-1940 记录结果符合。测试结果显示 N 掺杂 TiO_2-B 的衍射峰与纯相 TiO_2-B 相似。由于纳米材料的衍射峰弱并且宽，再加上材料中 N 掺杂浓度很低并且

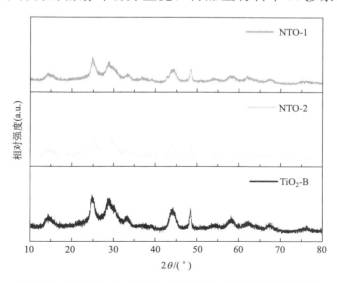

图 2-24　纯 TiO_2-B、NTO-1 和 NTO-2 样品的 XRD 图谱

N^{3-}($r=1.46\text{Å}$)的离子半径与 O^{2-}($r=1.36\text{Å}$)相当,因此从 XRD 图谱中难以分辨出 N 掺杂 TiO_2-B 与纯相 TiO_2-B 的区别。

② 形貌与微观结构

采用 SEM 研究纯相和 N 掺杂 TiO_2-B 的形貌,如图 2-25 所示。所有的样品均由纳米线组成,且该纳米线具有较高的长径比,宽 50～200nm,长度约为几微米。由于经过冷冻干燥处理,样品具有良好的分散性,没有明显的结块或者交织。这些性质有利于电极材料与电解液接触而获得优异的电化学性能。利用 TEM 对纯相 TiO_2-B 进一步研究,如图 2-26 所示。在 HRTEM 图像中,(200)和(110)晶格条纹间距分别为 0.568nm 和 0.355nm。此外,对 HRTEM 图像进行傅里叶变换,结果表明 TiO_2-B 纳米线沿 [010] 晶向生长。NTO-1 和 NTO-2 样品的 TEM 和 HRTEM 图像与纯 TiO_2-B 纳米线类似。此外,通过 EDS 分析确定了 N 的存在。图 2-27 显示了 NTO-1 样品中 Ti、O、N 三种元素的分布图像,表明 N 元素均匀分布在纳米线上。

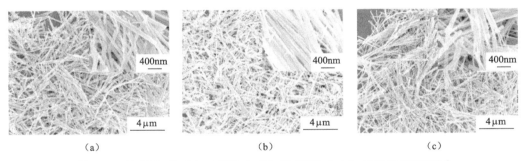

(a)   (b)   (c)

图 2-25　纯 TiO_2-B(a)、NTO-1(b)和 NTO-2(c)样品的 SEM 图片

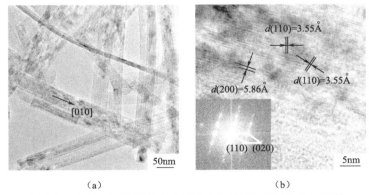

(a)   (b)

图 2-26　纯 TiO_2-B 样品的 TEM(a)和 HRTEM(b)图谱

[(b)中的插图为透射高分辨的傅里叶变换图片]

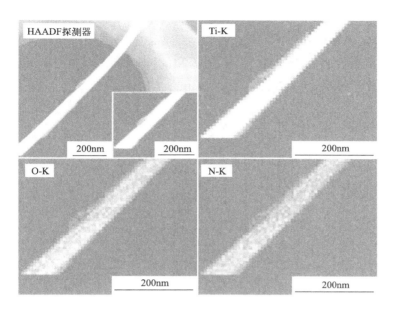

图 2-27　NTO-1 样品的 HAADF-STEM 和 Ti、O、N 三种元素的分布图像（电子版）

③ X 射线光电子能谱

采用 XPS 分析来研究材料的 Ti、O、N 化学键结合状态。如图 2-28(a)
(b) 所示，XPS 曲线分别显示相似的 Ti 2p 和 O 1s 峰。Ti $2p_{3/2}$ 结合能为
458.4eV，与 $Ti^{4+[342]}$ 的结合能相符，O 1s 结合能为 529.6eV，与 O^{2-} 的结合
能相符。如图 2-28(c) 所示，在纯相 TiO_2-B 的 XPS 图中未测到 N 1s 峰，但
在 NTO-1 和 NTO-2 的 XPS 谱中观察到了 N 1s 峰。XPS 分别得到样品中 N
的掺杂浓度（原子分数）分别为 1.29％（NTO-1）和 0.52％（NTO-2）。对
于样品 NTO-1 有两个 N 1s 峰，其中一个峰的结合能为 399.8eV，对应于
O—Ti—N 键中的间隙 N 原子，另一个峰的结合能为 395.6eV，对应于 Ti—N
键中取代 N 原子[343]。因为 O 原子电负性较大，所以 O—Ti—N 键中的间隙 N
原子比 Ti—N 键中的取代 N 原子具有更高的结合能。样品中间隙 N 原子/取
代 N 原子的原子分数分别为 0.57/0.72％（NTO-1）、0.52/0％（NTO-2）。
该结果表明掺杂的 N 原子会优先占据 TiO_2-B 晶格的间隙位置。当间隙 N 原子
的原子分数达到约 0.55％时，掺杂的 N 原子会取代 TiO_2-B 中 O 原子。已有
报道证明取代的 N 原子对于 TiO_2 的电学性能提高起到关键作用，因为它可以
通过提高价带顶而减小 TiO_2 的带隙，并且间隙 N 原子在带隙中只能引入局域
的 N 2p 价态，如图 2-29 所示。因此，NTO-1 比 NTO-2 和纯相的 TiO_2-B 具

有更高的导电性。如表 2-1 所示，纯 TiO_2-B 纳米线的电子电导率是 $3.01\times 10^{-11}\,S/cm$。只包含间隙 N 原子的 NTO-2 样品显示更高的电子电导率 $3.81\times 10^{-9}\,S/cm$。值得注意的是，取代 N 原子和间隙 N 原子共存的 NTO-1 样品具有最高的电子电导率，为 $4.61\times 10^{-8}\,S/cm$。

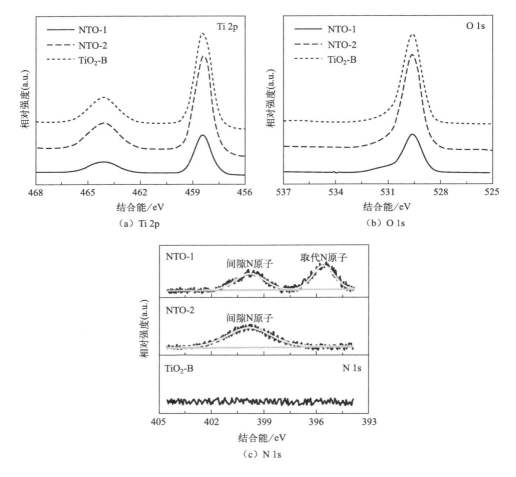

图 2-28 纯 TiO_2-B、NTO-1 和 NTO-2 样品的 XPS 光谱

表 2-1 纯 TiO_2-B、NTO-1 和 NTO-2 样品的电导率

项目	NTO-1	NTO-2	TiO_2-B
电导率/(S/cm)	4.61×10^{-8}	3.81×10^{-9}	3.01×10^{-11}

④ 拉曼散射光谱

如上文提及的，取代掺杂的 N 原子对于提高 TiO_2-B 电子电导率起到关键

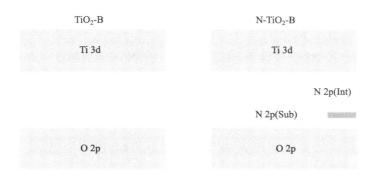

图 2-29　纯 TiO_2-B 和氮掺杂 TiO_2-B 的能带结构示意图

作用。本实验采用拉曼散射对样品的结构进行分析。如图 2-30（插图）所示，TiO_2-B 中有两种 Ti 原子，分别是 $Ti_{(1)}$ 和 $Ti_{(2)}$，两者都被 6 个 O 原子环绕。理论计算显示 TiO_2-B 具有 18 个拉曼振动模式，大部分都可在图 2-30 的拉曼图谱中观察到[348]。三个样品的拉曼散射图谱非常相似，但是纯相 TiO_2-B 和 NTO-2 的峰值强度比 NTO-1 的大。尽管有许多因素可以影响拉曼散射的峰值强度，但是在这里，可以排除影响测量的条件，因为所有的实验都是在同一实验条件下进行的（包括样品数量、激光光源强度、扫描时间等）。因此，拉曼散射的强度不同应是样品内在性质不同所致。其中有一个原因可能是 NTO-1 的电子电导率较大。较高的电子电导率会减小入射光子的入射深度而导致拉曼

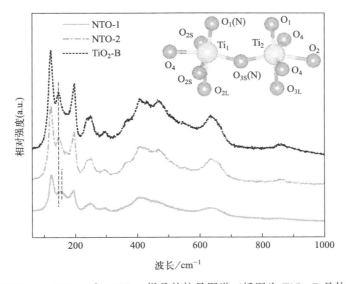

图 2-30　纯 TiO_2-B、NTO-1 和 NTO-2 样品的拉曼图谱（插图为 TiO_2-B 晶体结构示意图）

散射峰强度减小。另外，除了 $145.6cm^{-1}$ 附近（虚线）的拉曼峰之外，所有的峰位都很稳定，此处峰值对应于 TiO_2-B 中 $Ti_{(1)}$—O_1—$Ti_{(2)}$ 和 O_1—$Ti_{(1)}$—O_3 的化学键振动[348]。对于只含有间隙 N 原子的 NTO-2 样品，此拉曼散射峰仍在 $145.6cm^{-1}$ 处，与纯相 TiO_2-B 相同。这表明，间隙 N 原子对 TiO_2-B 的局域结构影响很小。然而，对于既含有间隙 N 原子又含有取代 N 原子的 NTO-1 样品，该峰位移至 $154.6cm^{-1}$ 处。这表明，取代 N 原子替代了 O 原子中 O_1 和（或）O_3 的位置，峰位的蓝移表明 $Ti_{(1)}$—O_1—$Ti_{(2)}$ 和 O_1—$Ti_{(1)}$—O_3 化学键因 N 原子的取代而加强。

⑤ 恒流充放电循环

如图 2-31(a) 所示为样品在倍率为 0.5C 的电流下第一次充放电曲线，与锐钛矿 TiO_2 不同，所有样品呈现一对 S 形电压曲线，表明 TiO_2-B 与锐钛矿 TiO_2 的锂离子插入机制不同。有报道称，Li^+ 进入 TiO_2-B 是赝电容行为[345,349]，它不同于两相转变扩散机制的锐钛矿 TiO_2。纯相 TiO_2-B 纳米线首次充放、电容量为 $240.9mA \cdot h/g$、$217.4mA \cdot h/g$，库仑效率为 90.2%。首次充放电过程中的容量损失一部分来源于不可逆的锂离子插入。另外，最近 P. G. Bruce 指出，容量的部分损失是由电解液形成的 SEI 膜所致。充放电测试表明，样品的充放电容量随 N 掺杂量的增加而增加[350]。

如图 2-31(b) 所示为纯相和 N 掺杂 TiO_2-B 的充放电倍率性能。由图可以看出，在每个充放电倍率下，NTO-2 的放电容量均比纯相 TiO_2-B 略高。然而，NTO-1 样品的放电容量比 NTO-2 和纯相 TiO_2-B 高很多。当充放电倍率为 100C（30A/g）时，NTO-1 仍保持 $100mA \cdot h/g$ 的高放电容量，而纯相 TiO_2-B 仅达到 $75mA \cdot h/g$。此外，在超高充放电倍率下，NTO-1 的比容量非常稳定，表明该材料具有很好的循环稳定性。图 2-31(c) 为纯相 TiO_2-B 和 N 掺杂 TiO_2-B 在 20C 倍率下的长周期循环性能。纯 TiO_2-B 纳米线在初始 100 次循环中容量衰减明显，1000 次循环后放电容量逐渐衰减至 $85mA \cdot h/g$，对应容量保持率为 60%。NTO-2 样品由于含有间隙 N 原子，在循环性能方面略有提高但是容量保持率仍然较差。注意到，NTO-1 在所有样品中具有最好的容量保持率，经过 1000 次循环后放电比容量仍可以保持到 $116mA \cdot h/g$，相应的容量保持率高达 76%。这表明取代掺杂的 N 在提高 TiO_2-B 的电化学性能方面具有关键作用。

⑥ 循环伏安测试

图 2-32 为纯 TiO_2-B 和 N 掺杂 TiO_2-B 纳米线的 CV 测试曲线。S1 和 S2

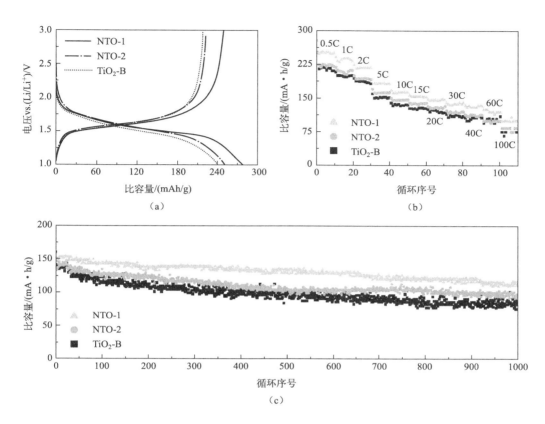

图 2-31　所有三个样品的恒流充放电循环测试图（电子版）

（a）首次充放电曲线；（b）倍率循环性能图谱；（c）长循环性能图谱

峰对应于 Li^+ 从 TiO_2-B 相中脱出，A 峰对应于 Li^+ 从锐钛矿相杂质中脱出。在热处理过程中[351-353]，TiO_2-B 发生局部相变形成为锐钛矿相[106,354]，所以在 TiO_2-B 样品中经常存在锐钛矿 TiO_2，但其含量很少，XRD 和拉曼散射均测试不到。当扫速为 0.1mV/s 时，纯 TiO_2-B 极化电压差在 S1 峰处为 0.08V，在 S2 峰处为 0.09V，A 峰处为 0.36V。该结果表明，TiO_2-B 电化学动力学性能比锐钛矿 TiO_2 的要好。NTO-1 的极化电压差（0.04V、0.06V、0.34V）与 NTO-2 的极化电压差（0.07V、0.08V、0.35V）都比纯 TiO_2-B 的小很多，说明 N 掺杂会提高电极材料的电化学动力学性能。电流密度和扫速的关系取决于 Li^+ 在电极材料中的存储机制。三个样品中，S1 峰值电流和 S2 峰值电流与扫速呈线性关系，A 峰值电流与扫速平方根呈线性关系，见图 2-32 插图。该结果表明 Li^+ 在 TiO_2-B 中的存储属于赝电容过程，在充放电循环实验中表现出高倍率性能。表 2-2 列出了通过循环伏安法测试纯 TiO_2-B、NTO-1 和 NTO-2 三种样品得到的三个阴极电流峰（分别为 S1、S2 和 A）的峰值电流与扫速或扫速平方根线性拟合的斜率数值。对于 S1 峰、S2 峰和 A 峰，N 掺杂的样品斜率均大于纯 TiO_2-B 纳米线。尤其，在所有的三个样品中，NTO-1 样品的斜率最大。以上表明取代掺杂的 N 原子于提高 TiO_2-B 电化学动力学性能具有更为重要的作用。

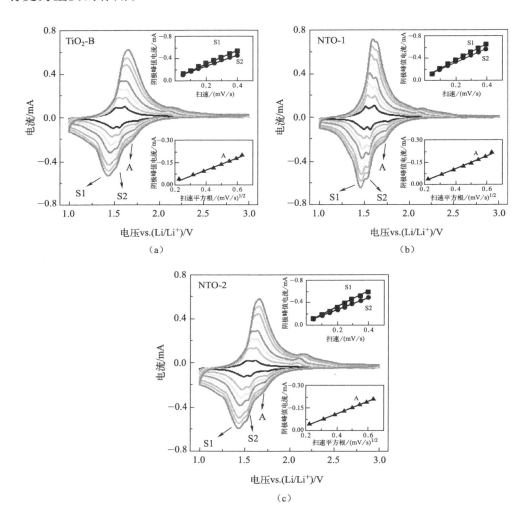

图 2-32 纯 TiO_2-B（a）、NTO-1（b）和 NTO-2（c）样品的循环伏安曲线（电子版）

（插图为阴极电流与扫速之间的拟合图）

表 2-2　S1、S2 和 A 峰值电流线性拟合的斜率

项目	斜率		
	S1[a]	S2[a]	A[b]
NTO-1	-1.54	-1.27	-0.43
NTO-2	-1.36	-1.08	-0.41
TiO$_2$-B	-1.24	-1.05	-0.40

注：[a] 阴极峰值电流与扫速的线性拟合。
[b] 阴极峰值电流与扫速平方根的线性拟合。

⑦ 电化学阻抗谱测试

锂离子电池的电化学反应包括电极与电解液界面处的电荷转移和锂离子在电极材料体相中的扩散。为了研究在电极与电解液界面处的电荷转移特征，采用首次充电后的电池进行交流阻抗测试。图 2-33 为测试得到的 Nyquist 图，所有样品在高频至中频区域均显示半圆，对应于电荷在表层的扩散。图 2-33 中给出 Nyquist 图的等效电路示意图。R_s 代表电池的内电阻，R_{ct} 和 CPE 分别代表着电荷转移电阻和相应的固相元素电容，W 是 Li$^+$ 离子扩散的 Warburg 阻抗。三个样品中，纯 TiO$_2$-B 纳米线具有最大的电荷转移电阻，达到 327.1Ω。NTO-2 样品的电荷转移电阻减小到 286.7Ω，而 NTO-1 样品的电荷转移电阻比 NTO-2 和纯 TiO$_2$-B 都小，为 129.2Ω。该结果表明对 TiO$_2$-B 材料进行 N 掺杂可提高电极材料与电解液界面的电化学反应，其中取代掺杂的 N 原子作用最为显著。

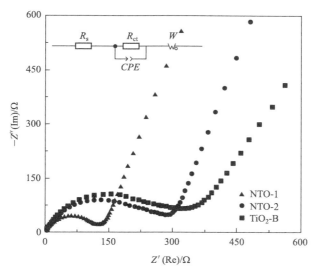

图 2-33　纯 TiO$_2$-B、NTO-1 和 NTO-2 样品的奈奎斯特图谱（插图为奈奎斯特等效电路图）

⑧ 恒电流间歇滴定测试

图 2-34 为所有样品在首次放电过程中的 GITT 曲线，图 2-34 插图中同时给出 dE/dx 的变化曲线。Li^+ 在 TiO_2-B 中的插入过程是固溶体行为，此时 Li^+ 离子扩散系数计算公式为[332]

$$D_{Li} = \frac{4}{\pi}\left(I_0\frac{V_m}{FS}\right)^2\left(\frac{dE/dx}{dE/dt^{1/2}}\right)^2 \tag{2-9}$$

式中，I_0 为使用的放电电流；V_m 为活性物质摩尔体积；F 代表法拉第常数；S 是电极片表面积。图 2-35 为样品在 $x=0.49$ 时 GITT 的滴定曲线，由于 NTO-1 和 NTO-2 电子电导率较高，其欧姆极化和过电位比纯 TiO_2-B 要低。图 2-36 显示在 $x=0.49$ 时 E 和 $t^{1/2}$ 的变化关系曲线，同时获得在 $10\sim100s$ 的线性拟合斜率数值。因此可以利用 dE/dx 和 $dE/dt^{1/2}$ 借助上述方程计算 Li^+ 扩散系数。图 2-37 是 Li^+ 扩散系数随 Li^+ 插入量之间的关系图。在锂离子插入量为 $0<x<0.68$ 范围内，纯 TiO_2-B 中 Li^+ 扩散系数约为 $10^{-9}\,cm^2/s$，此后，随着更多锂离子的插入 Li^+ 扩散系数逐渐降低，在 $x=0.82$ 时达到最小值 $2.69\times10^{-11}\,cm^2/s$，随后，在锂离子插入量未达到最大值（约为 0.92）前，Li^+ 扩散系数基本保持不变。K. Hoshina[355]认为，当锂离子插入量 $x>0.68$ 时 Li^+ 扩散系数逐渐减小，其原因是锂离子沿 TiO_2-B 的 b 轴扩散通道结构发生畸变。扩散通道是由 $Ti_{(1)}$ 和 $Ti_{(2)}$ 原子连接 O_1 和 O_3 原子构成，如图 2-38 所示。拉曼研究表明 NTO-1 中的取代 N 原子加强了 $Ti_{(1)}$—O_1—$Ti_{(2)}$ 和 O_1—$Ti_{(1)}$—O_3 化学键能，从而提高了相应局部区域的结构稳定性，减少了 Li^+ 扩散通道的畸变。因此在较大的锂离子插入量 x 范围内，NTO-1 的 Li^+ 扩散系数较大。可以从图 2-37 看出，NTO-1 在 $x=0.83$ 时扩散系数依然能保持约为 $10^{-9}\,cm^2/s$，此外，其锂离子最大插入量达到了 1.07，比纯 TiO_2-B 大很多。事实上，NTO-2 中的间隙 N 原子在一定程度上也可以提高 Li^+ 扩散系数，但是在提高 TiO_2-B 扩散动力学方面与取代 N 原子的作用相比很小。可以从图 2-37 中看出，NTO-2 的 Li^+ 扩散系数在 $x=0.73$ 时开始衰减，此外，即使 NTO-2 中所有的 Li^+ 全部插入（约为 0.97），虽大于纯 TiO_2-B，但也比 NTO-1 的小很多。因此，在提高 TiO_2-B 电化学性能方面，取代 N 原子比间隙 N 原子起到更有效的作用。

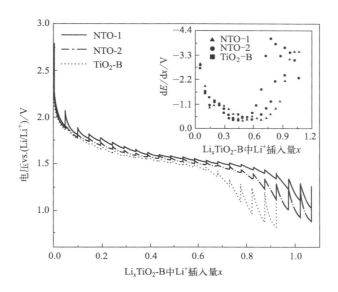

图 2-34　纯 TiO$_2$-B、NTO-1 和 NTO-2 样品的 GITT 曲线

（插图为对 GITT 曲线对应的 dE/dx 数值）

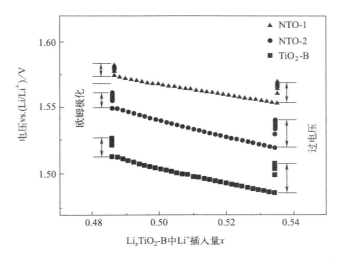

图 2-35　纯 TiO$_2$-B、NTO-1 和 NTO-2 样品在 $x=0.49$ 时的 GITT 滴定曲线

总结

在本节中，采用商业 TiN 为原料，通过对其进行热处理得到中间体，随之采用溶剂热法制备了氮掺杂 TiO$_2$-B 纳米线。研究发现，掺杂的 N 原子优先占据 TiO$_2$-B 的间隙位置，间隙 N 掺杂最大量约为 0.55%（原子分数）。超过

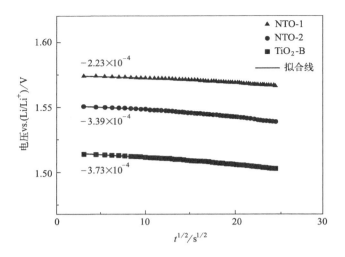

图 2-36　纯 TiO_2-B、NTO-1 和 NTO-2 样品在 $x=0.49$ 时电压与时间平方根的关系曲线

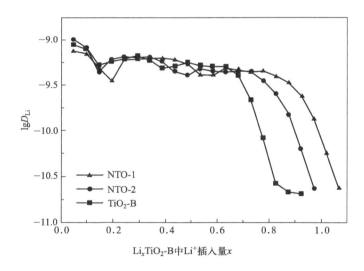

图 2-37　纯 TiO_2-B、NTO-1 和 NTO-2 样品的 Li^+ 扩散系数与锂离子插入量的关系曲线

这一临界值，掺杂的 N 原子可以取代 O_1 和（或）O_3 的位置。N 原子的间隙掺杂对 TiO_2-B 的结构和物理性质影响很小。相反，N 原子的取代掺杂在提高 TiO_2-B 电子电导率和结构稳定性方面起到关键作用。电化学测试表明，N 的取代掺杂显著提高了材料的 Li^+ 扩散系数，在 $x=0.83$ 时扩散系数依然能保持在为 $10^{-9}\,cm^2/s$，此外，其 Li^+ 最大插入量达到了 1.07，比纯 TiO_2-B 大很多。因此，取代掺杂的 N 原子可以显著地提高 TiO_2-B 纳米线的放电容量、倍率性

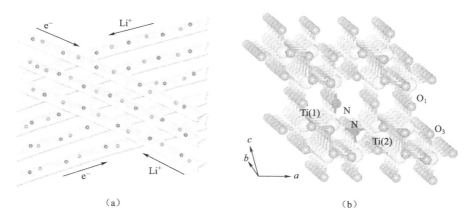

（a）　　　　　　　　　　　　（b）

图 2-38　Li^+/e^- 在 TiO_2-B 纳米线上的传输路径 （a）

和氮掺杂 TiO_2-B 晶格结构示意图 （b）

能和循环稳定性。在 20C 倍率下，材料放电比容量为 $153mA \cdot h/g$，1000 次循环后容量保持率为 76%。此外，在 100C 高倍率下仍可获得 $100mA \cdot h/g$ 的放电容量。

2.1.4　铜离子掺杂青铜矿相二氧化钛材料制备及电化学性能

在上一节中采用非金属 N 元素对青铜矿相 TiO_2 负极材料进行掺杂，发现 N 原子的取代掺杂对提高 TiO_2-B 的电子电导率和结构稳定性起到了关键作用，同时提高了材料的电化学动力学性质，获得了优良的电化学性能。在本节中，采用微波水热法进一步改进了 TiO_2-B 的制备工艺，制备了超细 TiO_2-B 纳米线。以此为基础，对材料进行了铜离子掺杂，研究金属元素掺杂对提高 TiO_2-B 电化学性能的作用与机理。

（1）实验部分

① 材料的合成

采用 P25 （锐钛矿和金红石的混相）作为原材料，将其加入 $10mol/L$ 的 KOH 溶液中搅拌并超声处理，同时加入 3% 的铜源 $Cu(NO_3)_2 \cdot 3H_2O$，混合均匀后将样品装入 100mL 反应釜中，使用微波消解萃取仪进行加热反应，采用 500W 的功率将样品加热到 200℃ 反应 90min；之后待样品自然冷却后取出，得到的沉淀物为铜掺杂的钛酸钾 $K_2Ti_{8-x}Cu_xO_{17}$ 化合物，采用 $0.1mol/L$ 的稀硝酸溶液进行离心洗涤至酸性，然后使用去离子水进行离心清洗样品至 pH＝7；随后将 $K_2Ti_{8-x}Cu_xO_{17}$ 化合物溶入 $0.1mol/L$ 的 HNO_3 溶液中进行离子置换反应 4h；之后将样品放入 60mL 的 0.1mol/L HNO$_3$ 溶液并搅拌、超声处理后转移至 100mL 反应釜中，在微波消解萃取仪中 180℃下反应 90min；将得到的前驱体样品使用去离子水进行离心洗涤至 pH＝7，并使用冷冻干燥机进行冻干备用。将前驱体样品通过马弗炉在空气中 400℃下煅烧 2h，升温速率为 1℃/min，得到了铜掺杂 TiO$_2$-B 超细纳米线。相比之下，采用相同的步骤制备得到了纯 TiO$_2$-B 超细纳米线，但不使用 Cu(NO$_3$)$_2$·3H$_2$O。

② 材料表征

与上节相同，对材料进行了 XRD、SEM、TEM、Raman、XPS 等测试分析，同时运用了德国 Bruker 公司的 X 射线能谱仪对材料进行了元素分析，确定了铜掺杂的含量及元素分布情况。

电化学性能测试是使用碳酸乙烯酯（EC）：碳酸二甲酯（DMC）＝3：7 的 1mol/L LiPF$_6$ 电解液，对电池进行了恒流充放电、CV、EIS 测试。

（2）结果与讨论

① X 射线衍射

为了确定合成材料的晶体结构，对其进行了 XRD 测试。如图 2-39 所示，测试表明所有样品的晶体结构均为青铜矿相 TiO$_2$-B[347,356]。纯 TiO$_2$-B 的晶格常数为 $a＝12.345$Å，$b＝3.764$Å，$c＝6.452$Å，$\beta＝108.21°$，晶胞体积 $V＝284.79$Å^3；Cu 掺杂 TiO$_2$-B 的晶格常数为 $a＝12.328$Å，$b＝3.789$Å，$c＝6.587$Å，$\beta＝107.90°$，晶胞体积 $V＝292.78$Å^3；与 JCPDS 74-1940 记录的比较

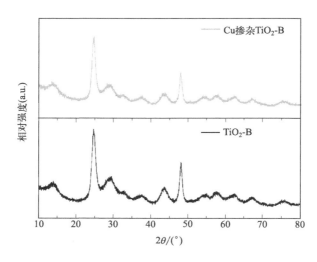

图 2-39　纯 TiO$_2$-B 和 Cu 掺杂 TiO$_2$-B 纳米线的 XRD 图谱

相符。晶胞体积略微增大，这是由铜离子的掺杂导致的，铜离子的半径为 73pm，钛离子的半径为 60.5pm[356]。JCPDS 74-1940 记录的 TiO_2-B 在 37.7° 左右处的峰强不明显，但是在合成的样品中此处的峰强略微变强，通过比对，其与 JCPDS 21-1272 记录的锐钛矿相 TiO_2 相符，这是由于在煅烧过程中，有部分的晶相转变成了锐钛矿相，但是转变的晶相部分相对于 TiO_2-B 的含量是非常小的。

② 形貌与微观结构

纯 TiO_2-B 和铜掺杂 TiO_2-B 纳米线的形貌如图 2-40 所示。可以发现由微波水热条件下制备的 TiO_2-B 材料宏观上团聚较严重，但是具有很多孔道，这些孔道有利于电解液向材料内部进入，而且通过放大观察，材料是由非常细的纳米线构成的，纳米线直径大约为 10nm，相互交错形成了网织结构且具有很多空隙孔洞，增大了材料的比表面积。通过铜的掺杂，材料的形貌并没有明显变化。如图 2-41 所示，通过 EDS 测试，纯的样品里面没有铜，而铜掺杂的样品中明显观察到铜的特征峰，说明掺杂材料里面含有铜。通过定量计算，铜的原子分数约为 1.75%。如图 2-42 所示，通过 HRTEM 测试确定纯 TiO_2-B 和 Cu 掺杂 TiO_2-B 纳米线的生长方向均为 [010]，同时对 Cu 掺杂 TiO_2-B 纳米线的 EDS 测试发现纳米线上分布着钛、氧、铜元素，并且铜元素均匀分布在

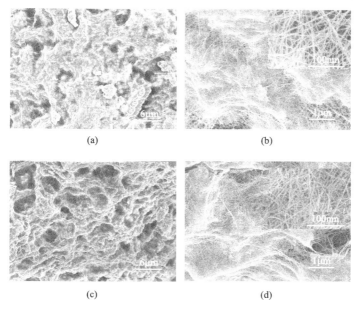

图 2-40　TiO_2-B(a)（b）和 Cu 掺杂 TiO_2-B(c)（d）纳米线的 SEM 图片

纳米线上，如图 2-43 所示。

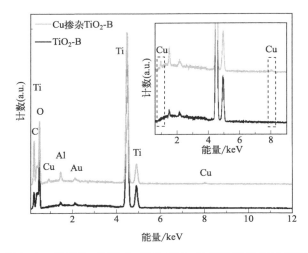

图 2-41　纯 TiO_2-B 和 Cu 掺杂 TiO_2-B 纳米线的 EDS 图谱

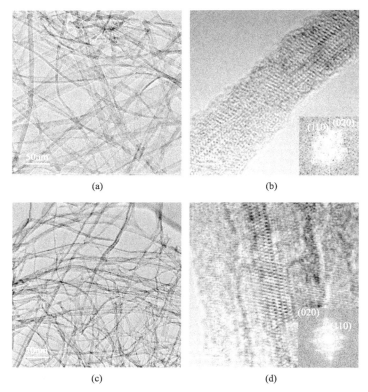

(a)　　　　　　　　　　　(b)

(c)　　　　　　　　　　　(d)

图 2-42　纯 TiO_2-B(a)（b）和 Cu 掺杂 TiO_2-B(c)（d）纳米线的 TEM 和 HRTEM

图谱［（b）（d）中的插图为透射高分辨的傅里叶变换图片］

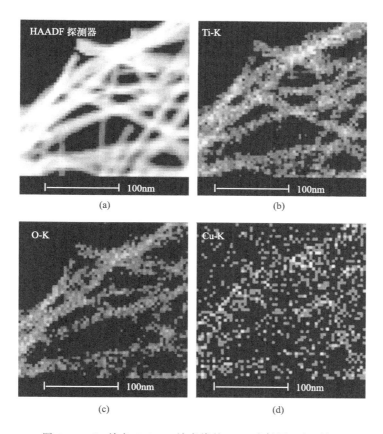

图 2-43　Cu 掺杂 TiO$_2$-B 纳米线的 EDS 映射图（电子版）

③ X 射线光电子能谱测试

通过 XPS 测试研究了材料的 Ti、O、Cu 化学键的结合状态。如图 2-44 (a)（b）所示，纯的和掺杂的材料 XPS 图谱分别显示相似的 Ti 2p 和 O 1s 峰。Ti 2p$_{3/2}$ 和 Ti 2p$_{1/2}$ 的结合能分别为 458.6eV 和 464.3eV，与 Ti^{4+} 的结合能相符，O 1s 结合能为 530.1eV，与 O^{2-} 的结合能相符。如图 2-44(c) 所示，在纯相 TiO$_2$-B 的 XPS 图中未测到 Cu 2p 峰，但在 Cu 掺杂 TiO$_2$-B 的 XPS 谱中观察到了 Cu 2p 峰。Cu 2p$_{3/2}$ 和 Cu 2p$_{1/2}$ 的结合能分别为 932.6eV 和 952.1eV，与 Cu^{2+} 的结合能相符，通过计算 Cu 的掺杂浓度（原子分数）为 2.18%。掺杂的 Cu^{2+} 会取代 TiO$_2$-B 中 Ti^{4+}，正电荷减少造成了电荷的不平衡，由此部分 O^{2-} 释放出来形成氧空位使材料电荷平衡。而这些氧空位会明显提高 TiO$_2$-B 材料的电子电导率，由此使铜掺杂的材料具有更为优异的电化学性能。

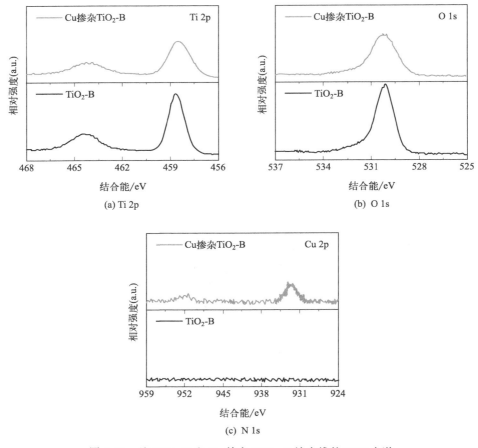

图 2-44 纯 TiO$_2$-B 和 Cu 掺杂 TiO$_2$-B 纳米线的 XPS 光谱

④ 拉曼散射光谱

铜的掺杂对材料性能的提高应该与铜掺杂的位置结构有关，通过拉曼测试分别研究了纯 TiO$_2$ 和铜掺杂 TiO$_2$-B 分子振动，如图 2-45 所示，纯 TiO$_2$-B 的拉曼峰显示为标准的青铜矿相振动[357]，在波数 514cm^{-1} 处出现了拉曼散射峰，对应于锐钛矿相 TiO$_2$ 的特征峰与前面 XRD 上显示所对应，因为煅烧处理后产生少量锐钛矿相二氧化钛[351]。另外，通过与铜掺杂材料的拉曼衍射峰比对发现，掺杂后的材料有个别振动峰发生偏移。纯 TiO$_2$-B 材料在波数为 147.5cm^{-1}、640cm^{-1} 和 662cm^{-1} 处的拉曼振动峰相对不稳定，147.5cm^{-1} 波数处是关于 Ti$_{(1)}$—O$_1$—Ti$_{(2)}$ 和 O$_1$—Ti$_{(1)}$—O$_3$ 之间的振动，640cm^{-1} 波数处是关于 O$_3$—Ti$_{(1)}$、O$_{3S}$—Ti$_{(2)}$/O$_{3S}$—Ti$_{(2)}$—O$_1$、Ti$_{(2)}$—O$_{3S}$ 和 Ti$_{(2)}$—O$_{3S}$—Ti$_{(2)}$ 之间的振动，662cm^{-1} 波数处是关于 O$_{2S}$—Ti$_{(1)}$ 和 O$_4$—Ti$_{(2)}$—O$_2$ 之间的振动。通过铜的掺杂这三处的振动峰发生了较大偏移，铜掺杂 TiO_2-B 的振动峰分别偏移到：$149.7cm^{-1}$、$634cm^{-1}$、$659cm^{-1}$，在 $149.7cm^{-1}$ 处的增大表明通过铜离子的掺杂使得 $Ti_{(1)}$—O_1—$Ti_{(2)}$ 和 O_1—$Ti_{(1)}$—O_3 键能更强，结构更稳定，而且此处的结构通道是锂离子扩散通道，由于结构的更稳定使得掺杂材料能够插入更多的锂离子，机理如第 1 章中所述。而对应于 $634cm^{-1}$ 和 $659cm^{-1}$ 处的波数减小则表明此处的键能变弱，局域结构稳定性可能变差。但是这两处不是锂离子的扩散通道，对锂离子的插入影响不大。

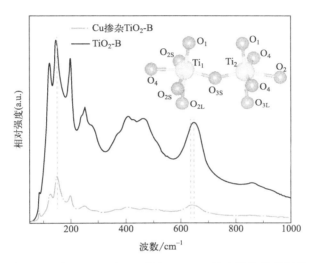

图 2-45　纯 TiO_2-B 和 Cu 掺杂 TiO_2-B 纳米线的拉曼图谱

（插图为 TiO_2-B 晶体结构）

⑤ 紫外-可见漫反射光谱

通常，异价元素的掺杂将对材料的电子结构产生影响。为了验证上述问题，对样品进行紫外-可见漫反射光吸收测试，如图 2-46 所示，纯 TiO_2-B 的吸收带边为 394nm，通过铜的掺杂吸收带边提高到 418nm，并且材料的禁带宽度由 3.15eV 减小到 2.97eV。这个红移要归因于 Cu^{2+} 的掺杂取代了部分的 Ti^{4+}[286]，一个 Ti^{4+} 被一个 Cu^{2+} 取代将产生一

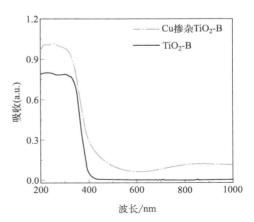

图 2-46　纯 TiO_2-B 和 Cu 掺杂 TiO_2-B

纳米线的紫外-可见漫反射图谱

个—2 价的负电荷，由此为了电荷守恒其中会有一个 O^{2-} 释放出来。这个补偿机制导致一个 Cu^{2+} 取代一个 Ti^{4+} 位置的同时产生一个氧空位。由于氧空位的形成创建了 Ti 3d 施主能级，导致导带降低、禁带宽度减小，进而提高了材料的电子电导率。

⑥ 氮气吸/脱附测试

将纯 TiO_2-B 和 Cu 掺杂 TiO_2-B 纳米线材料进行了氮气吸/脱附测试。如图 2-47(a) 所示，两种材料等温线的形状均对应于 IV 型吸脱附曲线，这与在介孔 （2～50nm） 固体中产生毛细冷凝作用有关。这一结论正好与图 2-47(b) 中的 BJH 孔径分布是吻合的。计算了两种材料的比表面积、平均孔体积和平均孔径，数据列在表 2-3 中。结果表明，铜离子的掺杂对材料的比表面积、平均孔体积和平均孔径均产生了微小的影响，铜离子掺杂增大了材料的比表面积，提高了孔体积，因此使材料与电解液充分接触，可以促进材料具有更优异的倍率性能。

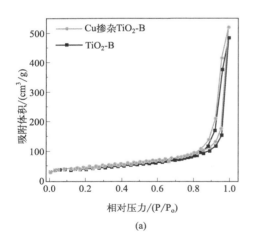
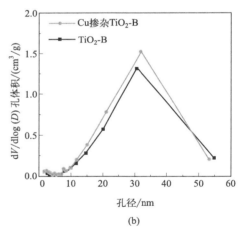

图 2-47 纯 TiO_2-B 和 Cu 掺杂 TiO_2-B 纳米线的 N_2 吸/脱附图(a) 和孔径分布图(b)

表 2-3 纯 TiO_2-B 和 Cu 掺杂 TiO_2-B 纳米线材料的比表面积、平均孔体积和平均孔径

项目	比表面积/(m^2/g)	平均孔体积/(cm^3/g)	平均孔径/nm
TiO_2-B	154.8	0.75	23.4
Cu 掺杂 TiO_2-B	160.7	0.81	21.4

⑦ 恒流充放电循环

如图 2-48 所示为纯 TiO_2-B 和 Cu 掺杂 TiO_2-B 材料在倍率为 0.5 C 下首次充放电曲线。两种材料的首次放电比容量分别为 288.4mA·h/g 和 294.8mA·h/g，库仑效率分别为 81.8% 和 85.1%。可见，铜离子的掺杂提高了材料的放电比容量，这要归因于掺杂使材料电子导电性提高，电子的充分导通促进了更多的锂离子插入到材料内部，同时也提高了库仑效率。尤其是在大倍率下铜掺杂材料表现了更为突出的性能，图 2-49 为两种材料在不同倍率下的充放电曲线，在 60 C 倍率下放电比容量达到了 150mA·h/g，比纯 TiO_2-B（103.6mA·h/g）提高了近 50mA·h/g。图 2-50 为不同倍率下的循

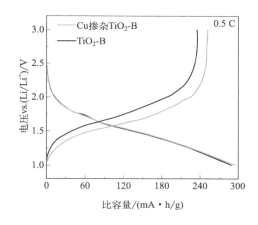

图 2-48　纯 TiO_2-B 和 Cu 掺杂 TiO_2-B
纳米线首次充放电曲线

环性能，可以看出铜掺杂材料表现出了更高的比容量和循环稳定性。图 2-51（a）（b）分别为两种材料在 1 C 和 10 C 倍率下的循环性能，纯 TiO_2-B 在 1C 倍率下循环 500 次后放电比容量降为 171mA·h/g，通过铜掺杂后容量提高到了 200.5mA·h/g；而且在 10 C 倍率下循环 2000 次后容量依然能达

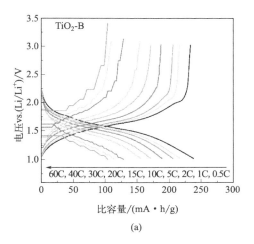

(a)

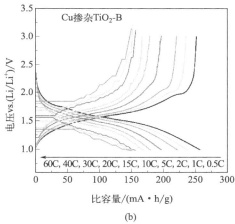

(b)

图 2-49　纯 TiO_2-B 和 Cu 掺杂 TiO_2-B 纳米线在不同倍率下的充放电曲线 （电子版）

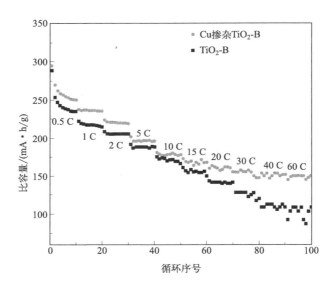

图 2-50　纯 TiO_2-B 和 Cu 掺杂 TiO_2-B
纳米线在不同倍率下的循环性能

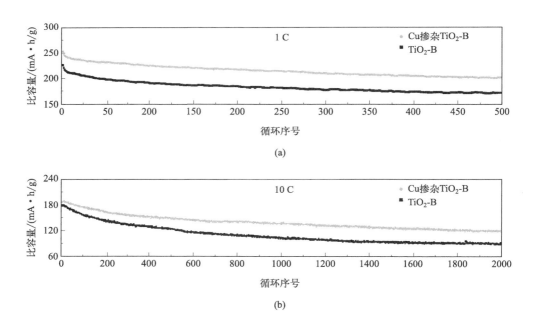

(a)

(b)

图 2-51　纯 TiO_2-B 和 Cu 掺杂 TiO_2-B 纳米线在 1 C(a) 和
10 C(b) 倍率下的长循环性能

到 120.1mA·h/g，比纯 TiO_2-B（89.2mA·h/g）提高了将近 30mA·h/g，容量保持率也由 48% 提高到 64.3%。这是由于铜离子的取代掺杂使材料产生了部分氧空位，使得电子浓度增大，电子迁移率也得到提高。同时氧空位对锂离子电导率也产生了影响，而影响锂离子电导率的因素主要有两个：一是锂离子浓度，二是锂离子迁移率。插入到材料中的锂离子会与电子中和形成中性的锂，当电子浓度增大时，势必会消耗过多的锂离子，因此，氧空位过多会导致锂离子浓度下降，锂离子电导率降低。然而材料的电化学性能是受 Li^+ 扩散系数决定的，而 Li^+ 扩散系数是由电子浓度、电子迁移率、锂离子浓度、锂离子迁移率综合作用决定的。一般情况下，当电子迁移率接近 Li^+ 迁移率时 Li^+ 扩散系数是最大的，因而适当地引入氧空位将提高材料的 Li^+ 扩散系数。因此，通过铜离子的掺杂，引入了适当的氧空位，提高了材料的 Li^+ 扩散系数，显著提高了 TiO_2-B 的比容量、倍率性能和循环稳定性。

⑧ 循环伏安测试

图 2-52 为纯 TiO_2-B 和 Cu 掺杂 TiO_2-B 纳米线的 CV 测试曲线。CV 峰形和峰位均与上一节中材料类似，S1 峰和 S2 峰对应于 Li^+ 从 TiO_2-B 相中脱出，A 峰对应于 Li^+ 从锐钛矿相杂质中脱出。由于在 XRD 测试中发现了锐钛矿相的峰，因此 CV 测试 A 峰稍微明显，但其含量很少。采用变扫速方式进行 CV 测试，扫速分别为：0.05mV/s、0.1mV/s、0.2mV/s、0.3mV/s、0.4mV/s 和 0.5mV/s。当扫速为 0.5mV/s 时，纯 TiO_2-B 极化电压差在 S1 峰处为 0.17V，在 S2 峰处为 0.17V，在 A 峰处为 0.35V。由此发现 S1 峰和 S2 峰处的极化电压差比 A 峰处的要低，这表明，TiO_2-B 的电化学动力学性能要比锐钛矿相 TiO_2 好。Cu 掺杂 TiO_2-B 纳米线 S1 峰、S2 峰、A 峰的极化电压差分别为 0.14V、0.15V 和 0.34V，比纯 TiO_2-B 的小很多，说明 Cu 掺杂会提高电极材料的电化学动力学性能。在两个材料中，S1 峰值电流和 S2 峰值电流与扫速呈线性关系，A 峰值电流与扫速平方根呈线性关系（图 2-52 插图）。该结果表明 Li^+ 在 TiO_2-B 中的存储属于赝电容过程，在充放电循环实验中表现出高倍率性能。表 2-4 列出了通过循环伏安法测试纯 TiO_2-B 和 Cu 掺杂 TiO_2-B 两种样品得到的三个阴极电流峰（分别为 S1，S2 和 A）的峰值电流与扫速或扫速平方根线性拟合的斜率数值。对于 S1 峰、S2 峰和 A 峰，Cu 掺杂的样品斜率均大于纯 TiO_2-B 纳米线。以上表明 Cu 原子的掺杂对提高 TiO_2-B 电化学动力学性能具有非常重要的作用。

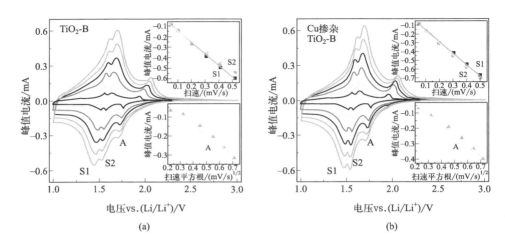

图 2-52　纯 TiO_2-B 和 Cu 掺杂 TiO_2-B 纳米线的循环伏安曲线（电子版）

（插图为阴极电流与扫速之间的拟合图）

表 2-4　S1 峰、S2 峰和 A 峰值电流线性拟合的斜率

项目	斜率		
	S1[a]	S2[a]	A[b]
TiO_2-B	−1.07	−0.95	−0.52
Cu 掺杂 TiO_2	−1.29	−1.36	−0.68

[a] 阴极峰值电流与扫速的线性拟合。

[b] 阴极峰值电流与扫速平方根的线性拟合。

⑨ 电化学阻抗谱测试

为了进一步研究电极与电解液界面处的电荷转移特征及掺杂对材料电化学动力学特性提高的原因，采用首次放电到 2V 处的电池进行交流阻抗测试。图 2-53 为测试得到的 Nyquist 图，两种材料具有相似的阻抗图谱，从高频到中频范围内，图谱呈现半圆状曲线，对应于电荷在材料表层的扩散。在图 2-53 中给出 Nyquist 图的等效电路示意图。R_s 代表电池的内电阻，R_{ct} 和 CPE 分别代表着电荷转移电阻和相应的固相元素电容，W 是 Li^+ 扩散的 Warburg 阻抗。如表 2-5 所示，通过等效电路图进行拟合得到了纯 TiO_2-B 和 Cu 掺杂 TiO_2-B 纳米线电化学阻抗的各种参数，在两个材料中，纯 TiO_2-B 纳米线具有最大的电荷转移电阻，达到 155Ω。Cu 掺杂 TiO_2-B 样品的电荷转移电阻降到 92Ω。该结果表明对 TiO_2-B 材料进行 Cu 掺杂可显著提高电极材料与电解液界面的电化学反应，进而促进电荷在材料表面及向内部的扩散传输，提高材料的电化学动力学特性。

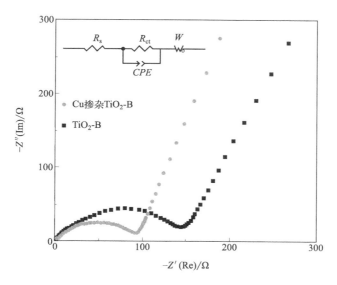

图 2-53　纯 TiO$_2$-B 和 Cu 掺杂 TiO$_2$-B 纳米线的奈奎斯特图谱

(插图为等效电路图)

表 2-5　纯 TiO$_2$-B 和 Cu 掺杂 TiO$_2$-B 纳米线的阻抗参数

项目	R_s/Ω	R_{ct}/Ω
TiO$_2$-B	2.0	155
Cu 掺杂 TiO$_2$-B	1.9	92

总结

采用微波水热方法改进了 TiO$_2$-B 的制备工艺，获得了超细的 TiO$_2$-B 纳米线，并以此制备了铜掺杂 TiO$_2$-B 纳米线。研究表明，二价铜离子取代部分四价钛离子导致材料中形成氧空位，从而使 TiO$_2$-B 的禁带宽度由 3.15 eV 降到 2.97eV，并且使导带处的电子浓度增加，进而提高了材料的电子电导率。同时，电化学阻抗谱研究表明，经铜掺杂后，材料的电荷转移电阻由 155 Ω 降到 92 Ω。对 TiO$_2$-B 材料进行 Cu 掺杂可显著提高电极材料与电解液界面的电化学反应，进而促进电荷在材料表面及向内部的扩散传输，提高材料的电化学动力学特性。受此影响，铜掺杂 TiO$_2$-B 纳米线表现出优异的电化学性能，首次库仑效率由 81.8% 提高到 85.1%，并且在 60 C 倍率下比容量达到 150mA·h/g，比未掺杂材料提高了近 50mA·h/g。另外，Cu 掺杂 TiO$_2$-B 在 10 C 倍率下循环 2000 次后容量依然能达到 120.1mA·h/g，比纯 TiO$_2$-B（89.2mA·h/g）提高了将近 30mA·h/g，容量保持率也由 48% 提高到 64.3%。

2.2 离子掺杂二氧化钛材料在镁离子电池当中的应用

在当今社会的能源背景下，微型储能领域中，铅蓄电池和锌锰电池仍是主力军，然而性能卓越的燃料电池和锂离子电池也正在一步步巩固自身地位，成为新世纪最受欢迎的绿色能源，并进一步促进新型绿色能源产业群的发展。在这些新兴储能装置中，锂离子电池凭借其较高的能量密度和工作电压、优异的充放电效率等，成为近年来颇受关注的绿色能源。而电池作为历史悠久的储能系统，也乘着新能源的东风迎来了新一轮的革新与发展。在纷繁复杂的电池种类中，锂离子电池有着较高的比容量、能量密度和工作电压，同时亦有着不错的循环性能和倍率性能，此外还有着较低的自放电，且不含记忆效应。故而自诞生以来便被广泛应用于储能领域，对于新兴的新能源电动汽车起到了极大的推动作用。然而，苛刻的生产安全环境和使用时可能存在的锂枝晶问题也为其安全性蒙上了一层阴影。并且面对大容量储电时，其仍存在众多缺点，包括相对高昂的成本、安全性问题以及锂元素区域性稀缺问题等。同时随着社会对储能设备提出了更高的要求，人们也开始转向其他新型高储能电池。

最终促使研究人员探寻其他性价比高、理论比容量高且安全性能更好的异价金属离子电池，例如：镁离子电池、铝离子电池、锌离子电池及钠离子电池等。其中镁离子电池凭借优异的安全性能和较高的理论比容量受到了研究人员的广泛关注[358-360]，越来越多的人开始研发镁离子电池作为下一代新能源存储装置，欧盟更是将镁离子电池视作后锂战略的一大重要候补。

（1）镁离子电池研究背景

12 号元素镁 Mg 位于第二主族第三周期，与锂元素处于对角线位置，其原子量为 24.3050，电子排布式是 [Ne] 3s2，通常化合价为二价，标准状况下是一种密度仅为 1.738g/cm 银白色轻质碱金属。由元素周期表中的对角线规则可知，处于对角位的镁和锂有着相近的物理化学性质，例如较强的还原性和十分活跃的化学性质。

同时，如表 2-6 所示，Mg^{2+} 的离子半径略小于 Li^+，而镁的理论比容量则要远高于锂。此外，对比二者的标准电极电位也不难发现镁在碱性环境下的电位与锂大致相当，达到了 $-2.69V$。如此之低的电极电位有利于在正负极材料之间形成较大的氧化还原电位差，并赋予电池系统较为理想的能量密度。值得一提的是，Aurbach 等的研究结论充分证明了可充放电镁离子电池在环保、成本、安全性及大负荷能力上具有明显的优势[215]。且其亦有着其他的优势：其一，地球上镁的储量丰富，目前已探测的镁元素储量约为锂元素的 3000 倍，而我国的原镁产能占全球总产能 75%，这使得镁的成本更低，且镁的相关产物多无毒无污染；其二，和锂离子电池不同的是，镁离子电池不存在枝晶问题，枝晶容易刺穿隔膜导致电池短路，最终引起严重安全问题，因此镁离子电池具备更高的安全性；其三，镁离子电池有着广泛的适用性，这对于推动电动汽车和分布式储能技术的发展而言，可以起到重要的影响作用。综上，研究和开发镁离子电池将有效地缩减电池生产成本，提高电池能量密度及安全性，促使镁离子电池成为下一代新能源存储装置之一。

表 2-6　Mg 和 Li 部分性质的对比

项目	Mg	Li
原子量	24.305	6.938
离子半径/Å	0.72(2+)	0.76(+)
理论比容量/(mA·h/g)	3862	2205
标准电极电位(vs. SHE)/V	−2.372	−3.0401
安全性	安全	具有安全隐患

（2）镁离子电池正极材料的研究进展

对于二次镁离子电池正极材料而言，有很多材料能够满足传导离子在电极材料上可逆性的嵌入-脱出。然而，目前这类材料多是针对锂电池开发的，且 Mg^{2+} 的电荷量更高，离子半径更小，使之具有较强的极化作用。这使得镁离子在固相中扩散速率缓慢，难以嵌入正极材料之中，又加之颇为严重的溶剂化效应，进一步导致供镁离子可逆性嵌入-脱出的材料选择面愈发狭隘。此外，正极材料与电解液之间的兼容性问题和长周期下的循环稳定性问题都对镁离子电池的开发工作提出了新要求。在这种情况下，研发一种能够实现镁离子可逆性快速嵌入-脱出，且能与电解液兼容的新型正极材料便成了镁离子电池研究工作的关键点。而目前镁离子电池正极材料的种类大体以聚阴离子化合物、过渡族金属硫化物、过渡族金属氧化物等为主。

① 聚阴离子化合物

以 $MgMnSiO_4$ 为代表的聚阴离子型化合物凭借自身特殊结构获得了研究人员的广泛关注，聚阴离子化合物是由四面体或者八面体阴离子结构单元借助强共价键连接而成，同时组成利于传导离子嵌入的独特三维立体孔道结构。此类化合物晶体结构十分稳定且放电平台易于调控，但是较差的电子电导率是一大缺点，这在较大程度上限制了传导离子的扩散性。

$MgMnSiO_4$ 被视为最有希望的聚阴离子化合物正极材料，对此 Mori 等采用高温固相法和溶胶-凝胶法制备了多种形貌的 $MgMnSiO_4$，并考察了其电化学性能，结果表明固相法制备的 $MgMnSiO_4$ 的放电比容量远低于溶胶-凝胶法所制备的样品[361]。不过二者的动力学性能都较差，因此他们又做了一些改性工作。但效果并不明显，$MgMnSiO_4$/C 复合材料的放电比容量在循环 10 次之后仅有 $80mA \cdot h/g$，而后续制备的具有介孔结构的 $MgMnSiO_4$ 则达到了 $200mA \cdot h/g$。这是由于其比表面积增加后活性材料与电解液间的接触面积也得到了增大，同时其倍率性能较之其他形貌的 $MgMnSiO_4$ 也有明显的提升。

② 过渡族金属硫化物

自 20 世纪 70 年代便开始研究的过渡金属硫化物是一种典型的可逆性脱嵌式电极材料，主要分为二维层状构型硫化物和 Cheverel 相构型硫化物这两类，二者均具有特殊的孔道结构以供传导离子可逆性的嵌入-脱出[362-365]。

二维层状构型硫化物的化学式通式为 MS_2，而目前以 TiS_2 和 MoS_2 为代表的二维层状构型硫化物受到了较为深入的研究，且被证明其可作为锂离子电池可逆性脱嵌式电极材料[366]。由于镁离子电池的作用机理与锂电池类似，因此人们探究了其作为镁离子电池正极材料的可行性。Li 所做的研究表明 Mg^{2+} 可以嵌入到二维层状硫化物中，这预示着二维层状构型硫化物作为镁离子电池正极材料是可行的[367]。同时，大量的研究工作证明其能够成为可逆性脱嵌式正极材料的原因在于其自身层间作用力较弱。Gregory 以 TiS_2 纳米管为镁离子电池正极材料，对其电化学性能做了深入研究，结果表明 $10mA/g$ 的电流密度下二硫化钛纳米管的最高放电比容量达到了 $236mA \cdot h/g$，远远高于同等条件下多晶二硫化钛的放电比容量[368]。Li 在不同形貌的 MoS_2 中成功嵌入 Mg^{2+} 后，却发现其放电比容量不是很好。相对而言 Gregory 等人以二维层状

石墨烯构型 MoS_2 为正极材料时，镁离子电池表现出了出色的放电比容量和循环稳定性。

此外，以 $Mg_xMo_3S_4$ 为代表的 Chevrel 相硫化物凭借较高的 Mg^{2+} 可逆性嵌入脱出能力，其特殊的镁离子存储机理也已得到深入的研究。自 Aurbach 课题组于 2000 年研发制备以来，便广受关注成了最为理想的镁离子电池正极材料。Aurbach 在实验中以 $Mg_xMo_3S_4$ 作为正极材料时，获得了较为理想的循环稳定性和较高的放电比容量，如图 2-54 所示。

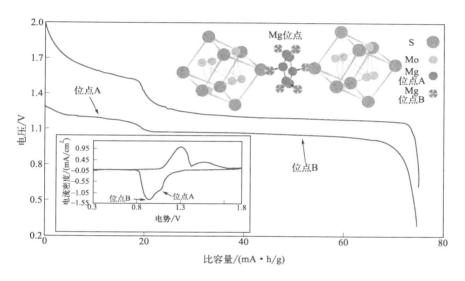

图 2-54　Chevrel 相 $Mg_xMo_3S_4$ 的结构模型和充放电曲线

虽然过渡族硫化物在作为镁离子电池正极材料时具有较为理想的储镁性能，但硫化物苛刻的制备工艺、严格的制备环境及较大的环境污染亦不容忽视，这极大地限制了过渡族金属硫化物作为镁离子电池的未来发展。

③ 过渡族金属氧化物

过渡族金属氧化物凭借较强的氧-金属键键能，拥有了较强的离子特征，从而使得其结构稳定性较好且氧化电位也较高[369]。再者，相对于过渡族金属硫化物而言，过渡族金属氧化物方便制备，生产成本低廉且无毒无污染，从而受到了广泛的关注，因此也自然而然地成为了镁离子电池研发工作的重点。目前，研究较多的镁离子电池金属氧化物正极材料多为 V_2O_5、MoO_3、MnO_2、TiO_2 及尖晶石结构的金属氧化物。

Jiao 等研究了 V_2O_5 纳米管在含镁的有机电解液中的电化学性能，实

验结果表明 VO_x-NTs 开放式的孔道结构有利于镁离子的嵌入，微量铜元素的掺杂有效地减小了 VO_x 的层间距，最终促使掺杂后 VO_x-NTs 的比容量得到了显著提高[337]。于龙采用水热法以 V_2O_5 溶胶为前驱体合成了三种不同形貌的钒氧化物活性材料 [V_2O_5 晶体结构如图 2-55（a）所示]，考察了不同形貌对电极材料电化学性能的影响，结果表明虽然三种电极材料的循环稳定性能均不太理想，但是均拥有不错的首次放电比容量。同样地，李晶[121]也做了一些钒氧化物方面的研究，结果也表明其比容量较高，但循环稳定性不太理想。

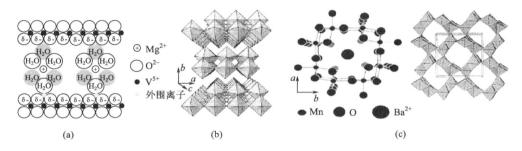

图 2-55　V_2O_5（a）、MoO_3（b）和 α-MnO_2（c）的晶体结构模型

　　正交晶系的 MoO_3 由于其独特的层状结构而拥有出色的可嵌入性能，司玉昌对比研究了薄层状 MoO_3、微米级棒状 MoO_3 和多晶 MoO_3 的电化学性能，结果表明薄层状 MoO_3 的放电比容量要优于其他两个对照样品 [MoO_3 晶体结构如图 2-55（b）所示]。其原因在于层状结构在一定程度上促进了 Mg^{2+} 向着电极材料内部扩散，缩短了 Mg^{2+} 迁移路径，提高了电极材料的电化学性能。Zhang 等人研究了 α-MnO_2 作为可充镁电池正极材料的可行性 [α-MnO_2 晶体结构如图 2-55（c）所示][370]，对 α-MnO_2 正极材料在充放电过程中的变化情况进行了相关表征分析，结果证明充放电过程中存在 Mg^{2+} 可逆性的嵌入-脱出过程，同时 α-MnO_2 的微观孔道结构会遭到一定的破坏，这也是其循环稳定性下降的原因。

　　与之相比，二氧化钛作为一种结构稳定、成本低、无毒无污染的过渡族金属氧化物凭借独特的微观结构、电化学储能机制和优异安全性能，成了较为理想的正极材料，并在锂电池、钠电池等领域得到了较为深入的研究。然而，目前以二氧化钛为镁离子电池正极材料的研究工作不多，由于镁、钠、锂有着相似的物理化学性质和存储机理，故而借鉴二氧化钛在钠离子电池和锂离子电池等方面的研究工作，可以为镁离子电池正极材料的开发提供新的思路。在钠离子电池的研发工作上，Hanna 在对金红石结构二氧化钛进行硫掺杂之后，发现其拥有极快的钠离子嵌入/脱出倍率性能和极好的循环稳定性，报道称表面非晶化处理和高浓度硫掺杂有效地改善了材料的本征电子电导率且有效提高了钠离子的扩散动力学性能。Wang 发现金红石结构二氧化钛负极材料中掺杂的钙离子会增强其电子电导率，且明显提高了材料的循环稳定性和充放电倍率性能。而 Li 等则报道称锐钛矿相的二氧化钛负极材料中 Zn^{2+} 的引入致使晶格膨胀和 Ti^{3+} 含量增加，最终改善了其电子电导率，加强了其结构稳定性，使电极材料的倍率性能和循环稳定性都得到了一定程度上的提高，锐钛矿相 TiO_2 晶体结构如图 2-56（a）所示。对比 Hanna、Wang、Li 等所制备的纯二氧化钛样品，不难发现掺杂后的二氧化钛电化学性能要明显优于纯二氧化钛。

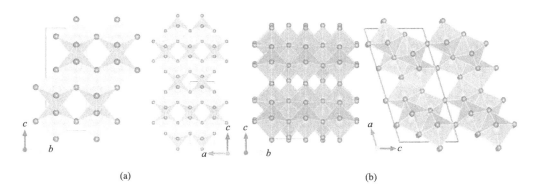

(a)   (b)

图 2-56 锐钛矿相 TiO_2（a）和青铜矿相 TiO_2-B（b）的晶体结构模型

Legrain 通过第一性原理计算，在理论上对比研究了 Li、Na、Mg 在锐钛矿相、金红石相及青铜矿相的二氧化钛晶体中的嵌入势垒。结果表明相对于锐钛矿相和金红石相而言，青铜矿相的嵌入势垒更低，更有利于离子的扩散和存储，这也就意味着青铜矿相二氧化钛具有更加广阔的应用前景。此外，青铜矿相构型二氧化钛属于单斜晶系，具有更为开放的三维结构和更多的离子存储空间，并且在 b 轴方向上存在一个快速离子扩散通道，晶体结构如图 2-56（b）所示。同时与锐钛矿相和金红石相比，TiO_2-B 具有最低的镁离子插入缺陷形成能，进一步促进了镁离子在 b 轴方向上的快速输运。另外，与其他相二氧化钛相比，TiO_2-B 的充放电倍率性能更好，理论比容量更高，还具有独特的赝电容效应。因此，TiO_2-B 成了一种理想的正极材料候选。但是，TiO_2-B 材料自身较差的电子电导率极大地限制了其在大倍率条件下的应用。

　　Amirsalehi 做了一些 TiO_2-B 电极材料共掺杂方面的研究，发现以适量的钒和钴作为掺杂剂，可以有效地改善 TiO_2-B 电极的电化学性能。余朝阳发现石墨烯复合 TiO_2-B 的电化学性能要远优于纯二氧化钛，Grosjean 做了一些锂电负极材料掺杂方面的研究，结果发现掺杂铁之后的 TiO_2-B 的能量密度和功率密度有了明显提高。

　　这些结果表明无论是阴离子掺杂引起的钛空位，还是低价阳离子掺杂引入的氧空位，又或是复合石墨烯，甚至可能的钛离子化合价变价，都可以有效地提高 TiO_2-B 等过渡族金属氧化物的电子导电率和离子扩散性能，进而提高电极材料的充放电比容量、倍率性能和循环稳定性。总之，青铜矿相二氧化钛凭借其独特的结构和电化学存储机制，拥有较好的比容量和循环稳定性。并且通过元素掺杂和石墨烯复合可以有效提高 TiO_2-B 的电子电导率和离子扩散性能，进而获得电化学性能优异的镁离子电池正极材料。

　　如前所述，TiO_2 作为镁离子电池正极材料具有非常可观的应用前景，但材料本身较差的电子导电性限制了其在大电流下的实际应用。因此，制备具有快速镁离子输运通道的、更多镁离子存储位点的青铜矿相二氧化钛（TiO_2-B）纳米材料将具有更优异的性能。采用低价离子掺杂取代 Ti^{4+}，以提高 TiO_2-B 材料本体的电子电导率和镁离子输运性能，通过石墨烯复合提高材料表面和颗粒与颗粒之间的电子电导率和镁离子输运性能，从而获得具有优异电子电导率和镁离子扩散动力学性能的镁离子电池正极材料。这在镁离子电池实际应用方面具有重要的研究意义，同时也可为 TiO_2-B 材料在镁离子电池中的实际应用奠定研究基础。

2.2.1　镍离子掺杂青铜矿相二氧化钛材料制备及电化学性能

（1）TiO_2B 样品的制备

　　采用溶剂热法制备 TiO_2-B 纳米花样品，溶剂热法的诞生建立于水热法的基础之上，与水热法的差异之处在于所使用的溶剂为有机物而非去离子水。专指的是在密闭体系例如高压釜，以有机溶剂或非水溶剂为介质，反应时将一种或者多种前驱体混合在非水溶剂中，在高温高压环境下自发地产生压力，使得有机溶剂处于临界或超临界条件下，溶剂中物质处于过饱和状态，反应活性提高，反应性能有所变化，此时发生的反应也多异于常态，原始反应物会缓慢地发生反应。本实验中的合成方法是将三氯化钛溶于乙二醇溶液中，在高压釜中经高温高压反应后，将产物充分洗涤并干燥制得纳米花样青铜矿相二氧化钛样品。

采用溶剂热法制备 TiO_2-B 纳米花样品其优点在于：

a. 掺杂更加均匀；

b. 产物晶体取向好，缺陷少；

c. 密封体系可以阻止有毒物质挥发；

d. 操作简单且反应过程、产物尺寸形态等受控；

e. 易于中间态、介稳态及特殊物相结构产物的生成。

（2）$Ni_x Ti_{1-x} O_2$-B 纳米材料的制备与电池的组装（图 2-57）

采用溶剂热法制备 $Ni_x Ti_{1-x} O_2$-B 纳米材料，按 Ni：（Ni＋Ti）原子分数 5％、10％和 15％进行镍元素掺杂，所制备的三种 $Ni_x Ti_{1-x} O_2$-B 纳米材料分别标记为 TDN-5、TDN-10 和 TDN-15。

① 活性材料制备过程

按体积比 1：1 分别量取一定体积的 $TiCl_3$-HCl 溶液以及去离子水，分散在 40mL 乙二醇中，随后称取一定质量的 $Ni(NO_3)_2 \cdot 6H_2O$ 加入上述混合溶液中，并用磁力搅拌器充分搅拌，直至 $Ni(NO_3)_2 \cdot 6H_2O$ 完全溶解。其后将配置好的溶液转移至聚四氟乙烯内衬中，并装入反应釜中，在恒温干燥箱中 150℃保温 10h。将所得产物用去离子水以及乙醇充分洗涤，并在 80℃下干燥 12h，即可得到 $Ni_x Ti_{1-x} O_2$-B 纳米材料。

② 电极片制备过程

将 $Ni_x Ti_{1-x} O_2$-B 活性材料样品与导电剂 Super-P 及作为黏结剂的 PVDF 按照 8：1：1 在坩埚中充分混合［其中将 PVDF 配置为 7％（质量分数）PVDF-NMP 溶液］，期间滴入少许 N-甲基吡络烷酮以保证混合浆液有流动性。充分搅拌后，用自动涂布机将浆液均匀涂覆于碳纸上，随后利用真空干燥箱将其在 120℃真空环境下充分干燥 12h，之后将取出的电极片样品切割成合适大小的正极片，并放入手套箱中备用。

③ 电池组装过程

以 $Ni_x Ti_{1-x} O_2$-B 电极片为正极材料，在样品制备完毕后，以 10mm×10mm 方形金属镁片作为对电极，以 0.4mol/L $(MgPhCl)_2$-$AlCl_3$（简称 APC）溶液作为电解液，以 10mm×10mm 的碳纸作为集流体，以 $Ni_x Ti_{1-x} O_2$-B 活性物质作为正极材料，组装电池。其中，CR2032 型纽扣电池的内部组成如图 2-58 所示。

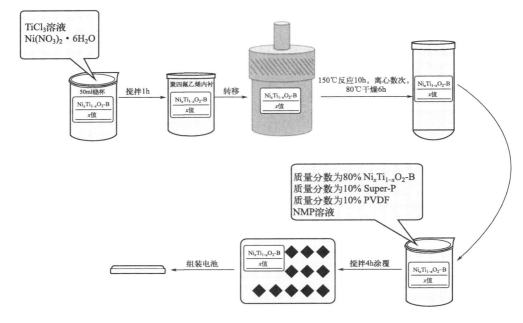

图 2-57 $Ni_x Ti_{1-x} O_2$-B 纳米材料制备流程

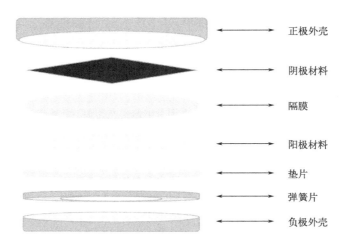

图 2-58 纽扣式电池内部组成示意图

（3）$Ni_x Ti_{1-x} O_2$-B 纳米材料的结构表征与分析

本次制备的 $Ni_x Ti_{1-x} O_2$-B 纳米材料用 XRD、SEM、UV-Vis XPS 等测试手段来分析其晶体结构与形貌特征，各样品的具体晶胞参数等数据则采用

Celref 3 等软件完成数据处理。通过对其形貌图谱的分析，来探究镍掺杂对 TiO_2-B 纳米材料的电化学性能的影响。

① 电极材料的 XRD 结果分析

图 2-59 为制备的 $Ni_xTi_{1-x}O_2$-B 纳米材料的 XRD 图谱及其标准卡片，对照 $C2/m$ 空间群的青铜矿相二氧化钛 JCPDS 74-1940 标准卡片，其主要衍射峰位置为 $2\theta = 14.186°$、$15.207°$、$24.979°$、$28.596°$、$48.634°$，通过比对 XRD 衍射峰进行物相分析，制备材料的衍射峰位置与 XRD 标准卡片一一对应，因此所制备的材料均为纯相，无杂相。同时，掺杂后的 $Ni_xTi_{1-x}O_2$-B 纳米材料的 XRD 衍射图谱仍与标准卡片衍射峰位置相对应，说明镍掺杂之后部分镍离子取代钛离子在晶胞中的位置，镍元素掺杂并未对其晶体的空间结构造成改变。

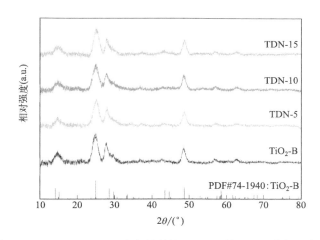

图 2-59 $Ni_xTi_{1-x}O_2$-B 纳米材料的 XRD 图谱机器及其标准卡片

② 电极材料的 SEM 结果分析

为了进一步探究电极材料的微观形貌，采用 SEM 对四种电极材料进行了相关表征，根据图 2-60 的表征结果来看，TiO_2-B 纳米材料是由一系列纳米片团簇组成的球状纳米花状形态，这些纳米花尺寸介于 $100\sim200nm$。然而 SEM 表征结果表明对 TiO_2-B 进行镍掺杂后其纳米花结构亦遭到一定破坏，三种镍掺杂纳米材料的纳米花结构均变成了破碎的纳米片形态，并且该破坏程度随着镍元素含量增加而愈发严重，其中 TDN-15 的破损情况尤其明显，这种结构与团状结构相比更有利于镁离子在正极材料中的嵌入-脱出过程，但由于在离子掺杂的过程中，其微观结构的稳定性遭到了破坏，这对于该材料在电池的循环稳定性方面造成了不利的影响，因此与纯 TiO_2-B 纳米材料相比，掺杂过后的纳米材料其全电池的容量保持率大大降低。

图 2-60　TiO_2-B(a)、TDN-5(b)、TDN-10(c) 和 TDN-15(d) 纳米材料的 SEM 图谱

③ 电极材料的 UV-Vis 结果分析

为了探究低价镍离子的引入对 TiO_2-B 电极材料的电子结构产生了何种程度上的影响，如图 2-61 所示，对样品做了紫外-可见漫反射光吸收（UV-Vis）测试，其中描绘了 $Ni_xTi_{1-x}O_2$-B 电极材料的紫外-可见漫反射光谱图。根据主图可以发现 TiO_2-B 的吸收边带在引入了铜元素后出现了明显的红移现象，其中 TDN-10 电极材料吸收边带的提高程度最为显著，红移现象尤其明显。这源于微量的镍离子被引入 TiO_2-B 晶体中后，会取代等量的 Ti^{4+}，相应产生的过量负电荷堆积使晶体内部电荷失衡。因此，为了保证电荷守恒，晶体则会排出部分 O^{2-} 以平衡空间电荷，而在 O^{2-} 原位置处则会相应地产生氧空位，有研究人员通过实验和 DFT 计算结果表明，氧空位可以提高 Mg^{2+} 的电导率，并增加 Mg^{2+} 的存储活性位点数量，使富含氧空位的纳米材料表现出显著提高的镁离子存储动力学和容量，并且富含氧空位的纳米材料在大电流密度下长时间循环后具有较高的可逆容量和良好的容量保持能力。

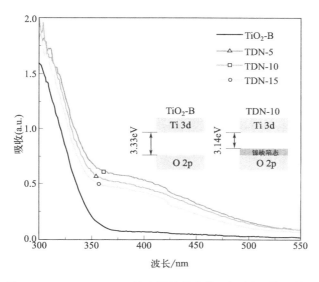

图 2-61　$Ni_x Ti_{1-x} O_2$-B 纳米材料的紫外-可见漫反射光谱图

此外，氧空位形成的同时产生了 Ti 3d 施主能级，较大程度上降低了 $Ni_x Ti_{1-x} O_2$-B 晶体的导带宽度和禁带宽度，根据公式（2-10）计算得到纯 TiO_2-B 的带隙值为 3.33eV，而 TDN-5、TDN-10 和 TDN-15 三种电极材料的带隙值分别为 3.19eV、3.14eV 和 3.23eV。可见对 TiO_2-B 进行镍元素掺杂能够降低其带隙值进而提高其电子电导率，并且镍元素掺杂量为 10%（质量分数）的 TDN-10 电极材料的禁带宽度最低，即相应的电子电导率最高。

$$\left(\frac{hAv}{K}\right)^{\frac{1}{2}} = hv - E_g \tag{2-10}$$

式中，$A = a \times b \times c$；$K = b \times c$（a 为吸光系数，b 为样品厚度，c 为定值）。

④ 电极材料的 XPS 结果分析

由上述紫外-可见漫反射光谱图，可以看出 TDN-10 电极材料的禁带宽度最低，电子电导率性能最佳。为了确认材料内部的元素组成，借由 X-ray 光电子能谱测试仪进行了相关测试。如图 2-62 所示，通过对比四种材料的 XPS 能谱图可以发现纯 TiO_2-B 电极材料中并没有 Ni 元素的结合能峰，证明其中不存在镍元素，而三种镍掺杂电极材料中则可以看见十分清晰的 Ni 2p 峰凸起，且峰强随着掺杂量的升高而有着明显提高，这意味着电极材料中镍元素含量随着镍元素掺杂量的增加而增加。与此同时，对比发现右侧主峰峰值对应的结合能为 855.8eV，这与 Ni 2p 的结合能吻合。综上所述，此实验证明镍元素确实存在于掺杂后的 TiO_2-B 电极材料中，且材料电子电导率的提升与引入的镍元素有关。

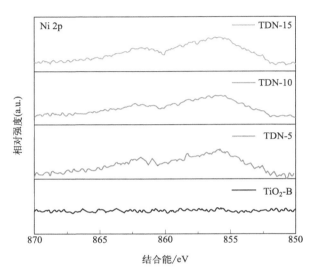

图 2-62　$Ni_xTi_{1-x}O_2$-B 纳米材料的 XPS 光谱图

（4）$Ni_xTi_{1-x}O_2$-B 纳米材料的电化学性能研究

为研究 $Ni_xTi_{1-x}O_2$-B 纳米材料在充放电过程中的反应机理及其电化学性能，本实验采用 CHI660E 电化学工作站和 CT2001A 蓝电测试系统来测试电池的性能，通过对其 GCD、CV 等数据分析来完成材料的性能研究。

① 循环伏安测试 CV

为了研究 $Ni_xTi_{1-x}O_2$-B 纳米材料的电化学行为，使用电化学工作站在 $0.1 \sim 0.5 mV/s$，以不同扫描速度对材料进行了循环伏安测试。由图 2-63 可知，相同扫描速率下，比电流密度随镍元素含量的增加而呈现出一种先增后减的变化趋势，且在 10%（原子分数）掺杂量时达到最大值。同时，图 2-63 中的 CV 曲线存在一个显而易见的阴极峰，这表明在充放电过程中，正极材料上存在 Mg^{2+} 的扩散行为。为了进一步研究充放电过程中 Mg^{2+} 在正极材料上的微观作用机理，并进一步确定其中是否存在扩散行为以及其中是否还包含赝电容效应，利用公式(2-11) 和公式(2-12) 进行了相关计算。

$$i(V) = av^b \tag{2-11}$$

$$\lg i(V) = b\lg v + \lg a \tag{2-12}$$

式中，$i(V)$ 是各扫描速度下的峰值电流；v 为扫描速率；电容材料拟合指数 b 值约为 1，电池材料 b 值约为 0.5，赝电容介于两者之间。

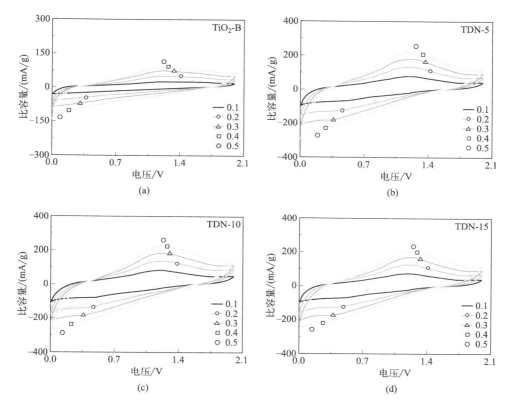

图 2-63　TiO$_2$-B(a)、TDN-5(b)、TDN-10(c) 及 TDN-15(d) 纳米材料在 0.1～0.5mV/s 扫描速率区间内的 CV 曲线

图 2-64 是根据 Ni$_x$Ti$_{1-x}$O$_2$-B 纳米材料中峰值电流 i 与扫描速率 v 之间的对数关系所拟合出来的线性关系图，拟合线的斜率即为 b 值。其拟合结果显示纯 TiO$_2$-B 与三个 Ni$_x$Ti$_{1-x}$O$_2$-B 纳米材料的斜率值均介于 0.5～1，说明这四种电极材料在充放电过程中兼具扩散控制的电池行为和赝电容器控制的电容行为。其中，三个掺杂镍的 Ni$_x$Ti$_{1-x}$O$_2$-B 电极材料的 b 值均小于纯 TiO$_2$ 的 b 值，表明镍掺杂提高了 TiO$_2$ 电极材料中扩散行为控制的电池容量。而在特定扫描速率下，两种行为模式所提供的容量值可以借由公式(2-13) 和公式(2-24)得以量化。因此为进一步验证上述结果，利用公式(2-13) 和公式(2-14)计算了在特定扫描速率下赝电容提供的容量比。

$$i(V) = k_1 v + k_2 v^{1/2} \qquad (2\text{-}13)$$

$$\frac{i(V)}{v^{1/2}} = k_1 v^{1/2} + k_2 \qquad (2\text{-}14)$$

式中，$i(V)$ 代表特定电压下的电流；v 是扫描速率；$k_1 v$ 表示赝电容控制的电流；$k_2 v^{1/2}$ 是扩散控制的电流。将特定电压下对应的 i 和 v 代入公式，并拟合得到 k_1 和 k_2 的数值，此时通过公式(2-14) 即可求得特定电压下对应的赝电容贡献电流的数值与表面过程贡献的百分比，赝电容所贡献的容量对应于拟合 CV 闭合曲线面积。

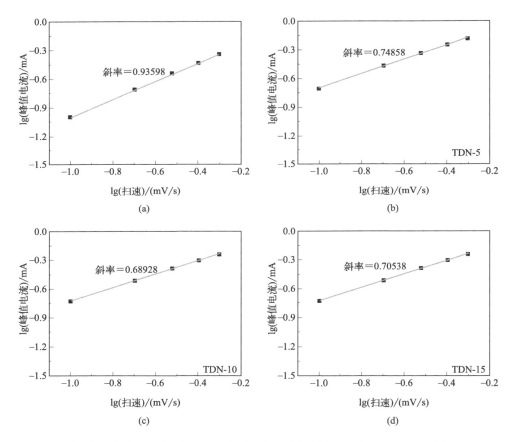

图 2-64 TiO$_2$-B(a)、TDN-5(b)、TDN-10(c) 及 TDN-15(d) 纳米材料中
峰值电流与扫描速率的对数关系图

计算所得的纯 TiO$_2$-B、TDN-5、TDN-10 和 TDN-15 四种电极材料在 0.1~0.5mV/s 扫描电压速率区间内的赝电容贡献比例如表 2-7 所示。同一电

极材料中，随着扫描电压速率的提升，赝电容所提供的容量在总容量中的比重越来越高，此现象是由于 CV 的积分容量由不受扫速影响的积分项（赝电容贡献）与受扫速影响的积分项（扩散过程贡献）组成，随着扫速的增大受扫速影响的积分项减小，而由赝电容贡献的不受扫速影响的积分项不变，因此赝电容的容量贡献比例会随扫速的增大而增大。

表 2-7　$Ni_x Ti_{1-x} O_2$-B 纳米材料在 $0.1 \sim 0.5 mV/s$ 扫速范围内赝电容贡献比例

扫描速率/(mV/s)	TiO$_2$-B/%	TDN-5/%	TDN-10/%	TDN-15/%
0.1	94.562	35.296	26.040	25.115
0.2	92.271	40.929	31.487	30.222
0.3	94.101	45.934	36.138	34.680
0.4	95.115	50.468	40.129	38.699
0.5	97.533	54.933	43.997	42.878

同时，随着镍元素掺杂量的提升，赝电容所提供的容量在总容量中的比重逐渐下降，扩散行为提供的容量所占的比例逐级攀升，这源于电极材料的电子电导率和离子扩散性随着镍掺杂含量提升而得到了加强，因此加强了由离子扩散与电子传导所带来的电池行为。

这些结果表明在 $Ni_x Ti_{1-x} O_2$-B 电极材料中镍元素含量逐渐增长后，扩散行为所提供的容量在总容量中占有的比重也有所上升。这说明 TiO$_2$-B 电极材料在掺杂镍元素后，赝电容行为提供的容量开始衰减，而扩散行为所能提供的容量有所改善。其主要原因在于 TiO$_2$-B 晶体在引入镍元素后，相应地产生了氧空位，最终提高了材料的本征电导率，使掺杂镍的 TiO$_2$-B 电极材料拥有更加优异的电化学性能。而按照 10%（原子分数）进行镍掺杂 TiO$_2$-B 电极材料其拟合指数 b 值最接近 0.5（电池材料），放电比容量最大，扩散行为与赝电容行为的贡献量均得到了提升，故而电化学性能更好。这与上文描述相一致。

上述过程说明在镁离子电池的充放电过程中，扩散行为是确实存在的，这表明 TiO$_2$-B 电极材料中所掺杂的镍元素在一定程度上影响了 Mg^{2+} 的扩散性能，因此利用公式（2-15）计算了图 2-63 阴极峰位置处的 Mg^{2+} 扩散系数。其中，图 2-65 即为 $Ni_x Ti_{1-x} O_2$-B 纳米材料中峰值电流与扫描速率平方根之间的线性关系图，拟合直线的斜率即为 $I_p / v^{1/2}$。

$$I_p = (2.69 \times 10^5) n^{3/2} A D_{Mg}^{1/2} v^{1/2} C_{Mg} \tag{2-15}$$

式中，I_p 是指循环伏安曲线中的峰值电流，mA；n 是指在镁离子脱附过程中从电极材料中转移出来的电子数（对于 Mg^{2+} 而言，$n=2$）；A 是指电解液和活性物质之间的接触面积，cm^2；D_{Mg} 是指镁离子从电极材料脱附过程中的扩散系数，cm^2/s；C_{Mg} 表示镁离子的浓度，mol/cm^3；v 表示扫描速率，mV/s；$I_p/v^{1/2}$ 的值可以通过拟合峰值电流和扫速 1/2 次方之间的线性关系得到，如图 2-65 所示。

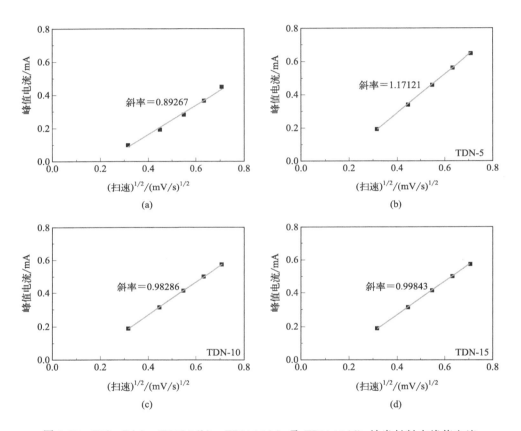

图 2-65　TiO_2-B(a)、TDN-5(b)、TDN-10(c) 及 TDN-15(d) 纳米材料中峰值电流与扫描速率 1/2 次方的关系图

根据公式(2-15) 计算得到的 Mg^{2+} 在纯 TiO_2-B 活性材料中的扩散系数为 $2.1638 \times 10^{-8} cm^2/s$，而 Mg^{2+} 在 TDN-5、TDN-10 和 TDN-15 活性材料中的扩散系数均要远高于在纯 TiO_2-B 活性材料中的扩散系数，分别达到了：$1.3268 \times 10^{-6} cm^2/s$、$1.7267 \times 10^{-6} cm^2/s$ 和 $9.8671 \times 10^{-7} cm^2/s$。

由此表明，TiO_2-B 电极材料在掺杂镍元素后其导电性得到了明显的提高，最终改善了活性材料中 Mg^{2+} 的扩散性能。尤其当镍掺杂量为 10%（原子分数）时，Mg^{2+} 的扩散系数最大，高达 1.7267×10^{-6} cm^2/s，说明此时扩散行为贡献的容量最大，即 10% 的镍含量对于镁离子扩散而言最为有利，这与上文的解释相一致。

此外，由图 2-64 可知，纯 TiO_2-B 和三个镍掺杂样品的 b 值均介于 0.5~1，这表明四种电极材料在充放电过程中均存在扩散控制的电池行为和赝电容控制的电池行为。其中纯 TiO_2-B 的 b 值接近于 1，而 TDN-15 电极材料的 b 值则接近于 0.5，这表明纯 TiO_2-B 电极材料中赝电容行为提供的容量占主导地位，而 10% 镍掺杂的 $Ni_xTi_{1-x}O_2$-B 电极材料中则是扩散行为占据主导地位。

② 恒流充放电测试 GCD

GCD 测试过程利用 CT2001A 蓝电电池测试仪完成，电化学性能测试电压窗口为 0.01~2V，其充放电倍率选择由 50mA/g 起步，逐渐递增至 1000mA/g。同时，图 2-66 展示了 50~1000mA/g 范围内，不同电流密度下电极材料的充放电曲线。图中曲线并非单纯地由直线构成，这表明在四种电极材料的电池行为中，扩散控制的电池行为和电容控制的赝电容行为均提供了容量。而这一结论也与上文 CV 曲线的分析相吻合。

此外，通过图 2-66 还可以看到，在电流密度为 50mA/g 时，纯 TiO_2-B 的放电比容量仅为 96mA·h/g，而随着镍掺杂量的增加，50mA/g 电流密度下时，TDN-5、TDN-10 和 TDN-15 电极材料的放电比容量则分别达到了 182mA·h/g、244mA·h/g 和 194mA·h/g，均远高于纯 TiO_2-B。这充分说明镍掺杂能够有效地提高 TiO_2-B 电极材料的放电比容量，这均得益于镍元素的引入在 TiO_2-B 电极材料中引入了氧空位，最终提高了其导电性，并改善了 Mg^{2+} 在充放电过程中的扩散动力学性能，这一点已经得到了证实。因此，在 TiO_2-B 电极材料中掺杂镍元素可以显著提高电极材料的电化学性能。

可以看出，$Ni_xTi_{1-x}O_2$-B 电极材料的放电比容量随着镍掺杂量的升高，先增大后减小，在 10%（原子分数）掺杂比例下达到最大值，且三个镍掺杂活性材料的容量均远高于纯 TiO_2-B 活性材料。这是因为 $Ni_xTi_{1-x}O_2$-B 活性材料中的镍元素有效地改善了其电子电导率和离子扩散性，从而使之获得了较为优异的放电比容量。不过，随着镍掺杂量的提升，TiO_2-B 纳米材料的微观层状

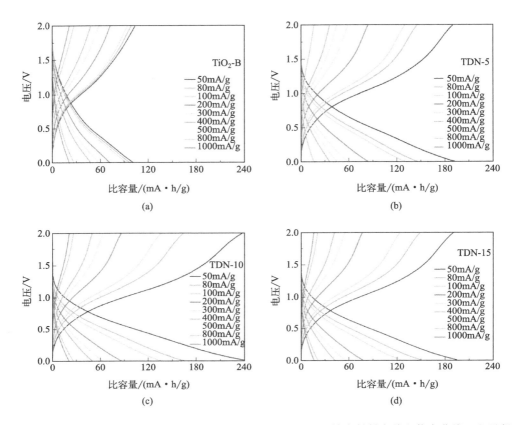

图 2-66　TiO₂-B(a)、TDN-5(b)、TDN-10(c) 及 TDN-15(d) 纳米材料充放电倍率曲线 （电子版）

结构遭到了愈发严重的破坏，这就是 TDN-15 电极材料的放电比容量反而不如 TDN-10 的原因，与 SEM 表征结果吻合。

如图 2-67 所示为倍率性能图谱，在 100mA/g 的电流密度下，电极材料的放电比容量也随镍掺杂量的增加而呈现出先增后减的规律，此时纯 TiO₂-B、TDN-5、TDN-10 和 TDN-15 活性材料的放电比容量分别为：72mA·h/g、132mA·h/g、137mA·h/g 和 126mA·h/g。当电流密度升至 300mA/g 时，电极材料的放电比容量则分别为 48mA·h/g、59mA·h/g、64mA·h/g 和 55mA·h/g，相比于 100mA/g 电流密度下的容量，其容量保持率在 66.7%、44.7%、46.7% 和 43.7%，三种镍掺杂电极材料中，TDN-10 的容量保持率最高。此外，各电极材料的库仑效率均为 100% 左右。由此可知，当镍掺杂量为 10%（原子分数）时，TDN-10 电极材料在获得较高的放电比容量的同时，还拥有优异的电化学倍率性能。

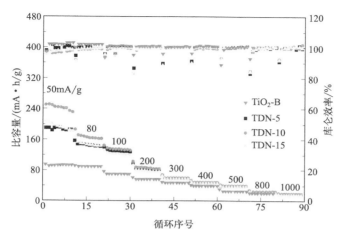

图 2-67　$Ni_xTi_{1-x}O_2$-B 纳米材料的倍率性能图 （电子版）

对于可充电镁离子电池而言，较好的长周期循环稳定性是一项重要的指标，但难点在于 Mg^{2+} 长期在活性材料上嵌入脱出会对材料晶体结构造成不可逆的破坏，从而导致电池容量不可逆性地下降。图 2-68 对比了 100mA/g 的电流密度下，四种电极材料的电化学循环性能。显而易见的是此时四种电极材料的库仑效率均接近 100%，同时四种电极材料在 200 个循环周期后，TiO_2-B、TDN-5、TDN-10 和 TDN-15 电极材料的放电比容量出现缓慢地连续性下降，

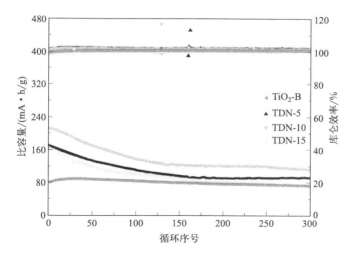

图 2-68　$Ni_xTi_{1-x}O_2$-B 纳米材料在 100mA/g 电流密度下的循环性能图 （电子版）

分别降至 78mA·h/g、92mA·h/g、123mA·h/g 和 82mA·h/g。其中 TDN-10 电极材料的放电比容量仍为最高，四种电极材料在 200 次循环后其放电比容量保持率各为 85.7%、54.1%、57.2% 和 49.7%。其中纯 TiO_2-B 电极材料的容量保持率最高，但相应的比容量最低，这源于其微观组织结构未受掺杂元素破坏，但也因此其电子电导率较低，离子扩散性差，使得其比容量很低。

另外，不难发现三种 $Ni_xTi_{1-x}O_2$-B 电极材料中，TDN-10 电极材料的放电比容量和容量保持率均为最高。不过相对于纯 TiO_2-B 电极材料而言，其比容量保持率衰减较大，这源于 TiO_2-B 电极材料内部的微观纳米片状团簇结构随着镍掺杂量的提升受到破坏愈发严重，这一点从图 2-60 的 SEM 图谱中可以看出。同时在充放电过程中，大量的 Mg^{2+} 频繁地从电极材料上嵌入-脱出也造成材料的部分结构破坏，这是电极材料比容量衰减近 40% 的原因。

总结

本节实验采用溶剂热法制备了 $Ni_xTi_{1-x}O_2$-B 纳米材料，凭借 XRD、SEM、UV-Vis、XPS 等测试手段表征了电极材料的微观结构、形貌、能带及其内部元素组成。结果表明所制备的纯 TiO_2-B 电极材料在微观层面上呈现出一种球形纳米花状团簇样貌，这些纳米花尺寸介于 100～200nm，由一系列纳米薄片组成，层面间距较宽，纳米球之间亦有较多的通道以便于 Mg^{2+} 的传输。

实验过程中，通过调节电极材料中钛元素和镍元素的比例，研究了不同镍元素含量对 TiO_2-B 电极材料的电化学性能产生的影响。对比发现按照 10%（原子分数）进行镍元素掺杂的电极材料获得了最佳的电化学性能。这源于微量的 Ni^{2+} 取代了部分的 Ti^{4+}，同时产生了氧空位，使得 TDN-5、TDN-10 和 TDN-15 三种电极材料的带隙值分别降到了 3.19eV、3.14eV 和 3.23eV，且导致导带处电子浓度上升，最终提高了电极材料的电子电导率，改善了离子扩散性。其中，TDN-10 电极材料的禁带宽度最低，本征电导率最好，这也是 TDN-10 电极材料的电化学性能提升的原因。在 50mA/g 的电流密度下，TDN-10 电极材料的最高放电比容量达到了 252mA·h/g，当电流密度升至 100mA/g 时，其最高比容量达到了 215mA·h/g，在经历 200 次充放电循环之后，比容量降至 123mA·h/g，其容量保持率为 57.2%。由此可见，镍掺杂可以有效地提高电极材料的电化学性能。

2.2.2　铜离子掺杂青铜矿相二氧化钛材料的制备及电化学性能

（1）$Cu_xTi_{1-x}O_2$-B 纳米材料的制备与电池的组装

采用溶剂热法制备 $Cu_xTi_{1-x}O_2$-B 纳米材料，按照 Cu：（Cu＋Ti）原子分数 1%、3% 和 5% 进行铜元素掺杂，所制备的三种 $Cu_xTi_{1-x}O_2$-B 纳米材料分别标记为 TDC-1、TDC-3 和 TDC-5。

① 活性材料制备过程

按照体积比 1：1 分别量取一定体积的 $TiCl_3$-HCl 溶液以及去离子水，分散在 40mL 乙二醇中，随后按照一定物质的量的比称取一定质量的 $Cu(NO_3)_2 \cdot 3H_2O$ 加入到上述混合溶液中，并用磁力搅拌器充分搅拌，直至 $Cu(NO_3)_2 \cdot 3H_2O$ 完全溶解。随后将配置好的溶液转移至聚四氟乙烯内衬中，并装入反应釜中，在恒温干燥箱中 150℃ 保温 10h。将所得产物用去离子水以及乙醇充分洗涤，并在 80℃ 下干燥 12h，即可得到 $Cu_xTi_{1-x}O_2$-B 纳米材料。

② 电极片制备过程

将 $Cu_xTi_{1-x}O_2$-B 活性材料样品按质量比 8：1：1 与导电剂 Super-P 及作为黏结剂的 7%（质量分数）PVDF-NMP 溶液在坩埚中充分混合，期间滴入少许 N-甲基吡络烷酮溶液以保证混合浆液有流动性。充分搅拌后，用自动涂布机将浆液均匀涂覆于碳纸上，随后利用真空干燥箱将其在 120℃ 真空环境下充分干燥 12h，之后将取出的电极片样品切割成合适大小的正极片，并放入手套箱中备用。

③ 电池组装过程

以 $Cu_xTi_{1-x}O_2$-B 电极片为正极材料，以抛光的金属镁片为对电极，电解液为 0.4M $(MgPhCl)_2$-$AlCl_3$ 溶液，在手套箱中组装 CR2032 型纽扣电池，其中组装过程参考 2.2.1 小节中的部分，此处不做过多赘述。

（2）$Cu_xTi_{1-x}O_2$-B 纳米材料的结构表征与分析

本次制备的 $Cu_xTi_{1-x}O_2$-B 纳米材料由 XRD、SEM、XPS、紫外-可见漫反射光吸收（UV-Vis）测试等表征手段来分析材料的元素组成、晶体结构与形貌特征，各样品的具体晶胞参数等数据则采用 Celref 3 等软件完成数据处理。通过对其形貌图谱的分析，来探究铜掺杂对 TiO_2-B 纳米材料电化学性能的影响。

① 电极材料的 XRD 结果分析

X 射线衍射（XRD）测试作为一项重要的材料表征手段，可以有效地帮助确定材料的晶体结构等重要信息。图 2-69 为制备的 $Cu_xTi_{1-x}O_2$-B 纳米材料的 XRD 图谱及其标准卡片，对照 $C2/m$ 空间群的青铜矿相二氧化钛 JCPDS 74-1940 标准卡片，其主要衍射峰位置为 $2\theta = 14.186°$、$15.207°$、$24.979°$、$28.596°$、$48.634°$，通过比对 XRD 衍射峰进行物相分析，制备材料的衍射峰位置与 XRD 标准卡片一一对应，因此所制备的材料均为纯相，无杂相。

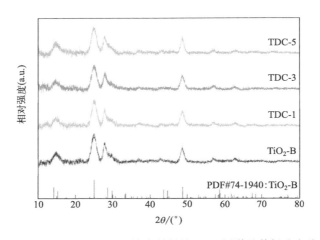

图 2-69　$Cu_xTi_{1-x}O_2$-B 纳米材料的 XRD 图谱及其标准卡片

同时，掺杂后的 $Cu_xTi_{1-x}O_2$-B 纳米材料的 XRD 衍射图谱仍与标准卡片衍射峰位置相对应，说明铜掺杂之后部分铜离子取代钛离子在晶胞中的位置，铜元素掺杂并未对其晶体的空间结构造成改变。

② 电极材料的 SEM 结果分析

为了进一步探究电极材料的微观形貌，采用扫描电子显微镜（SEM）对四种电极材料进行了相关表征，如图 2-70 所示，TiO_2-B 纳米材料是由一系列纳米片团簇组成的球状纳米花，这些纳米花尺寸介于 $50\sim100nm$。然而 SEM 表征结果表明对 TiO_2-B 进行铜掺杂后其纳米花结构遭到一定破坏，并且该破坏程度随着铜元素含量增加而愈发严重。图 2-70 中 TDC-5 几乎表现为破碎的纳米片，这种结构与团状结构相比更有利于镁离子在正极材料之中的嵌入-脱出过程，但由于在离子掺杂的过程中，其微观结构的稳定性遭到了破坏，对该材料在电池的循环稳定性方面造成了不利的影响，因此与纯 TiO_2-B 纳米材料相比，掺杂过后的纳米材料其全电池在长循环中的容量保持率大大降低。

(a)　　　　　　　　　　　(b)

(c)　　　　　　　　　　　(d)

图 2-70　TiO_2-B(a)、TDC-1(b)、TDC-3(c) 和 TDC-5(d) 纳米材料的 SEM 图

③ 电极材料的 UV-Vis 结果分析

为考察异价铜离子的引入对 TiO_2-B 电极材料的电子结构产生了何种程度上的影响，如图 2-71 所示，对样品做了紫外-可见漫反射光吸收（UV-Vis）测

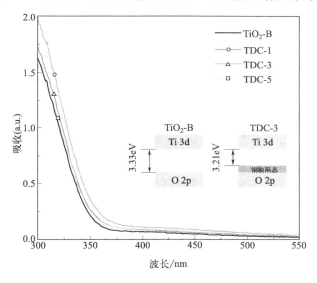

图 2-71　$Cu_xTi_{1-x}O_2$-B 纳米材料的紫外-可见漫反射光谱图

试，其中描绘了 $Cu_xTi_{1-x}O_2$-B 电极材料的紫外-可见漫反射光谱图。由图 2-71 可知，TiO_2-B 的吸收边带在引入了铜元素后出现了明显的红移现象，其中 TDC-3 电极材料的吸收边带提高程度最为显著，红移现象尤其明显。这源于微量的铜离子被引入 TiO_2-B 晶体中后，会取代等量的 Ti^{4+}，相应产生的过量负电荷堆积使晶体内部电荷失衡。因此，为了保证电荷守恒，晶体则会排出部分 O^{2-} 以平衡空间电荷，而 O^{2-} 原位置处则会相应地产生氧空位，有研究人员通过实验和 DFT 计算结果表明，氧空位可以提高 Mg^{2+} 的电导率，并增加 Mg^{2+} 的存储活性位点数量，使富含氧空位的纳米材料表现出显著提高的镁离子存储动力学和容量，并且富含氧空位的纳米材料在大电流密度下长时间循环后具有较高的可逆容量和良好的容量保持能力。

此外，氧空位形成的同时产生了 Ti 3d 施主能级，较大程度上降低了 $Cu_xTi_{1-x}O_2$-B 晶体的禁带宽度，根据公式（2-16）计算得到纯 TiO_2-B 的带隙值为 3.33eV，而 TDC-1、TDC-3 和 TDC-5 三种电极材料的带隙值分别为 3.30eV、3.21eV 和 3.31eV。可见对 TiO_2-B 进行铜元素掺杂能够降低其带隙值进而提高其电子电导率，并且铜元素掺杂量为 3%（原子分数）的 TDC-3 电极材料的禁带宽度最低，即相应的电子电导率最高。

$$\left(\frac{hAv}{K}\right)^{\frac{1}{2}} = hv - E_g \tag{2-16}$$

式中，$A = a \times b \times c$；$K = b \times c$（a 为吸光系数，b 为样品厚度，c 为固定值）。

④ 电极材料的 XPS 结果分析

由上述紫外-可见漫反射光谱图，可以看出 TDC-3 电极材料的禁带宽度最低，电子电导率性能最佳。为了确认材料内部的元素组成，借由 X-ray 光电子能谱（XPS）进行了相关测试。如图 2-72 所示，通过对比四种材料的 XPS 能谱图可以发现纯 TiO_2-B 电极材料中并没有 Cu 元素的结合能峰，证明其中不存在铜元素，而三种铜掺杂电极材料中则可以看见十分清晰的 Cu 2p 特征峰凸起，且峰强随着掺杂量的升高而有着明显提高，这意味着电极材料中铜元素含量随着铜元素掺杂量的增加而增加。进一步对比发现两处峰值对应的结合能分别为 932.2eV 和 952.9eV，这与 Cu 2p 的结合能吻合，表明铜以二价离子形式存在于 TiO_2-B 电极材料中，且材料电子电导率的提升与引入的铜元素有关。

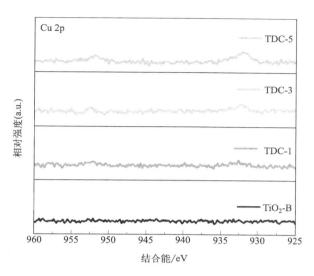

图 2-72　$Cu_x Ti_{1-x} O_2$-B 纳米材料的 XPS 光谱图

（3）$Cu_x Ti_{1-x} O_2$-B 纳米材料的电化学性能研究

为探究 $Cu_x Ti_{1-x} O_2$-B 纳米材料在充放电过程中的反应机理及其电化学性能，采用 CHI660E 电化学工作站和 CT2001A 蓝电电池测试仪来测试电池的性能，通过对其 GCD 等数据分析来完成材料的电化学性能研究。

图 2-73 为电流密度在 $50 \sim 1000 mA/g$ 范围内，电极材料的充放电曲线。显而易见的是，图中曲线并非单纯地由直线构成，这表明在四种电极材料的电池行为中，扩散控制的电池行为和电容控制的赝电容行为均提供了容量。

此外，通过图 2-73 还可以看到，在电流密度为 $50 mA/g$ 时，纯 TiO_2-B 的放电比容量仅为 $96 mA \cdot h/g$，而随着铜掺杂量的增加，$50 mA/g$ 电流密度时，TDC-1、TDC-3 和 TDC-5 电极材料的放电比容量则分别达到了 $176 mA \cdot h/g$、$191 mA \cdot h/g$ 和 $144 mA \cdot h/g$，均远高于纯 TiO_2-B。这充分说明铜掺杂能够有效地提高 TiO_2-B 电极材料的放电比容量，这均得益于铜元素的引入在 TiO_2-B 电极材料中引入了氧空位，氧空位可以提高 Mg^{2+} 的电导率，并增加 Mg^{2+} 的存储活性位点数量，使富含氧空位的纳米材料表现出显著提高的镁离子存储动力学和容量，最终提高了其导电性，并改善了 Mg^{2+} 在充放电过程中的扩散动力学性能。因此，在 TiO_2-B 电极材料中掺杂铜元素可以显著提高电极材料的电化学性能。然而，当铜掺杂量达到 5%（原子分数）时，电极材料的充放电容量却有明显下降，这源于大量铜元素的引入破坏了 TiO_2-B 的纳米

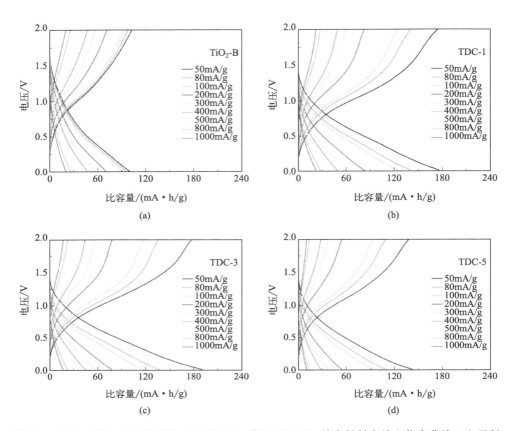

图 2-73 TiO$_2$-B(a)、TDC-1(b)、TDC-3(c) 及 TDC-5(d) 纳米材料充放电倍率曲线 (电子版)

片状结构，可由上文 SEM 测试得到验证。

　　同时，由图 2-73 中四种电极材料的倍率曲线还可以看出，Cu$_x$Ti$_{1-x}$O$_2$-B 电极材料的放电比容量随着铜掺杂量的升高先增大后减小，在 3%（原子分数）掺杂比例下达到最大值，且三个铜掺杂活性材料的容量均远高于纯 TiO$_2$-B 活性材料。这是因为 Cu$_x$Ti$_{1-x}$O$_2$-B 活性材料中的铜元素有效地改善了其电子电导率，从而使之获得了较为优异的放电比容量。不过，随着铜掺杂量的提升，TiO$_2$-B 纳米材料的微观层状结构遭到了不可逆的破坏，这也是 TDC-5 活性材料的放电比容量不如 TDC-3 的原因。这与上文解释相对应。

　　图 2-74 为四种电极材料的倍率性能图谱，在 100mA/g 的电流密度下，TiO$_2$-B、TDC-1、TDC-3 和 TDC-5 活性材料的放电比容量分别为：72mA·h/g、84mA·h/g、93mA·h/g 和 55mA·h/g。当电流密度升至 300mA/g 时，电极材料的放电比容量则分别为 47mA·h/g、49mA·h/g、52mA·h/g

和 28mA·h/g，相比于 100mA/g 电流密度下的容量，这四种电极材料的容量保持率在 65.3%、58.3%、55.9% 和 50.9%。此外，各电极材料的库仑效率均为 100% 左右。然而，当铜掺杂量为 3%（原子分数）时，即 TDC-3 电极材料在获得较高的放电比容量时，还拥有着优异的电化学倍率性能。

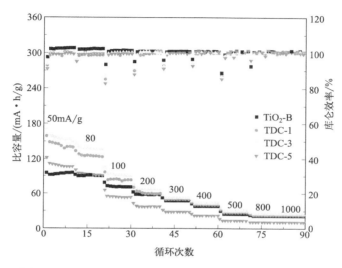

图 2-74　$Cu_xTi_{1-x}O_2$-B 电极材料的倍率性能图（电子版）

对于二次镁离子电池而言，较好的长周期循环稳定性是一项重要指标，但 Mg^{2+} 长期在活性材料上嵌入脱出会对材料晶体结构造成不可逆的破坏，从而导致电池容量的下降。图 2-75 对比了 100mA/g 的电流密度下，四种电极材料的电化学循环性能。此时四种电极材料的库仑效率均接近 100%，同时 TiO_2-B、TDC-1、TDC-3 和 TDC-5 四种电极材料在 200 个循环周期后，其放电比容量出现缓慢地连续性下降，分别降至 78mA·h/g、111mA·h/g、115mA·h/g 和 63mA·h/g。但 TDC-3 电极材料的放电比容量仍为最高，四种电极材料在 200 次循环后其放电比容量保持率分别为 86.7%、77.2%、59.9% 和 56.25%。其中纯 TiO_2-B 电极材料的容量保持率最高，但相应的比容量最低，这是由于纯 TiO_2-B 导电性较差，导致其电化学性能不理想。另外，三种铜掺杂电极材料的容量保持率与铜元素掺杂量之间呈现反比关系。随着电极材料中铜元素含量的上升，材料本身的比容量呈现先增后减的趋势，并在 3%（原子分数）处达到极值，而比容量保持率则是逐步递减，这源于 TiO_2-B 电极材料内部的微观纳米片状团簇结构随着铜掺杂量的提升受到破坏愈发严重，这一点从图 2-70 的 SEM 图谱中可以看出。同时在充放电过程中，大量的 Mg^{2+} 频繁地从电极材料上嵌入-脱出也造成材料的部分结构破坏，而这正是电极材料比容量衰减约 30.5% 的原因所在。

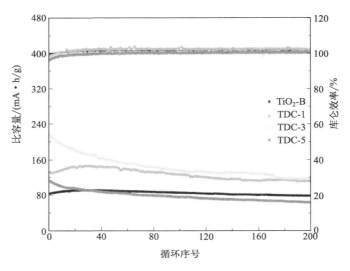

图 2-75　$Cu_xTi_{1-x}O_2$-B 电极材料在 100mA/g 电流密度下的循环性能图（电子版）

总结

　　本节实验采用溶剂热法制备了 $Cu_xTi_{1-x}O_2$-B 纳米材料，凭借 XRD、SEM、UV-Vis、XPS 等手段表征了电极材料的微观结构、形貌、带隙及其内部元素组成。结果表明所制备的纯 TiO_2-B 电极材料在微观层面上呈现出一种球形纳米花状团簇样貌，这些纳米花尺寸介于 50～100nm，由一系列纳米薄片组成，层面间距较宽，纳米球之间亦有较多的通道以便于 Mg^{2+} 的传输，与此同时微量的铜离子被引入 TiO_2-B 晶体中后，会取代等量的 Ti^{4+}，相应产生的过量负电荷堆积造成晶体内部电荷失衡。晶体则会排出部分 O^{2-} 以平衡空间电荷，而 O^{2-} 原位置处则会相应地产生氧空位，氧空位可以提高 Mg^{2+} 的电导率，并增加 Mg^{2+} 的存储活性位点数量，使富含氧空位的纳米材料表现出显著提高的镁离子存储动力学和容量，并且富含氧空位的纳米材料在大电流密度下长时间循环后具有较高的可逆容量和良好的容量保持能力。但是元素掺杂破坏了材料本身纳米花状的结构稳定性，因此掺杂过后的材料在长循环过程中容量保持率并不高。

通过调节电极材料中钛元素和铜元素的原子比，研究了不同铜元素含量对 TiO_2-B 电极材料的电化学性能的影响。对比发现按照 3%（原子分数）进行铜元素掺杂的电极材料获得了最佳的电化学性能。这源于微量的 Cu^{2+} 取代了部分的 Ti^{4+}，同时产生了氧空位，使得 TDC-1、TDC-3 和 TDC-5 三种电极材料的带隙值分别降到了 3.30eV、3.21eV 和 3.31eV，且导致导带处电子浓度上升，最终提高了电极材料的电子电导率，改善了离子扩散性。其中，TDC-3 电极材料的禁带宽度最低，本征电导率最好，这也是 TDC-3 电极材料的电化学性能提升的原因。

此外，在 50mA/g 的电流密度下，TDC-3 电极材料的最高放电比容量达到了 191mA·h/g，当电流密度升至 100mA/g 时，其最高放电比容量达到 215mA·h/g，在经历 200 次充放电循环之后，比容量降至 115mA·h/g，其容量保持率为 53.5%。

由此可见，铜掺杂可以有效地提高电极材料的电化学性能，但是与此同时，元素掺杂的方式以及破坏了材料自身结构稳定性的缺陷仍需改进。

第3章 离子掺杂锰基氧化物纳米材料在镁离子电池中的应用

镁离子电池因其安全性高、成本低以及在大规模储能系统中的应用前景而备受关注，被人们认为是有前途的下一代电池。然而，目前镁离子电池的发展还不成熟，没有合适的阴极材料和电解质达到预期的能量密度。

目前的研究表明 Mg^{2+} 是二价离子，由于其高电荷，与其他离子有很强的相互作用，从而使扩散 Mg^{2+} 严重受阻[316,371]。此外，Mg^{2+} 在有机电解质中的扩散动力学性能较差[372]。因此，改善 Mg^{2+} 在电极中的扩散动力学，以实现高性能的金属基复合材料是非常必要的[373]。

镁离子在电极中的扩散动力学主要受界面扩散和体扩散控制。界面扩散主要受电解质选择的影响。在电极材料和有机电解质的界面上，由于强静电作用，Mg 在插入前必须克服溶剂化物质难以裂解的困难。相反，在水电解质中，借助强偶极水分子可以获得快速的镁离子扩散动力。因此，使用水电解质可以解决界面扩散问题。此外，与有机电解质相比，水电解质的使用有望进一步降低电池的生产成本，提高电池的安全系数并优化 Mg^{2+} 的储存容量和充放电性能。因此，水系镁离子电池既可增强界面扩散又能增强安全性。

3.1 铁离子掺杂镁锰氧化物纳米材料

镁离子电池的正极材料有多种类型，如金属氧化物、金属硫化物、硒化物、聚阴离子化合物等[233,264,374-378]。其中，尖晶石型过渡金属氧化物被报道具有较高的工作电压、能量密度和比容量[379,380]。最近，$MgMn_2O_4$ 作为一种典型的镁离子电池正极材料已被研究[206,381,382]。然而，由于其电导率低和镁离子扩散能力差，难以获得优异的倍率性能。研究发现，用 Fe、Ti、Al、Ni、Co、Cr、Mo 和 Au 等金属元素（M）部分取代 Mn 阳离子可以改善尖晶石型电极的电化学性能[383-390]。Liu 等采用溶胶-凝胶法制备了 Fe 掺杂 $LiMn_2O_4$ 纳米材料，铁离子的掺杂提高了材料的离子电导率，进一步提高了材料的电化学性能[391]。Jayapal 等采用尿素-甘油法制备了钛和铁共掺杂尖晶石 $LiMn_2O_4$ 纳米颗粒。Ti 和 Fe 掺杂降低了晶体的极化和电阻，抑制了不稳定相的形成，增强了尖晶石结构的稳定性[392]。Patel 等制备了 $LiMn_{1.5}Ni_{0.5}O_4$，发现铁离子的掺杂提高了材料的循环稳定性[393]。因此，对于水系镁离子电池，设计和制备高性能的 $MgM_xMn_{2-x}O_4$ 是非常必要的。

在此，低成本的 $MgFe_xMn_{2-x}O_4$ 材料采用溶胶-凝胶法制备（$x=0.67$，$1,1.33,1.6$）。将这些材料作为水系镁离子电池正极材料的研究对象，研究掺杂对电化学性能的影响。研究表明，不同原子比的 Mn 和 Fe 对 $MgFe_xMn_{2-x}O_4$ 的 Mg^{2+} 离子输运能力、充放电循环和倍率性能的调制效应不同。优化后的材料中 $MgFe_{1.33}Mn_{0.67}O_4$ 表现出最佳的电化学性能，具有较高的容量和倍率性能。这项工作将为寻找高性能的水系镁离子电池阴极材料提供一个新的途径。

3.1.1　铁离子掺杂镁锰氧化物纳米材料制备

$MgFe_xMn_{2-x}O_4$ 采用溶胶-凝胶法合成纳米颗粒。对于 $MgFe_{1.6}Mn_{0.4}O_4$，使用六水硝酸镁（Sinopharm，AR，$\geqslant 99\%$），硝酸铁（Ⅲ）（Tianjin Tianli Chemical Reagent，AR；$\geqslant 98.5\%$）和四水硝酸锰（Ⅱ）（Macklin，AR，$\geqslant 98\%$），化学计量比为 Mg：Fe：Mn＝1：16：0.4，加入一定量的去离子水（30mL）溶解柠檬酸（CA，Tianjin Tianda Chemical Reagent，AR，$\geqslant 99.5\%$）和乙二醇（EG，Tianjin Fuyu Fine Chemical Industry，AR，$\geqslant 99.5\%$）。CA 与 EG 的物质的量比为 Mg：CA：EG＝1：6：18。在 80℃下搅拌 12h，形成凝胶。接着在 200℃下的干燥箱中保存 12h，在室温下自然冷却后，在马弗炉中 550℃加热 10h 得到 $MgFe_{1.6}Mn_{0.4}O_4$（MFM-1，Fe：Mn＝4：1）材料。采用相似的工艺，获得不同锰铁物质的量比的 $MgFe_xMn_{2-x}O_4$ 纳米材料。$MgFe_{1.6}Mn_{0.4}O_4$（Fe：Mn＝4：1）、$MgFe_{1.33}Mn_{0.67}O_4$（Fe：Mn＝2：1）、$MgFeMnO_4$（Fe：Mn＝1：1）和 $MgFe_{0.67}Mn_{1.33}O_4$（Fe：Mn＝1：2）分别命名为 MFM-1、MFM-2、MFM-3 和 MFM-4。

3.1.2　铁离子掺杂镁锰氧化物电化学性能

（1）结构特征测试方法
采用以铜靶为辐射源的 EMPYREAN X 射线衍射仪，在 40kV、40mA 的工作电压下，对制备的材料进行了 X 射线衍射（XRD）谱图测试，对 MFM-2 进行不同电化学状态下的非原位 X 射线衍射（XRD）测试。采用 HITACHI S-3400 N 扫描电镜（SEM）观察材料的微观形貌，采用 BRUKER AXS X 射线能谱仪分析材料的元素组成和含量。采用 FEI Talos F200X G2 透射电子显微镜（TEM）对其晶体形貌和晶格信息进行分析。比表面积的计算采用 Brunauer-Emmett-Teller(BET) 方法。基于 Barrett-Joyner-Halenda(BJH) 算法对等温线进行分析，得到孔隙尺寸分布（PSD）曲线。所有材料的 X 射线光电子能谱（XPS）均采用 Mg-K$_\alpha$ 光源的 ESCALAB X 射线光电子能谱仪进行，以 284.8eV 的 c1s 峰作为标定峰。

（2）电化学测量

电化学实验采用由工作电极（$MgFe_xMn_{2-x}O_4$）、对电极（石墨棒）和参比电极（SCE）组成的传统三电极电化学电池。工作电极由活性材料 $MgFe_xMn_{2-x}O_4$、导电添加剂（Super P）与聚偏氟乙烯（PVDF）的比例为 8∶1∶1制成，其中 PVDF 由 N-甲基-2-吡咯烷酮（NMP）溶解。将电极浆料涂覆在碳布上，得到 $MgFe_xMn_{2-x}O_4$。每个电极（$1×1cm^2$）的质量负载约为 6mg。实验中使用的电解质是水电解质，也就是 0.5mol/L $MgCl_2$ 溶解于去离子水中。在 LANHE battery tester（CT2001A，China）电池试验机上测试了所有样品的速率性能和循环性能。循环伏安法（CV）和电化学阻抗谱（EIS）采用多通道恒电位仪（VMP3/Z，Bio-Logic）进行。阻抗数据记录在 100kHz～10mHz 的频率范围内。

（3）材料的结构特征

如图 3-1(a) 所示，采用 X 射线衍射（XRD）对 $MgFe_{1.6}Mn_{0.4}O_4$(MFM-1，Fe∶Mn＝4∶1)、$MgFe_{1.33}Mn_{0.67}O_4$(MFM-2，Fe∶Mn＝2∶1)、$MgFeMnO_4$(MFM-3，Fe∶Mn＝1∶1) 和 $MgFe_{0.67}Mn_{1.33}O_4$（MFM-4，Fe∶Mn＝1∶2）纳米材料的晶体结构进行分析。所有样品的衍射峰均为尖晶石 $MgFe_2O_4$ 与立方体空间组 Fd-$3m$(JCPDS 卡编号 73-2211)。采用 Celref 3 程序计算所有材料的晶格参数，如表 3-1 所示。因为 Fe^{3+}(0.645Å) 和 Mn^{3+}(0.645Å) 的半径相同，晶格参数不会改变。计算结果表明，晶格参数随 Fe/Mn 比例的降低而减小。如图 3-1(a) 所示，随着 Mn 含量的增加，XRD 衍射峰发生大角度偏移，这与晶格参数计算结果一致。这是由于有少量 Mn^{4+}(0.53Å) 存在，半径小于 Fe^{3+} 和 Mn^{3+}，书中 X 射线光电子能谱分析也证明了这一问题。

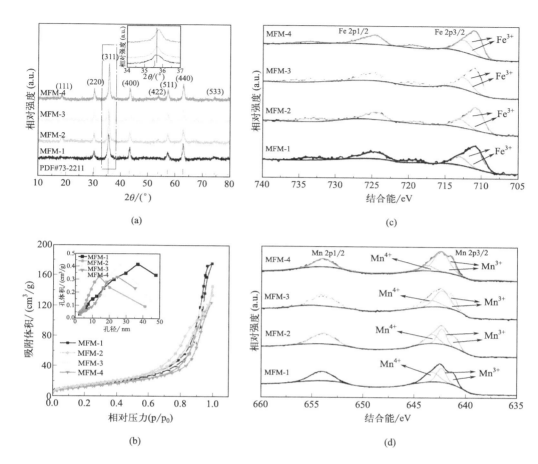

图 3-1　$MgFe_xMn_{2-x}O_4$ 的 X 射线衍射图 (a)、氮吸附-脱附等温线 (b)、
$MgFe_xMn_{2-x}O_4$ 纳米材料 Fe 2p(c) 和 Mn 2p(d) 的 X 射线光电子能谱
图 [(b) 中的插图为 $MgFe_xMn_{2-x}O_4$ 的孔径分布]

表 3-1　所有样品的晶格参数

电极材料	$a/\text{Å}$	$b/\text{Å}$	$c/\text{Å}$	$\beta/(°)$	$V/\text{Å}^3$
MFM-1	8.3460	8.3460	8.3460	90	581.3466
MFM-2	8.3423	8.3423	8.3423	90	580.5738
MFM-3	8.3402	8.3402	8.3402	90	580.1345
MFM-4	8.3388	8.3388	8.3388	90	579.8433

如图 3-1(b) 所示，氮气吸附-脱附等温线测量结果表明，MFM-2 的比表

面积略高，为 $56.75m^2/g$，MFM-1、MFM-3 和 MFM-4 的比表面积分别为 $52.53m^2/g$、$55.96m^2/g$ 和 $45.53m^2/g$。四种材料的氮吸附-脱附等温线均为典型的 IV 型等温线，均表现为介孔结构。这与图 3-1（b）中所示的 Barrett-Joyner-Halenda（BJH）孔径分布是一致的。

　　为了进一步表征材料中元素的组成和价态，对材料进行了 X 射线光电子能谱（XPS）测试，结果如图 3-1(c)（d）所示。测试表明，这四种材料均含有锰和铁元素。如图 3-1(c) 所示，Fe 2p 峰可以分解为两个组分（Fe 2p1/2 和 Fe 2p3/2）。Fe 2p3/2 分量可以用高斯函数卷积成两个峰，其位置分别为 710.8eV 和 712.6eV，均代表 Fe^{3+}。718.9eV 处的衍射峰代表晶格的振动[394]。图 3-1(d) 显示 Mn 2p 峰也可以分解为两个分量（Mn 2p1/2 和 Mn 2p3/2）。Mn 2p3/2 分量可以用高斯函数卷积成三个峰。641.4eV 和 642.4eV 代表 Mn^{3+}，643.5eV 代表 Mn^{4+}[395,396]。由此可知，材料中的锰大部分以 Mn^{3+} 的形式存在，只有少量锰以 Mn^{4+} 的形式存在。通过拟合计算，得到 Mn^{4+} 在四种材料中 Mn 原子的原子分数分别为 14.18%（MFM-1）、29.41%（MFM-2）、31.29%（MFM-3）、39.16%（MFM-4）。Mn^{4+} 的含量随着材料中 Fe/Mn 比例的降低而增加，这可以证明四种电极材料晶格参数的变化是由 Mn^{4+} 含量的变化引起的。

　　用扫描电子显微镜（SEM）研究了各样品的形貌。如图 3-2(a)～(d) 所示，所有样品均由粒径约为 $35～65nm$ 的球状颗粒组成，颗粒团聚现象明显。但四种材料均呈现介孔结构，这有助于提高所有样品的比表面积。为了验证上述材料同时含有铁和锰，并确定了两种元素的原子比，进行了能量色散 X 射线光谱（EDX）分析。如图 3-3 所示，EDX 谱图证实了 Fe 和 Mn 的存在，计算出所有样品的 Fe∶Mn 比值与制备所有样品所用的化学计量比接近。通过透射电镜（TEM）进一步研究 MFM-1 和 MFM-4，如图 3-2(e)～(h) 所示。在高分辨率透射电镜（HRTEM）图像和 HRTEM 图像的快速傅里叶变换中，两组间距为 $4.8～5.0\text{Å}$ 和 $2.9～3.0\text{Å}$ 的晶格条纹可归属于 $MgFe_xMn_{2-x}O_4$ 的（1 1 1）和（2 2 0）平面。通过比较，得到 MFM-1（$d_{111}=5.0\text{Å}$，$d_{220}=3.0\text{Å}$）略大于 MFM-4（$d_{111}=4.8\text{Å}$，$d_{220}=2.9\text{Å}$）。即（1 1 1）和（2 2 0）面间距随着 Fe/Mn 比例的降低而减小，这与 XRD 中晶格参数的变化趋势相一致。

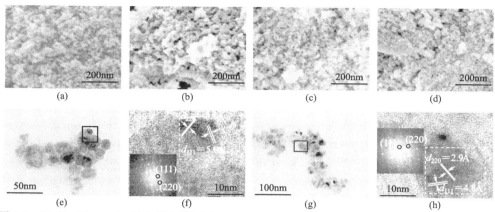

图 3-2　$MgFe_x Mn_{2-x} O_4$ 的扫描电镜图片 MFM-1(a)、MFM-2(b)、MFM-3(c)、MFM-4(d) 及 $MgFe_x Mn_{2-x} O_4$ 的透射电镜和高分辨率透射电镜 MFM-1(e)（f）、MFM-4(g)（h）［（f）（h）中插图为高分辨率透射电镜的快速傅里叶变换］

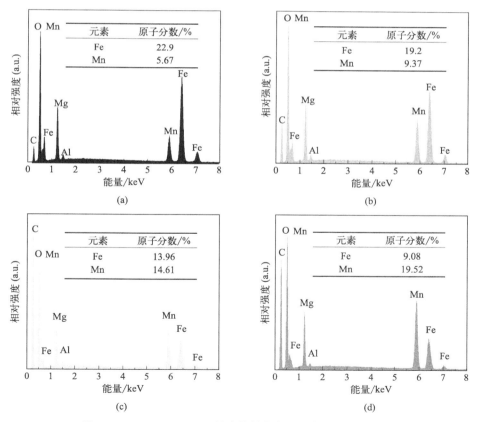

图 3-3　$MgFe_x Mn_{2-x} O_4$ 纳米材料的能量色散 X 射线光谱图

（a）MFM-1；（b）MFM-2；（c）MFM-3；（d）MFM-4

（4）电化学特征

采用水电解质三电极法对上述阴极材料的电化学性能进行了测试。在 $-0.8\sim1.1V$ 的电压范围内，扫描速率为 $0.1mV/s$，所有材料的循环伏安曲线（CVs）如图 3-4 所示。在初始氧化过程中没有电流峰，但在电压大于 $0.9V$ 时发生了轻微的析氧反应。而在第一次还原过程中，电流峰值出现在

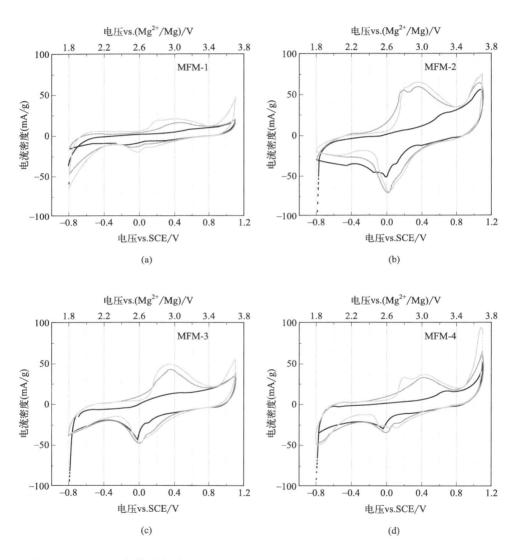

图 3-4　$0.1mV/s$ 扫描速率下 MFM-1(a)、MFM-2(b)、MFM-3(c) 和 MFM-4(d) 初始三个循环的循环伏安曲线（电子版）

0V 左右。这表明，镁不能从基体材料（$MgFe_xMn_{2-x}O_4$）中提取，但是外部的镁（在电解液和阳极中的 Mg^{2+}）可以插入到 $MgFe_xMn_{2-x}O_4$ 阴极材料中。这一结果在 Ichitsubo 等人提到的立方尖晶石结构材料的镁离子储存机理中得到了证实[381]。下面对 MFM-2 在不同电化学状态下的非原位 XRD 谱图测试也证明了这一点，如图 3-5 所示。图 3-5 为 Super P 和 PVDF 的 XRD 谱图，表明在 26°左右电极材料的衍射峰为 Super P 和 PVDF。如图 3-5（b）（c）所示，（３１１）和（４４０）的衍射峰在第一次充电实验结束时没有发生变化，这相当于在第一次充电过程中没有镁离子从材料中提取。然而，在第一次放电过程中，衍射峰移向较低的角度，这是由于镁离子插入材料，晶格体积增大。而且，第二次充电后，衍射峰位置恢复到原始状态，对应 CV 的第 2 负极峰（图 3-4），说明嵌入的镁离子几乎全部出来。第二次放电后，衍射峰移至较低的角度，对应于 CV 的第 2 负极峰（图 3-4），镁离子被插入材料中。此

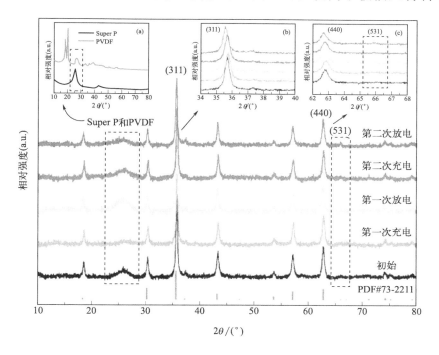

图 3-5　$MgFe_{1.33}Mn_{0.67}O_4$（MFM-2）纳米材料的非原位 X 射线衍射图
插图（a）为 Super P 和 PVDF 的 X 射线衍射图；$MgFe_{1.33}Mn_{0.67}O_4$（MFM-2）纳米材料的镁化 X 射线衍射图在（３１１）衍射峰（b）及（４４０）和（５３１）
衍射峰（c）

外，（５３１）衍射峰在放电后变得更强，充电后峰值强度恢复到原来的状态，如图 3-5(c) 所示。结合非原位 XRD 和 CV，证明材料中的镁离子不能被提取，但阳极和电解质中的镁离子可以插入材料中提供容量，实现了可逆插入/提取。

如图 3-4 所示，四个电极材料有两对氧化/还原峰，分别对应着镁离子插入和脱出电极材料。结果表明，Mg^{2+} 在四个电极材料中的脱嵌是可逆的。值得注意的是，随着锰含量的增加，四电极材料上的氧化/还原峰的电流密度先增大后减小。此外，电极材料 MFM-2 的峰值电流密度最大，即 MFM-2 的比容量最大。这可能是由于以下两个原因。首先，电极材料 MFM-2 具有较大的比表面积，使电极材料与电解液充分接触，有利于更多的镁离子通过电极材料表面向材料体扩散。其次，引入适量的铁原子可以调节电极材料的电子和晶体结构，提高材料表面的电荷转移能力，提高材料体中 Mg^{2+} 的传输能力。

图 3-6 显示了四种电极材料在 0.5M $MgCl_2$ 电解液中测试的不同扫描速度的 CVs。由图 3-6(a) 可以看出，MFM-1 在 －0.5V 左右出现了一个明显的阴极峰，这是铁参与充电过程所表现出的阴极峰。并通过对 $MgFe_2O_4$ 的 CVs 测试证明了这一点，铁元素的电压范围为 －0.8～0.2V，如图 3-7 所示。而其他材料（MFM-2、MFM-3、MFM-4）没有铁元素的氧化还原峰，仅在 －0.2～0.9V 范围内出现氧化还原峰，对应锰的价态变化[381]。电解液的 pH 值测量表明，在电化学过程中，材料中没有插入氢离子。此外，还可以看出，当铁锰含量比为 2∶1 时，电极材料在充放电过程中的析氢和析氧均为有效地抑制。

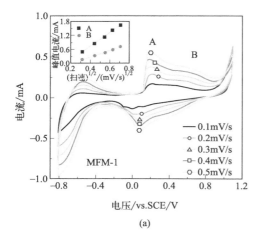

(a)

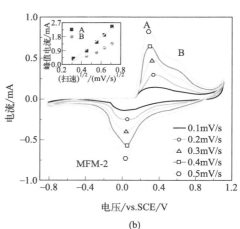

(b)

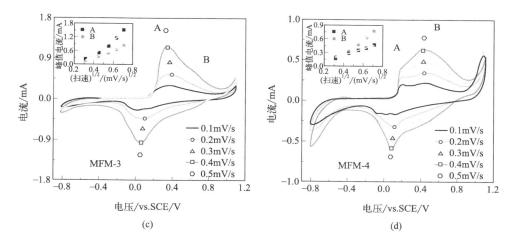

图 3-6　MFM-1(a)、MFM-2(b)、MFM-3(c) 及 MFM-4(d) 在不同扫描速率下的
循环伏安曲线 ［插图为阳极电流 (扫描速率)$^{1/2}$ 的拟合曲线］

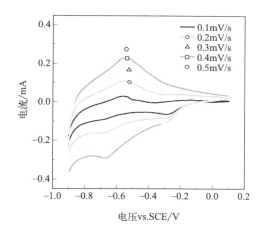

图 3-7　不同扫描速率下 $MgFe_2O_4$ 的 CV 曲线

　　为了研究铁原子对四种材料中镁离子输运能力的影响，采用可变扫描速率
CVs 计算了四种材料的镁离子扩散系数。根据 CVs 由式(3-1) 计算出 Mg 离
子扩散系数[397]。计算结果如表 3-2 所示。

$$I_p = (2.69 \times 10^5) n^{3/2} A D_{Mg}^{1/2} v^{1/2} C_{Mg} \tag{3-1}$$

　　在式(3-1) 中，I_p 为 CVs 中的峰值电流，A；n 为镁离子提取/插入过程
中从电极材料上转移的电子数；A 为电极表面积，cm^2；D_{Mg} 为提取/插入过程
中 Mg^{2+} 从活性物质中扩散的系数，cm^2/s；v 为扫描速率，V/s；C_{Mg} 为 Mg^{2+}

浓度，mol/cm^3；$I_p/v^{1/2}$ 的值可以通过拟合峰值电流与扫描速率平方根的线性图来获得。

表 3-2　镁离子在四种电极材料 A、B 两个氧化峰处的扩散系数

电极材料	扩散系数/(cm²/s)	
	A 氧化峰	B 氧化峰
MFM-1	$3.63×10^{-9}$	$7.62×10^{-10}$
MFM-2	$2.55×10^{-7}$	$1.59×10^{-8}$
MFM-3	$4.17×10^{-8}$	$1.85×10^{-8}$
MFM-4	$1.65×10^{-9}$	$8.54×10^{-9}$

计算表明，随着锰含量的增加，四种材料中 Mg 离子的扩散系数先增大后减小。Mg^{2+} 的扩散系数中 MFM-2 的最大，说明当铁锰的物质的量比为 2∶1 时，最有利于 Mg_2O_4 离子在基体材料中的扩散，这为其优异的电化学性能提供了有力的支撑。还用同样的方法计算了镁锰合金中镁离子的扩散系数，如图 3-8 所示。计算得到的扩散系数仅为 $7.12×10^{-10}$ cm^2/s，远低于 MFM-2。

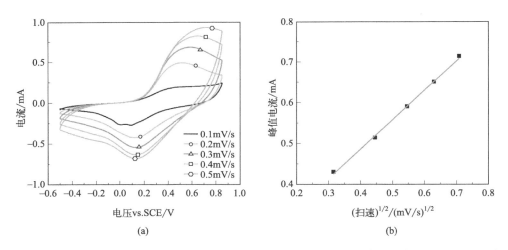

图 3-8　不同扫描速率下 $MgMn_2O_4$ 的 CV 曲线（a）和阳极电流随（扫速）$^{1/2}$（b）的线性拟合

接下来，对四种电极材料在不同电流密度下进行充放电测试，以评估镁离子在电极材料插入/提取过程中的电化学性能。如图 3-9 所示为在 50～2000mA/g 范围内，所有试样在不同电流密度下的充放电曲线。在典型的充放电曲线中，0V 附近有一个较长的放电平台，这与 Mg^{2+} 的插入有关，还

原峰出现在电极材料的阴极曲线上。通过比较四种材料的充放电曲线可以发现，MFM-1 和 MFM-4 在 0.9～1.1V 和－0.6～0.8V 时具有较长的充放电平台。上述充放电平台对应于析氧现象和析氢现象，与 CV 测试结果一致。但通过调节铁锰的比例，有效地抑制了析氢和析氧。特别是 MFM-2（Fe：Mn＝2：1）几乎没有析氢和析氧。因此，MFM-2 的充放电曲线与其他材料的有很大的不同，MFM-2 的充放电平台完全对应于镁离子的插入和提取。此外，MFM-2 的放电曲线平台最长，这也说明镁离子在材料中的扩散更充分，因此 MFM-2 的放电比容量最大。

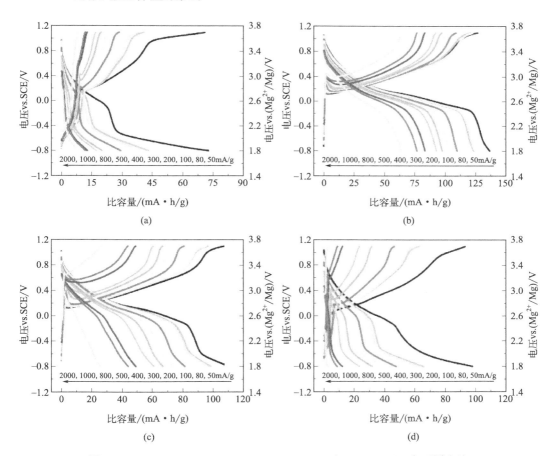

图 3-9　MFM-1(a)、MFM-2(b)、MFM-3(c) 和 MFM-4(d) 在不同电流
密度下的充放电曲线（电子版）

当电流密度为 50mA/g 时，MFM-1、MFM-2、MFM-3 和 MFM-4 的放电比容量分别为 72.9mA · h/g、136.5mA · h/g、110mA · h/g 和 97.8mA · h/g。

在电流密度为 1000mA/g 时，MFM-2 提供了其 50mA/g 时容量的 57.5%
[(78.5mA·h/g)/(136.5mA·h/g)]。其他材料则小得多，MFM-1 提供
15.8%[(11.5mA·h/g)/(72.9mA·h/g)]，MFM-3 提供 39.1%[(43mA·h/g)/
(110mA·h/g)] 和 8.2%[(8mA·h/g)/(97.8mA·h/g)]。计算了四种材料
相对于的 Mg^{2+}/Mg 电位的比能量和比功率，结果如图 3-10 所示。可见，
MFM-2 的最大比能量为 369.6W·h/kg，最大比功率为 5214.1W/kg。

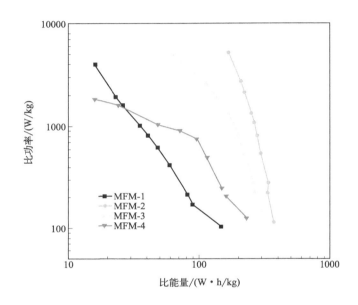

图 3-10　MFM-1、MFM-2、MFM-3 和 MFM-4 的
比功率与比能量的 Ragone 图

　　四种电极材料的倍率性能如图 3-11(a) 所示。在不同的电流密度下，其放
电比容量随锰含量的增加呈现先增大后减小的趋势。这主要是由于电极材料中
Fe 和 Mn 的比例不同，对所有样品的比表面积和电极体中镁离子的扩散系数
有明显的影响。当铁锰物质的量的比为 2∶1 时，电极材料的镁离子扩散系数
最大，有利于提高其电化学性能。此外，MFM-2 的库仑效率接近 100%，特
别是在大电流下。然而，库仑效率的大幅波动表明，其他三种电极在高电流速
率下失去了电化学稳定性，这可能与材料的 Mg 离子扩散特性和局部结构稳定
性有关[398]。因此，适当添加铁也能提高电极材料的结构稳定性，当铁锰物质
的量的比为 2∶1 时，材料的结构稳定性最优。此外，在 2000mA/g 电流密度
下循环 10 次后，进行了电流密度为 50mA/g 的循环性能试验。测试结果表明，

所有材料的容量保持非常稳定，所有材料的放电比容量都高于初始 50mA/g 电流密度时的放电比容量。上述结果一方面证明了材料结构恢复的稳定性，另一方面也表明材料经过多次循环后被充分激活，从而提高了镁离子的插入量和扩散迁移能力。

电极材料的循环稳定性是判断电极电化学性能的重要参数，对其实际应用有很大的影响。在一定的电流密度下，使用新的工作电极进行长充放电循环试验，如图 3-11（b）（c）所示。由于工作电极未完全激活，其放电比容量逐渐增大，然后趋于稳定。如图 3-11（b）所示为所有样品在电流密度为 100mA/g 时的循环性能。MFM-2 电极材料的放电比容量最大，连续充放电 250 次后，其

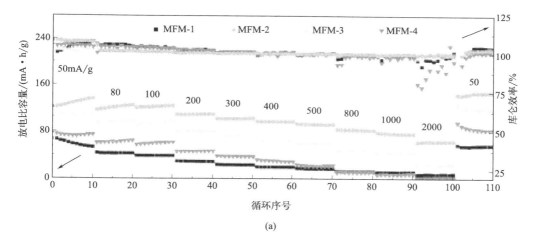

(a)

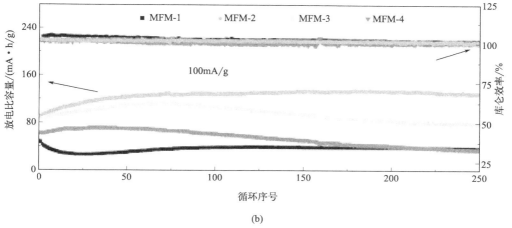

(b)

图 3-11

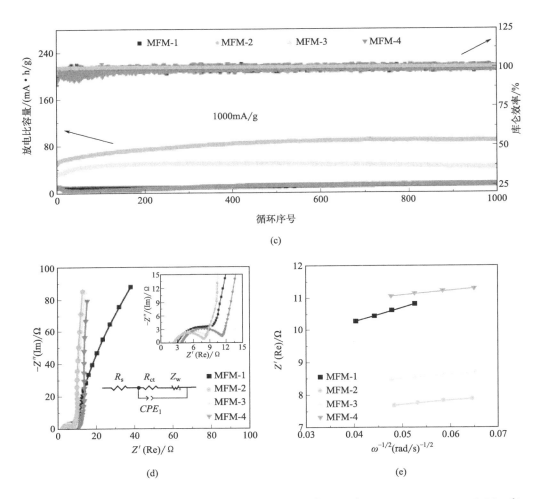

图 3-11　倍率性能（a），循环性能（b）（c），Nyquist 图（d）及 MFM-1、MFM-2、MFM-3 和
MFM-4 样品的 Z' 与 $\omega^{-1/2}$ 关系的拟合曲线（e）（电子版）

放电比容量几乎没有衰减。此外，MFM-2 还具有更稳定的库仑效率。

电极材料 MFM-1 的放电比容量在循环开始时迅速衰减，约 90 次循环后趋于稳定，但放电比容量非常低。电极材料 MFM-3 和 MFM-4 比 MFM-1 具有更高的放电比容量，但其循环稳定性都相对较差。$MgFe_xMn_{2-x}O_4$ 的容量主要由充放电过程中锰元素的氧化还原提供。因此，锰含量的增加将在一定程度上提高电极材料的容量。但锰在电化学反应过程中的溶解会导致循环性能差。当锰元素含量过高时，电极材料 MFM-3 和 MFM-4 的电化学循环稳定性下降。但铁离子的掺杂会有效提高材料的循环稳定性[392,393]。其中，含铁量稍高的两种电极材料 MFM-1 和 MFM-2 具有较好的循环稳定性。

图 3-11（c）为电流密度为 1000mA/g 时的恒流充放电试验。MFM-1 和 MFM-4 都有非常低的放电比容量（小于 15mA·h/g）。在 1000 次充放电循环后，MFM-3 的放电比容量仅为 41.8mA·h/g。然而，在 1000 次充放电循环后，MFM-2 显示出非常高的比容量 88.3mA·h/g，并且没有衰减，显示出非常好的循环稳定性。此外，MFM-2 的库仑效率非常稳定，接近 100%。因此，MFM-2 电极材料具有较大的镁离子扩散系数、较大的比表面积和较佳的结构稳定性，为其良好的电化学性能提供了非常有利的条件。此外，MFM-2 的电化学性能目前在文献报道中处于较高水平。

为了证明 $MgFe_xMn_{2-x}O_4$ 在电化学性能上的优越性，同时对含锰和铁的电极材料进行了倍率性能测试，还测试了 $MgFe_2O_4$ 和 $MgMn_2O_4$ 的倍率性能，结果如图 3-12 和图 3-13 所示。可以看出，$MgFe_2O_4$ 的电化学性能很差。将研究的几种电极材料与 $MgMn_2O_4$ 进行了比较，MFM-2 和 $MgMn_2O_4$ 两种电极材料的放电比容量非常接近。但在电流密度为 1000mA/g 的情况下，经过 400 次充放电循环后，MFM-2 的比容量明显高于 $MgMn_2O_4$，如图 3-14 所示。上述结果证明，铁的存在可以显著提高含锰氧化物的电化学稳定性。

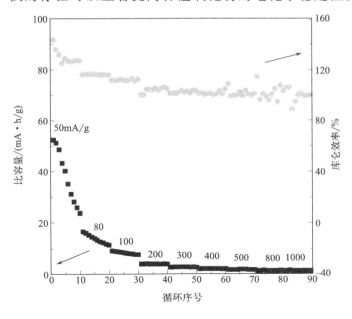

图 3-12　$MgFe_2O_4$ 样品的速率能力

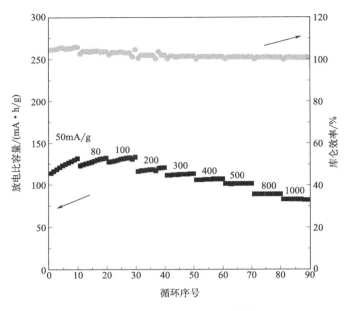

图 3-13　$MgMn_2O_4$ 样品的速率能力

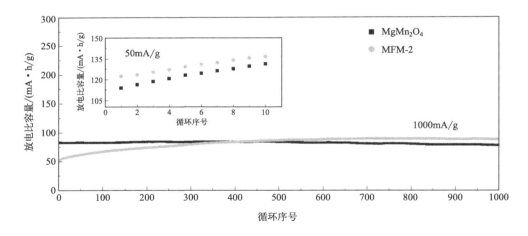

图 3-14　在电流密度为 1000mA·h/g 时，$MgMn_2O_4$ 和 MFM-2 的循环性能

（插图为 $MgMn_2O_4$ 和 MFM-2 在 50mA·h/g 电流密度下的循环性能）

　　为了研究电极表面的电荷转移反应，对四种电极材料进行了电化学阻抗谱（EIS）研究。所有材料的 Nyquist 图和 Z' 与 $\omega^{-1/2}$ 的线性拟合如图 3-11(d) (e) 所示。四种电极材料在高频范围呈半圆状，在低频范围呈斜直线状。其中，截

距对应内阻（R_s），高频区域的半圆形部分代表电解质和电极之间界面的电荷转移电阻（R_{ct}）。低频区域的斜线代表 Warburg 区由 Mg^{2+} 在电极体的扩散[399,400]。拟合动力学参数见表 3-3。此外，电荷转移电阻是决定充放电速率性能的关键因素。如图 3-11（d）所示，通过 ZView 软件建立等效电路模型，计算所有样品的 EIS 参数。电极材料 MFM-2 的 R_s 和 R_{ct} 值明显小于其他三种电极材料，说明有一定量的铁原子引入可以提高材料的电子导电性，这对 Mg^{2+} 的扩散非常有利，从而提高电极材料的电化学速率性能。

表 3-3　拟合各样品的电化学动力学参数

电极材料	R_s/Ω	R_{ct}/Ω	$D_{Mg}/(cm^2/s)$
MFM-1	2.88	10.1	2.24×10^{-14}
MFM-2	2.39	5.59	3.26×10^{-13}
MFM-3	2.52	6.69	2.89×10^{-13}
MFM-4	3.94	7.79	2.38×10^{-13}

为了进一步分析 Mg^{2+} 在电极材料中的扩散性能，镁离子扩散系数（D_{Mg}）由方程式（3-2）和式（3-3）计算[401]，即

$$D_{Mg}=0.5\left(\frac{RT}{n^2F^2AC_{Mg}A_\omega}\right)^2 \tag{3-2}$$

$$Z'=R_s+R_{ct}+A_\omega\omega^{-1/2} \tag{3-3}$$

式中，R 为气体常数；T 为绝对温度；F 为法拉第常数；n 为转移电子数；A 为电极表面积；C_{Mg} 表示镁离子浓度；A_ω 表示 Z' 与 $\omega^{-1/2}$ 的斜率，其值可由图 3-11（e）导出。Z' 可由式（3-3）计算。

镁离子在四种电极材料中的扩散系数分别为 $2.24\times10^{-14}\,cm^2/s$、$3.26\times10^{-13}\,cm^2/s$、$2.89\times10^{-13}\,cm^2/s$ 和 $2.38\times10^{-13}\,cm^2/s$。可以看到 MFM-2 电极材料具有较大的镁离子扩散系数。因此，MFM-2 电极材料具有良好的电化学倍率性能。

总结

采用溶胶-凝胶法制备了纳米材料 $MgFe_xMn_{2-x}O_4$。采用 XRD、SEM、TEM、EDX、BET 和 XPS 对电极材料进行了表征。研究了锰铁配比对电化学性能的影响。$MgFe_xMn_{2-x}O_4$ 的铁锰物质的量的比为 2:1 时电化学性能最佳。在电流密度为 1000mA/g 时，经过 1000 次充放电循环后，比容量为 88.3mA·h/g，循环性能稳定。MFM-2 具有较高的 Mg 离子扩散系数和较有利的产率性能。结

果表明，锰铁配比能显著提高电极材料的放电比容量和电化学循环稳定性，对镁离子电池正极材料的研究具有重要的指导意义。

3.2 钛离子掺杂钠锰氧化物纳米材料

3.2.1 钛离子掺杂钠锰氧化物纳米材料制备

纳米片与纳米线共混的钛掺杂钠锰氧化物（$Na_{0.55}Mn_2O_4 \cdot 1.5H_2O$ 与 $Na_4Mn_9O_{18}$）主要是通过水热法将钛元素掺杂入钠锰氧化物内制备得到的。其中以三氧化二锰和二氧化钛作为锰源和钛源，10mol/L 的氢氧化钠溶液作为溶剂和钠源。具体制备流程如图 3-15 所示。

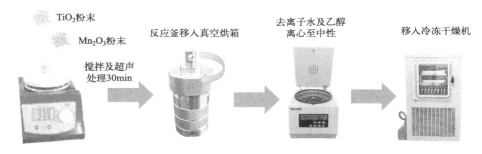

图 3-15　NMTO 纳米电极材料的制备流程图

详细步骤如下：

a. 将 2g 的三氧化二锰粉末以及适量二氧化钛粉末同时加入 40mL 浓度为 10mol/L 的氢氧化钠溶液（配置高浓度碱溶液，谨防烫伤）中，在转速为 350r/min 下磁力搅拌 30min，在 70W 功率下超声处理 30min，再次以相同转速磁力搅拌 30min，得到混合均匀的混合物浊液。

b. 将上述溶液转移至规格为 50mL 的金属反应釜中，整体转移至真空烘箱中 170℃下水热反应 72h。

c. 待反应釜完全冷却到室温后，用离心管将产物分批转移至离心机，交替使用无水乙醇与去离子水作为溶剂，转速为 6000r/min 离心至上清液呈中性。

d. 将上述电极材料加入少量去离子水，再次搅拌至悬浊液，转移至冷冻干燥机中以适当温度冷冻干燥三天时间，最终得到蓬松的电极材料粉末。

在与 NMO-72 相同的制备条件下，控制每次加入的二氧化钛粉末质量（不同的钛锰原子比，0％、1％、3％、5％、7％、9％），实现对于 NMTO 材料微观形貌及电性能的调控。为了方便标记，将上述产物分别标记为：NMO（NMO-72）、NMTO-1、NMTO-3、NMTO-5、NMTO-7、NMTO-9。如图 3-16所示，可以看出制备出的 NMTO 材料逐渐由黑灰色蓬松粉末转变为土褐色粉末。

NMO　　　　　　　　　　　　　　　　NMTO-5

图 3-16　NMO 与 NMTO-5 实物照片（电子版）

3.2.2　钛离子掺杂钠锰氧化物电化学性能

为了评价电池实际工作下的倍率性能表现，在逐渐增大的电流密度下测试电极材料的倍率性能以及库仑效率曲线，如图 3-17 所示。经过一定的活化过程后，可以看出，50～1000mA/g 电流密度下，六种电极材料均表现出了稳定的可逆容量以及良好的倍率性能，其中 NMTO-5 表现出最高的比容量以及最佳的倍率性能。

在初始的 50mA/g 电流密度下，六种钛掺杂比例逐渐提高的材料，放电比容量分别为 213.5mA·h/g、214.0mA·h/g、228.7mA·h/g、231.0mA·h/g、112.5mA·h/g 和 188.9mA·h/g。逐渐增加电流密度直至 1000mA/g，放电比容量为 80.2mA·h/g、96.1mA·h/g、96.5mA·h/g、122.1mA·h/g、50.7mA·h/g 和 73.2mA·h/g，分别为 50mA/g 电流密度下放电比容量的 37.6％、44.9％、42.2％、52.9％、45％以及 38.8％。

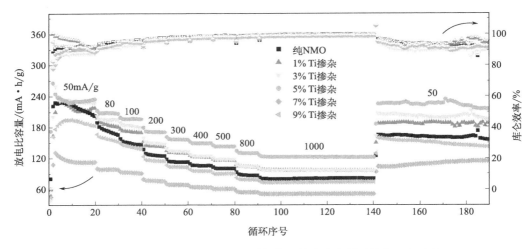

图 3-17　NMO 和 NMTO 在不同倍率下的充放电循环性能（电子版）

　　最后，为了验证 NMTO 在大电流密度下的充放电测试对于材料空间结构稳定性以及大电流密度充放电后的容量保持率相关数据，将 1000mA/g 下稳定循环 50 次后的电池，其流密度降低为 50mA/g，再次获得的比容量分别为 163.7mA·h/g、187mA·h/g、205mA·h/g、225mA·h/g、103mA·h/g 和 155mA·h/g。计算可知，经过大电流密度测试后的容量保持率分别为 76.7%、87.4%、89.7%、97.4%、91.5% 以及 82.1%。相较于 NMO 材料，改性后的 NMTO 普遍表现出较高的容量保持率，其中 NMTO-5 更是表现出高达 97.4% 的高保持率。

　　综上所述，首先，NMTO 在测试过程中并未发生明显故障，说明钛微量掺杂不会明显破坏钠锰氧化物充放电稳定性；其次，随着钛掺杂比例的逐步提高，六种放电比容量和容量保持率均呈现出先上升后下降的大体趋势；最后，所有材料的库仑效率接近 100%。不难看出，NMTO-5 材料在高倍率下既表现出最大的比容量，也表现出优异的充放电稳定性。可见，钛元素微量掺杂一方面调控了 $Na_4Mn_9O_{18}$ 与 $Na_{0.55}Mn_2O_4 \cdot 1.5H_2O$ 相结构占比，另一方面也改善了 $Na_4Mn_9O_{18}$ 相结构的循环稳定性，提高材料整体的容量保持率[75]。

　　为了能进一步研究钛元素掺杂对于 NMO 材料性能的提升作用，计算了 NMO 与 NMTO-5 材料所有比能量与比功率数据，结果如图 3-18 所示。首先，NMTO-5 材料有着远高于 NMO 的比能量，达到 50W·h/kg。其次，NMTO 表现出更高的比功率，意味着更小的电荷转移阻抗。最后，NMTO-5 材料能在 250W/kg 下保持 30W·h/kg 高比能量，远高于相同情况下 NMO 的比能量表现，说明 NMTO-5 有着更为优异的倍率表现。

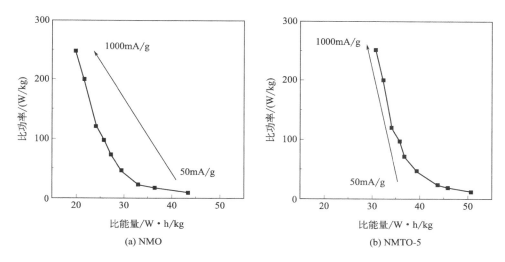

图 3-18　不同电流密度下的比能量与比功率曲线

为了研究 NMTO 的充放电平台，测试了所有电池的变倍率充放电曲线，电流密度范围为 50～1000mA/g，结果如图 3-19 所示。整体来看，所有材料都有明显的充放电平台，可以大致分为两个充电平台（0.06～0.38V 和 0.38～0.75V）和两个放电平台（0.2～0V 和 0～－0.23V），说明镁离子的嵌入与脱出分别为两个过程。

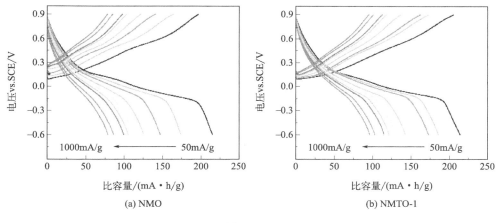

图 3-19

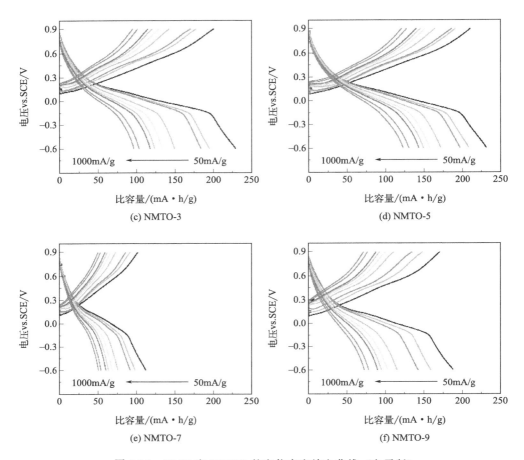

图 3-19　NMO 和 NMTO 的变倍率充放电曲线（电子版）

随着钛元素掺杂量的逐渐增大，首先，充放电曲线整体并没有太多明显的变化，这说明 NMTO 材料并没有影响 NMO 的氧化还原反应。其次，可以观察到两个充电平台与两个放电平台逐渐平滑，这可能是因为电极材料发生相转变，充放电过程中电压变化更为缓和。再次，可以看出 NMTO-7 电池有着最差的比容量表现，NMTO-3 与 NMTO-5 的比容量达 230mA·h/g(50mA/g)，而且相较于 NMO 在 -0.23 ～ -0.6V 拥有着更大的比容量表现。最后，NMTO-5 材料在高倍率（1000mA/g）下比容量还能保持 122mA·h/g，远高于其他材料相同条件下的比容量。这主要归因于钛元素的掺杂一方面调控了材料的相结构，促使电化学性能最优化表现；另一方面提高了材料的镁离子传输性能，降低了极化效应。

为了探究 NMTO 的电极反应及机理，在 -0.6 ～ 0.9V 的测试电压窗口内，利用电化学工作站测试了所有样品在 0.5mol/L MgCl$_2$ 溶液下的 CV 曲线，结果如图 3-20 所示。不同的扫速下，所有样品的氧化峰与还原峰电流值

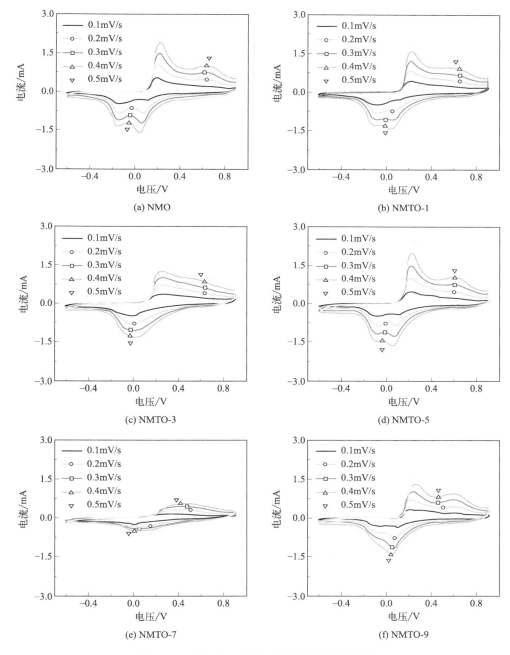

图 3-20　NMO 和 NMTO 样品的循环伏安曲线

接近，反映出材料整体的电化学反应可逆程度高。不难理解，氧化峰对应着镁离子从材料脱出到电解液，锰元素相应失去电子。还原峰对应着镁离子从电解液中嵌入材料，锰元素相应得到电子。

观察不同扫描速率下的 CV 曲线，不难看出，低扫描速率下曲线中有些副氧化还原峰并没有展现出来，但随着扫描速率变快，峰位置向两侧发生移动，峰电流值逐渐增加，但整体的形状基本不变。可以看出，除了 NMTO-7 以外，其他所有样品均存在两对氧化还原峰。这在一定程度上验证了前文 XRD 中物相转变现象和 NMTO-7 样品性能较其他材料差异较大的实验现象。

除了 NMTO-7 样品外，氧化峰区间大体上可以划分为两个，即 0.1～0.4V 和 0.4～0.8V，还原峰区间为 0.3～0V 和 0～-0.3V。随着钛元素掺杂量的提高，氧化峰和还原峰都同步呈现出一个先增加后减小再增加的趋势，整体来看，NMTO-5 样品的氧化还原峰位之间的电位差最小，材料极化现象最不明显，这也验证了图 3-18 的结果。相同的活性物质质量下，对于所有的循环伏安曲线面积进行数学积分运算，NMTO-5 曲线有着最大的面积，表明其具有最大的比容量。

同时，对 NMO 和 NMTO-5 进一步深入分析电化学性能，探究钛元素掺杂对其电化学性能的影响机理。两者于 0.1mV/s 扫描速度下的前三圈 CV曲线，如图 3-21 所示。首先，两者首圈 CV 都能展现出两对氧化还原峰，这是由于较快的镁离子迁移速度使其首圈能表现出较为明显的氧化还原

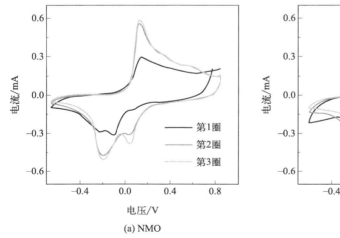
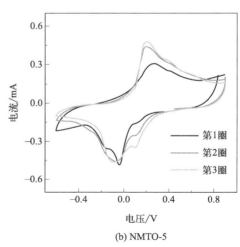

(a) NMO　　(b) NMTO-5

图 3-21　0.1mV/s 下的前三圈 CV 曲线（电子版）

峰。其次，两者表现出两对氧化还原峰，说明其镁离子的嵌入脱出分为两个过程，这与未掺杂材料的性能相符，也说明钛元素的微量掺杂并未改变主体的氧化还原反应。再次，可以看出 NMTO-5 首圈表现出更为突出的电流峰值，这表明在同样的电位下，NMTO-5 更小的电荷转移电阻表现出更强的电流响应。最后，两者后两圈的 CV 曲线重合性较好，这说明两材料的氧化还原反应可逆性较好。

图 3-22 为 50mA/g 下两种材料的前三圈充放电曲线，整体来看，NMTO-5 始终表现出远高于 NMO 的比容量。有趣的是，NMTO-5 材料第一圈就能表现出 172mA·h/g，远高于 NMO 的 80mA·h/g。这说明相同时间内，NMTO-5 材料内部脱出更多数量的镁离子，这得益于更低的电荷转移阻抗，使 NMTO-5 有着更短的活化时间。

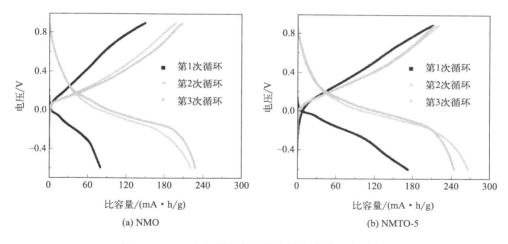

(a) NMO   (b) NMTO-5

图 3-22　50mA/g 下的前三圈充放电曲线（电子版）

不难看出，钛微量掺杂并没有改变 NMO 电荷存储的过程，两者的比容量主要由两段放电区间组成，这说明电荷的释放主要分为两部分完成。其中，可以看出 NMTO-5 材料在 0～−0.23V 区间内展现出更为长缓的放电平台，说明电荷的释放主要由该阶段主导。

图 3-20 中的不同扫速和相应的峰值电流斜线图，结果如图 3-23 所示，插图为标注峰电流序号的 CV 曲线。不难看出，0.4～0.8V 和 0～−0.3V 处的充放电行为受扩散主导，0.1～0.4V 和 0.3～0V 处的充放电行为受赝电容控制。两者各自峰位对应的斜率分别为（NMO：）0.63、0.43、0.65 和 0.43 以及（NMTO-5：）0.71、0.44、0.61 和 0.50，这表明两者均为赝电容行为主导，

尤其是 0.4～0.8V 处的充电平台。

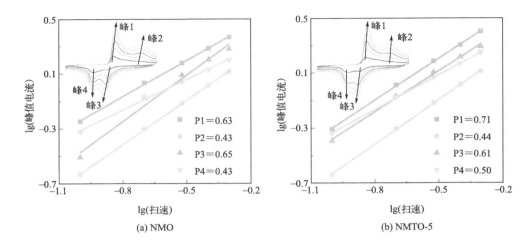

(a) NMO

(b) NMTO-5

图 3-23　四个峰值电流的对数与扫描速度的对数的关系图

图 3-20 中为两者赝电容电流大小，得出赝电容 CV 封闭图形，结果如图 3-24(a)（b）所示。可以看出，两者赝电容图像大致相似，赝电容占比均为 89％左右。

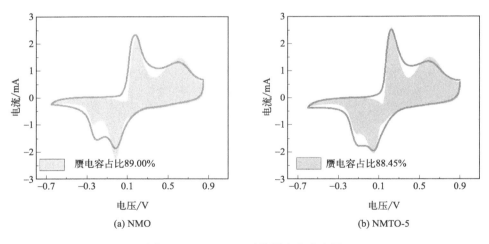

(a) NMO

(b) NMTO-5

图 3-24　0.5mV/s 下的赝电容占比图

另外，计算两者在不同扫速下的具体的赝电容贡献率，如图 3-25 所示。随着扫描速率的加快，相同的电压窗口意味着扩散时间变短，镁离子来不及扩散至材料内部，表现出扩散过程的占比减少，动力学上更容易进行的赝电容行为占比增加。从整体来看，随着扫描速率的逐步增大，赝电容贡献率逐渐增加至 89% 左右，这也看出 NMTO-5 与 NMO 有着相似的表面反应行为。

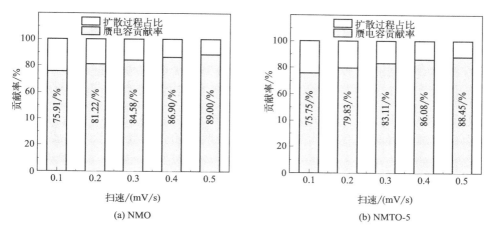

图 3-25　不同扫速的赝电容贡献率

为了对比 NMO 与 NMTO-5 材料的镁离子的扩散性能，图 3-20 中的镁离子充放电过程中的扩散系数如图 3-26 所示，横坐标为扫速的平方根，纵坐标为氧化峰电流值，活性物质的质量为 3mg。

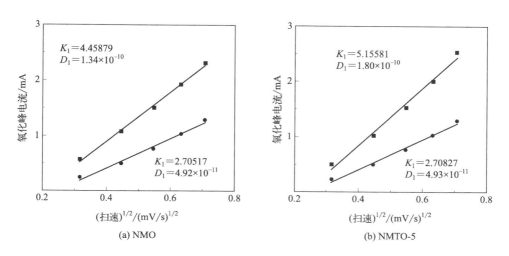

图 3-26　不同扫速与氧化峰电流的斜线图

从图中可以看出，两个氧化电流峰能得到两条拟合直线，说明扩散行为主要由这两部分组成。同上一节一样，两者在氧化峰 2（0.4～0.8V）上表现出的扩散行为并无太大差异。NMTO-5 相比于 NMO 材料，从低扫速到高扫速过程中，在氧化峰 1（0.1～0.4V）有着更为快速的电流上升速度，这意味着降低了电荷转移电阻，改善了材料的极化情况。另外，相同重量的活性物质下，NMTO-5 材料展现出更为宽广的峰电流范围，镁离子扩散速度从 1.34×10^{-10} cm^2/s 提高到 $1.80 \times 10^{-10}\,cm^2/s$。

电化学阻抗谱是一种以小幅交流电压作为微扰信号的测量方法，其中电荷转移阻抗是反映电极材料电化学动力学重要的指标之一。NMO 和 NMTO-5 材料的交流阻抗谱如图 3-27 所示。根据奈奎斯特曲线，高频（100kHz）的截距是由电解液、外壳、集流体等引起的内阻形成的，中频的半圆主要是由于电荷转移过程的表面电容与电荷转移电阻形成，低频（0.05Hz）范围内的斜线，称为沃伯格区，主要反映电池中的离子扩散现象。

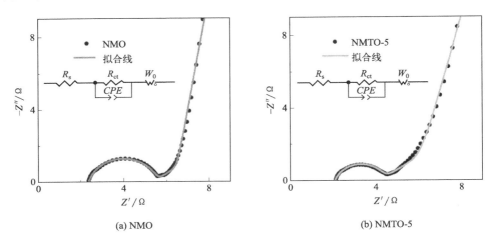

(a) NMO (b) NMTO-5

图 3-27　交流阻抗谱及拟合结果

显然整个装置的内阻很小，大约为 2Ω。可以看出，NMTO-5 电池的交流阻抗谱仍然由圆弧与沃伯格斜线组成，而且 NMTO-5 圆弧区的直径要小于 NMO 圆弧区的直径。一方面材料整体的交流阻抗组成并未发生明显变化，这意味着钛元素的微量掺杂并没有改变电极材料的主体框架，这与之前的结论相互验证。另一方面，NMTO-5 的电荷转移电阻相较于未掺杂的 NMO 材料下降了，这有助于提高材料大电流密度下的比容量表现，也佐证了之前的倍率性能结果。

为了贴近实际结果去拟合一段圆弧，这里借助 ZView 阻抗拟合软件，搭建出来的等效电路模型如图 3-27（插图）所示。拟合数据如表 3-4 所示。可以看出，圆弧与横坐标的第一个交点为测试系统提供的体电阻，材料的交流阻抗主要是由电荷转移过程引起的圆弧区与离子扩散过程引起的近乎直线的区域组成。两者的体电阻以及电荷转移电阻都很小。特别的是，通过等效电路可以发现 NMO 材料的电荷转移电阻为 3.13Ω，而 NMTO-5 的电荷转移电阻则降低为 2.19Ω。不难理解，电子电导率一定程度上限制镁离子扩散速度，而降低了材料的电荷转移电阻，减少了镁离子嵌入脱出正极材料的阻力并提高了材料的电子电导率，一定程度上提高了镁离子扩散速度。

表 3-4　电化学阻抗谱的拟合数据

样品名	R_s/Ω	R_{ct}/Ω	CPE-T	CPE-P
NMO	2.368	3.127	0.0001050	0.84358
NMTO-5	2.1	2.19	0.001505	0.8208

第4章　离子掺杂金属氧化物与石墨烯复合材料在镁离子电池当中的应用

4.1　镍离子掺杂二氧化钛与石墨烯复合材料

由第 3 章中的工作结论得知，铜掺杂和镍掺杂均能够有效地提高 TiO_2-B 电极材料的电子电导率，改善 Mg^{2+} 的扩散性能，最终使得制备的 $Cu_xTi_{1-x}O_2$-B 和 $Ni_xTi_{1-x}O_2$-B 电极材料获得较好的电化学性能。而通过综合对比 TDC-3 和 TDN-10 两电极材料发现，TDN-10 电极材料的倍率性能、放电比容量及循环稳定性均优于 TDC-3 电极材料，即 TiO_2-B 电极材料在按照 10％（原子分数）掺杂镍元素后，其材料的镁离子输运性能有了最大的提升。石墨烯作为一种导电性能优良的二维材料，可以有效地提升材料颗粒表面和颗粒与颗粒之间的导电性。因此，为了进一步提高 TDN-10 电极材料的导电性，进而获得电化学性能更为优异的电极材料，本节实验对 TDN-10 进行了还原石墨烯复合工作，从而进一步改善电极材料的导电性能，尤其是进一步提高电解液与正极材料界面之间的离子输运能力。

在本实验中，通过镍离子掺杂对其晶体结构进行调制与剪裁来提高 TiO_2-B 的本征电导率，同时并结合石墨烯复合提高材料颗粒表面及颗粒与颗粒之间的电导率，以此改善其电化学性能。

2004 年起，与石墨烯有关的相关研究的热潮引发了人们对氧化石墨烯的浓厚兴趣。由于氧化石墨烯能够在水中以单原子层片状、薄膜形式存在，并进一步还原为石墨烯，因此他已成功地在电子、导电薄膜、电极材料和复合材料中进行了应用。氧化石墨烯（GO）是一种二维结构，源于石墨烯当中引入了 C—O 共价键。

在本项工作中，首先应用 Hummers 的研究的改良制备方法，制备出氧化石墨烯（GO），具体方式如下：将 1.5g NaNO₃、3g 石墨薄片与一定体积的浓硫酸加入准备好的烧杯中，等待混合物逐渐冷却至室温，之后将混合物缓慢并分批次地加入一定量的 KMnO₄，与此同时还需要控制整个混合溶液的反应温度不超过 20℃，而后升高温度直到 35℃ 通过搅拌器搅拌35min，在此期间缓慢滴入一定量的去离子水，滴加去离子水后，将烧杯放置在恒温箱中，调控温度为 98℃ 并静置 15min，在冷却至室温之后，向其中滴加适量过氧化氢溶液与去离子水，持续搅拌一段时间之后，用去离子水洗涤至中性，随后用冷冻干燥剂进行冷冻干燥处理，最后即可得到氧化石墨烯材料。

在后续的实验中，将氧化石墨烯通过超声分散在一定量的无水乙醇中，通过氧化石墨烯在不同温度下进行焙烧热还原这一过程，即可得到不同还原程度的还原石墨烯（rGO），而后将制备的材料进行去离子水的洗涤与烘干处理，即可得到可用于实验的还原石墨烯材料。并且在高温焙烧这一过程中，氧化石墨烯中的含氧官能团会渐渐脱失减少，材料中的缺陷会逐渐增多；与此同时禁带宽度逐渐减小。

4.1.1　镍离子掺杂二氧化钛与石墨烯复合材料的制备与结构分析

（1）镍离子掺杂二氧化钛与石墨烯复合材料的制备

采用溶剂热法制备 $Ni_xTi_{1-x}O_2$-B 纳米材料，按 Ni：(Ni+Ti) 原子分数为 10% 进行镍元素掺杂，得到镍元素掺杂的青铜矿相二氧化钛材料，之后使其与还原石墨烯材料复合，得到还原石墨烯包覆的复合材料（$Ni_xTi_{1-x}O_2$-B/rGO），在此将制备得到的 $Ni_xTi_{1-x}O_2$-B/rGO 复合纳米材料标记为 TDN-10/rGO。

具体制备过程如下。按照体积比 1:1 分别量取一定体积的 $TiCl_3$-HCl 溶液以及去离子水，分散在 40mL 乙二醇中，随后称取相应质量的 $Ni(NO_3)_2\cdot 6H_2O$ 加入上述混合溶液中，并用磁力搅拌器充分搅拌，直至 $Ni(NO_3)_2\cdot 6H_2O$ 完全溶解。其间混入一定质量的还原石墨烯，再进一步进行搅拌和超声处理。随后将配置好的溶液转移至聚四氟乙烯内衬中，并装入反应釜中，在恒温干燥箱中 150℃ 保温 10h。将所得产物用去离子水以及乙醇充分洗涤，并在80℃ 下干燥 6h，即可得 $Ni_xTi_{1-x}O_2$-B/rGO 纳米复合材料。制备过程如图 4-1所示。

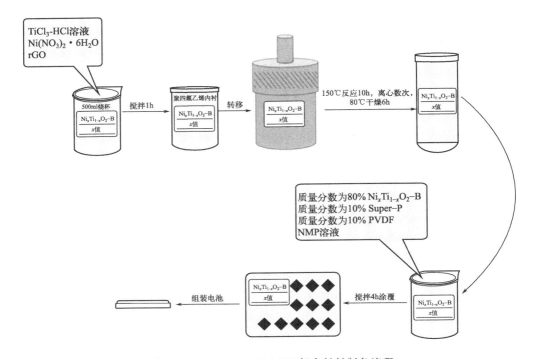

图 4-1 $Ni_xTi_{1-x}O_2$-B/rGO 复合材料制备流程

（2）镍离子掺杂石墨烯复合材料的结构分析

① 电极材料的 XRD 结果分析

图 4-2 为制备的 $Ni_xTi_{1-x}O_2$-B/rGO 纳米材料的 XRD 图谱及其标准卡片，对照 $C2/m$ 空间群的青铜矿相二氧化钛 JCPDS 74-1940 标准卡片，确定所制备的无掺杂复合材料确实为青铜矿相 TiO_2。其主要衍射峰位置为 $2\theta=$ 14.186°、15.207°、24.979°、28.596°、48.634°，其中通过人工比对，材料的 XRD 衍射峰位置和峰强与 XRD 标准卡片一一对应，这表明所制备的样品纯度较高，无杂相，并且制备的电极材料晶体结构完整。同时，掺杂后的 $Ni_xTi_{1-x}O_2$-B 纳米材料的 XRD 衍射图谱仍与标准卡片衍射峰位置相对应，说明镍掺杂之后的 TiO_2-B 纳米材料之中部分镍离子取代了四价钛离子在晶胞中的位置，但是并未对晶体的空间结构造成改变。对比 TDN-10 纳米材料和 TDN-10/rGO 纳米材料的衍射图谱，则不难发现二者几乎一样，说明石墨烯的包覆未对材料的微观晶体结构产生影响，并且原因可能在于材料中还原石墨烯的含量较少。

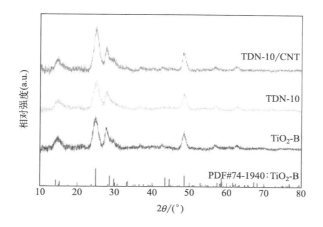

图 4-2　$Ni_x Ti_{1-x} O_2$-B/rGO 复合材料的 XRD 图谱及其标准卡片

② 电极材料的 SEM 结果分析

为了进一步探究电极材料的微观结构，采用扫描电镜 SEM 对电极材料进行了相关表征，根据图 4-3 的表征结果来看，纯 TiO_2-B 纳米材料的微观结构是由一系列纳米片组成的球状纳米团簇，这些纳米花尺寸介于 $50\sim100nm$。由图 4-3(b) 中 TDN-10 纳米材料的表征结果来看，TDN-10 电极材料的纳米花结构均变成了破碎的纳米片形态，表面元素掺杂可能改变电极材料自身的团状结构的稳定性。此外由图 4-3(c) 可以看出，在破碎的纳米花状的结构周围有一层明显的薄膜状物质，这层物质就是还原石墨烯，与此同时，包覆的还原石墨烯薄膜也并未改变材料本身的结构与形貌，并且这也进一步证明了电极材料成功地进行了还原石墨烯的包覆工作。

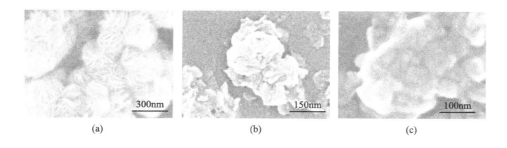

图 4-3　纯 TiO_2-B(a)、TDN-10(b) 和 TDN-10/rGO(c) 复合材料的 SEM 图谱

4.1.2 镍离子掺杂二氧化钛与石墨烯复合材料的电化学性能

图 4-4 展示了 50～1000mA/g 范围内，不同电流密度下 TDN-10/rGO 电极材料的充放电曲线，可以看出，这些曲线并非单纯的直线，也表明扩散控制的电池行为和电容控制的赝电容行为均提供了容量。

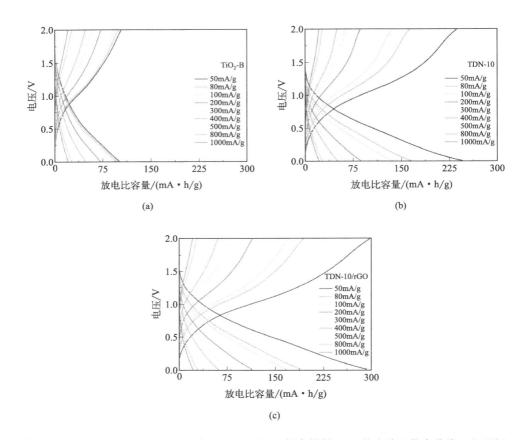

图 4-4　TiO_2-B(a)、TDN-10(b) 和 TDN-10/rGO 复合材料 （c） 的充放电倍率曲线 （电子版）

此外，通过图 4-4 可以看到，在电流密度为 50mA/g 时，纯 TiO_2-B 的放电比容量仅为 96mA·h/g，而 TDN-10 和 TDN-10/rGO 电极材料的放电比容量则分别达到了 243mA·h/g 和 293mA·h/g。对比发现，复合石墨烯后，电极材料的放电比容量有了较大提升，充分说明石墨烯的包覆能够有效地提高 TiO_2-B 电极材料的放电比容量，这均得益于石墨烯自身良好的导电性，进一步提高了整个复合电极材料的导电性，并改善了 Mg^{2+} 在充放电过程中的扩散动力学性能。因此，对 TiO_2-B 电极材料进行石墨烯的复合工作可以有效提高电极材料的电化学性能。

图 4-5 为倍率性能图谱，其表明在 100mA/g 的电流密度下，纯 TiO_2-B 电极材料的放电比容量要低于 10%（原子分数）镍掺杂的 TDC-10 电极材料，但二者均远低于 TDC-10/rGO 电极材料的放电比容量，TiO_2-B、TDN-10 和 TDN-10/rGO 活性材料的放电比容量分别为：72mA·h/g、136mA·h/g 和 168mA·h/g。当电流密度升至 300mA/g 时，电极材料的放电比容量则分别为 48mA·h/g、64mA·h/g 和 83mA·h/g，相比于 100mA/g 电流密度下的容量，其容量保持率在 66.7%、47.1% 和 49.4%。可以发现 TDC-10 电极材料在复合石墨烯后，其比容量保持率有所上升，充放电效率也得到了有效地提高。因此不难看出，石墨烯的复合有效地提高了电极材料的放电比容量和电化学倍率性能。

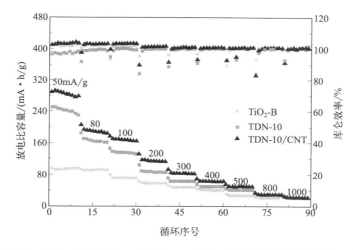

图 4-5　TiO_2-B、TDN-10 和 TDN-10/rGO 纳米材料的倍率性能图谱

总结

本节针对电化学性能更佳的 TDN-10 电极材料进行了石墨烯的复合工作，结果表明复合石墨烯后，TDN-10/rGO 电极材料在 50mA/g 电流密度下的放电比容量达到了 293mA·h/g。同时，当电流密度由 100mA/g 提高到 300mA/g 时，TDN-10/rGO 的容量保持率也由 47.1% 提高到了 49.4%，表明石墨烯复合有效提高了 TDN-10 电极材料的倍率性能。

4.2 镁锰氧化物与石墨烯复合材料

尖晶石结构的氧化物材料由于其独特的三维结构，非常有利于离子的快速扩散，作为二次金属离子电池的正极材料被广泛研究[402]。例如尖晶石型 Mn_2O_4 广泛用作锂离子电池正极材料[166,208]。尖晶石型 $LiMn_2O_4$ 纳米材料已成功应用于锂离子电池正极材料，并表现出优异的倍率性能[167,224]。Sinha 等使用 $LiMn_2O_4$ 作为水系镁离子电池的正极材料，其放电容量可达 $40mA \cdot h/g$[226]。Cabello 等采用溶胶-凝胶法制备 $MgMn_2O_4$ 纳米材料，并将其作为水系镁离子电池的正极材料。$MgMn_2O_4$ 具有 $160mA \cdot h/g$ 的理想放电比容量[235]。然而，$MgMn_2O_4$ 纳米材料的导电性差，严重影响 Mg 离子的扩散，导致其电化学倍率性较差。众所周知，结合电子导电材料（如碳纳米管、碳纤维、石墨烯）将优化电极材料的导电性[59,403]。然而，还没有发现关于适用于水性可充电镁离子电池的表面改性对 $LiMn_2O_4$ 电化学性能影响的研究报道。

在这项工作中，通过引入还原氧化石墨烯（rGO）优化 $MgMn_2O_4$ 的界面性能，促进电荷转移反应，促进 Mg^{2+} 在电极中的扩散，显著提高了电极材料的电化学性能。

4.2.1 镁锰氧化物与石墨烯复合材料的制备与结构分析

采用溶胶-凝胶法制备 $MgMn_2O_4$ 纳米材料。先将六水硝酸镁、四水硝酸锰、柠檬酸和乙二醇按物质的量比 0.5∶1∶3∶9 称量质量，然后将称量后的产物溶于 30mL 去离子水中。在 80℃ 恒温条件下搅拌 12h 后，混合物呈黏性凝胶状。样品在 200℃ 的真空烘箱中干燥 12h 后，然后充分研磨。最后，在 550℃ 下煅烧 10h 得到 $MgMn_2O_4$ 纳米材料。具体的准备过程如图 4-6 所示。

采用改进的 Hummers 法制备氧化石墨烯（GO）。采用机械搅拌法制备了 $MgMn_2O_4/rGO$ 纳米材料。通常，分别称取一定数量的 $MgMn_2O_4$ 和氧化石墨烯，用超声将其均匀分散于 30mL 去离子水中 1h，然后用磁力搅拌器在 70℃ 下搅拌 12h。样品用去离子水洗涤，80℃ 真空烘箱烘干。最后，$MgMn_2O_4/$

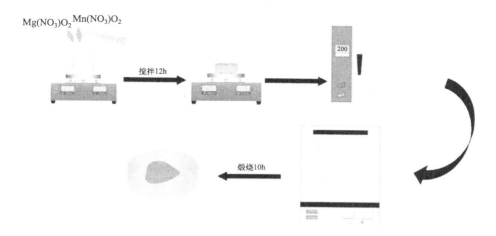

图 4-6　$MgMn_2O_4$ 纳米材料的制备流程图

rGO 纳米材料在 350℃的马弗炉中煅烧 2h，具体制备工艺如图 4-7 所示。

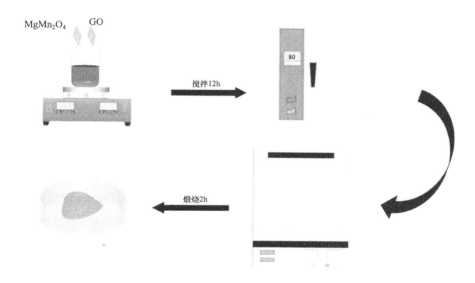

图 4-7　$MgMn_2O_4/rGO$ 纳米材料的制备流程图

$MgMn_2O_4$ 和 $MgMn_2O_4/rGO$ 的 XRD 谱图样品如图 4-8 所示。所有识别出的峰都可以指标化为尖晶石型 $MgMn_2O_4$，空间组为 $I4_1/amd$（JCPDS No. 72-1336）。因此，rGO 的加入对 $MgMn_2O_4$ 基体的晶体结构没有影响。用扫描电镜和透射电镜研究了试样的形貌和微观结构。如图 4-9 所示，两种样品形貌相似，粒径均在 30nm 左右。图 4-9(b)(d) 为 $MgMn_2O_4$ 的表面被一种膜状还原氧化石墨烯物质覆盖，这表明 $MgMn_2O_4$/rGO 纳米复合材料已成功合成。另外，透明的皱纹 rGO 填充了 $MgMn_2O_4$ 的空间并将 $MgMn_2O_4$ 纳米粒子有效连接起来。rGO 键能促进 $MgMn_2O_4$ 在材料界面处以及粒子与粒子之间的电子输运，使其具有良好的电化学性能，如表 4-1 所示，$MgMn_2O_4$ 的电导率 1.07×10^{-10} S/cm，$MgMn_2O_4$/rGO 样品的电导率更大，为 2.13×10^{-6} S/cm。

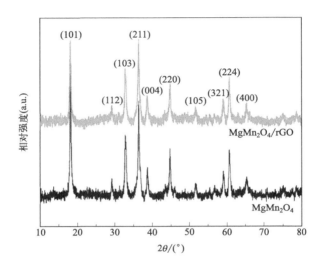

图 4-8　$MgMn_2O_4$ 和 $MgMn_2O_4$/rGO 的 XRD 图像

(a)　　　　　　　　　　　　　(b)

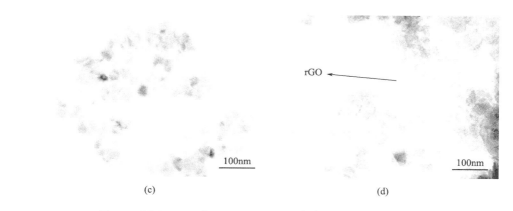

图 4-9　$MgMn_2O_4$ 和 $MgMn_2O_4/rGO$ 的扫描电镜图（a）（b）及
两电极材料的透射电镜图（c）（d）

表 4-1　$MgMn_2O_4$ 和 $MgMn_2O_4/rGO$ 样品的电导率

样品	$MgMn_2O_4$	$MgMn_2O_4/rGO$
电导率/(S/cm)	1.07×10^{-10}	2.13×10^{-6}

4.2.2　镁锰氧化物与石墨烯复合材料的电化学性能

采用三电极法测定了电极材料的电化学性能。采用电极材料作为工作电极，甘汞电极作为参比电极，碳棒作为对电极。工作电极是在 N-甲基-2-吡咯烷酮中加入 80%（质量分数）活性电极材料、10% Super P 和 10% PVDF，采用 0.5M $MgCl_2$ 水溶液作为电解液进行电化学测试的。

为了研究充放电过程中的反应机理，利用电化学工作站和电池测试系统对两种材料进行了循环伏安法和恒流充放电试验，其中，测试电压窗口为 0.5V～0.85V。图 4-10(a)（b）为 $MgMn_2O_4$ 和 $MgMn_2O_4/rGO$ 电极材料在扫描速度为 0.1mV/s 下的初始三次循环伏安曲线（CVs）。图 4-10(c)（d）为两种电极材料在 50mA/g 电流密度下的恒流充放电曲线。

由图 4-10(a)（b）可以看出，$MgMn_2O_4/rGO$ 复合材料比纯 $MgMn_2O_4$ 有更大的氧化还原峰面积，同时，与纯 $MgMn_2O_4$ 相比，$MgMn_2O_4/rGO$ 复合电极的峰值位置明显向电压范围中心偏移。极化电压的降低主要是由于高导电性的 rGO 的加入，进一步促进了镁离子在电极材料中的迁移[404,405]。这一结果表明，在材料表面进行还原氧化石墨烯改性对提高材料的电化学性能起着重要作用。为了找出 $MgMn_2O_4/rGO$ 增容的来源，进行了纯 rGO 的 CV 测试。纯

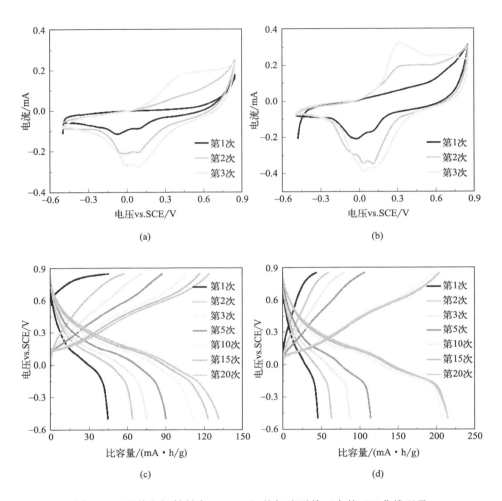

图 4-10　两种电极材料在 0.1mV/s 的扫速下前三次的 CV 曲线以及
在 50mA/g 的电流密度下的充放电曲线 （电子版）

rGO 几乎没有容量，说明复合材料的容量增加是由材料本身 （$MgMn_2O_4$） 提供的。因此，rGO 通过优化材料的导电性和材料表面镁离子扩散性能，有效地改善了材料的电化学性能。

从图 4-10(c) (d) 可以看出，放电曲线在 0.3～0.15V 出现了一个较为明显的电压平台，这与 CVs 的降低峰相一致。电压平台对应于 Mg^{2+} 插入电极材料。此外，$MgMn_2O_4$/rGO 复合电极的放电平台比纯 $MgMn_2O_4$ 长，表示 $MgMn_2O_4$/rGO 复合电极材料具有较高的放电比容量。$MgMn_2O_4$/rGO 复合电极材料在电流密度为 50mA/g 的第一次放电比容量为 45.8mA·h/g，几乎和纯 $MgMn_2O_4$ 一样。此外，由于电极材料的活化过程，两种材料的初始充放电容量都呈现逐渐增大的趋势[206]。特别是 $MgMn_2O_4$/rGO 复合电极的循环性能在 10 次循环后达到稳定，而纯 $MgMn_2O_4$ 在第 20 个循环时仍未达到稳定状态（图 4-11）。这表明，rGO 涂层电极材料的电导率显著提高，从而提高了电极材料与电解液界面处镁离子的输运性能。此外，进一步促进镁离子在电极材料中的插入/脱出，从而获得了优异的电化学性能。

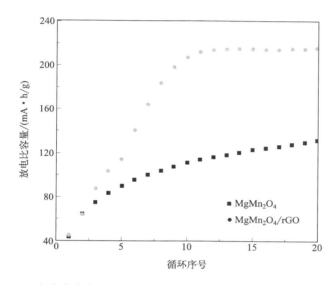

图 4-11　电流密度为 50mA/g 时，$MgMn_2O_4$ 和 $MgMn_2O_4$/rGO 样品
20 次循环的循环性能

　　为了进一步说明 rGO 涂层对电极材料的影响，选择了活性材料质量相同的工作电极进行 CV 测试，扫描速度分别为 0.1mV/s、0.2mV/s、0.3mV/s、0.4mV/s、0.5mV/s。图 4-12 为两种电极材料在不同扫描速率下的 CVs，插图为氧化峰电流与扫描速率平方根的线性关系图。在任何扫描速率下，$MgMn_2O_4$/rGO 比纯 $MgMn_2O_4$ 有更高的峰值电流和更明显的氧化峰。这表明 $MgMn_2O_4$/rGO 复合电极材料的容量比 $MgMn_2O_4$ 高。此外，氧化峰的位置随着扫描速率的增加逐渐向更高的水平移动，这主要是由电极极化引起的，与电极材料的电导率密切相关。从图中可以看出，$MgMn_2O_4$/rGO 复合电极的氧化峰位移较小，说明 rGO 涂层后电极材料的电化学动力学得到了很大的改善，这主要是由于 rGO 的高导电性[398]。

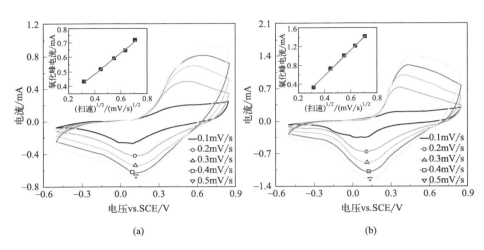

图 4-12　$MgMn_2O_4$(a) 和 $MgMn_2O_4$/rGO(b) 在不同扫描速率下的循环伏安曲线

（插图为阳极电流与扫描速率的平方根的线性拟合）

电池充放电过程中的离子扩散动力学是影响电池系统电化学倍率性能的重要因素。为了研究镁离子的扩散动力学，进一步分析两种电极材料的电化学倍率性能，采用式(4-1) 计算了充电过程中镁离子的扩散系数[406]

$$I_p = 2.69 \times 10^5 n^{3/2} S D_{Mg}^{1/2} v^{1/2} C_{Mg} \qquad (4-1)$$

式中，I_p 为电流峰值，A；n 为除镁过程中转移的电子数；S 为电解液与活性物质的接触面积，cm^2；D_{Mg} 为镁离子的扩散系数，cm^2/S；v 为扫描速率，V/s；C_{Mg} 为镁离子浓度，mol/cm^3。

$MgMn_2O_4$ 和 $MgMn_2O_4$/rGO 电极的镁离子扩散系数在氧化峰位置的计算值为 $7.12 \times 10^{-10} cm^2/S$ 和 $1.03 \times 10^{-8} cm^2/S$。后者的扩散系数明显大于前者，说明 rGO 改性提高了电极/电解质界面处以及材料颗粒与颗粒之间的电导率。因此，镁离子扩散系数相对于整体电极材料的显著提高，为其良好的电化学倍率性能提供了重要依据。

良好的电化学倍率性能是评价电池实际应用的重要指标。因此，使用恒流充放电测试来表征 Mg^{2+} 在不同的电流密度下的电化学插入/提取电极材料。$MgMn_2O_4$/rGO 的电压平台相对更明显，说明 rGO 改性后镁离子的插入/提取更完整，具有更好的电化学性能。图 4-13（a） 显示了两种材料在 $50 \sim 1000mA/g$ 不同电流密度下的速率性能激活后的流程。很明显，$MgMn_2O_4$/rGO 复合电极具有较高的比容量和倍率性能。纯 $MgMn_2O_4$ 的放电比容量是 $131.4mA \cdot h/g$ 电流密度为 $50mA/g$。然而，$MgMn_2O_4$/rGO 的放电比容量高达 211.8mA·h/g，相比于纯 MgMn$_2$O$_4$ 高 80.4mA·h/g。特别是在 1000mA/g 的高电流密度下，MgMn$_2$O$_4$/rGO 的放电比容量为 140.1mA·h/g，高于纯 MgMn$_2$O$_4$。值得注意的是 MgMn$_2$O$_4$/rGO 的电化学性能在目前文献报道中处于相当高的水平。也可以看出，两种材料的库仑效率都接近 100%，而 MgMn$_2$O$_4$/rGO 复合电极更稳定。这些表明 MgMn$_2$O$_4$/rGO 表面修饰的纳米颗粒可以显著改善其电化学性能。

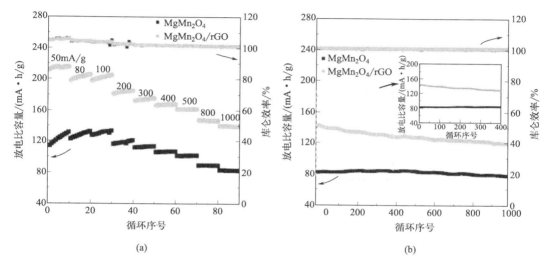

图 4-13　MgMn$_2$O$_4$ 和 MgMn$_2$O$_4$/rGO 的倍率依赖性循环性能（a）和长循环稳定性（b）

图 4-13（b）显示了两种电极在电流密度为 1000mA/g 时的长循环性能，两种材料的放电比容量均有一定的衰减趋势。然而，MgMn$_2$O$_4$/rGO 在前 400 次循环，衰减更严重，这主要是由于 MgMn$_2$O$_4$/rGO 之间的结合力较弱[407]。400 次循环后，复合材料的衰减趋势与纯 MgMn$_2$O$_4$ 相似，这是因为经过多次插入/提取镁离子后，复合材料的表面结构基本稳定，容量的衰减只与 MgMn$_2$O$_4$ 本身有关。MgMn$_2$O$_4$/rGO 的初始放电比容量高达 140.1mA·h/g。经过 1000 次循环后，复合材料的放电比容量保持在 119.5mA·h/g。然而，在 1000 次循环后，纯 MgMn$_2$O$_4$ 放电比容量只有 78mA·h/g，相比于 MgMn$_2$O$_4$/rGO 少 41.5mA·h/g。rGO 有效地提高了材料的比容量和倍率性能。因此，引入 rGO 是提高比容量和倍率能力的有效途径。

总结

采用溶胶-凝胶法制备了 MgMn$_2$O$_4$ 和 MgMn$_2$O$_4$/rGO 纳米材料。首先，

通过 SEM 和 TEM 可以清楚地看出 rGO 的存在，证明了 $MgMn_2O_4$/rGO 复合材料已成功制备。循环伏安法和恒流充放电循环试验表明，涂覆 rGO 的电极材料具有更好的倍率性能。特别是 $MgMn_2O_4$/rGO 复合电极在电流密度为 1000mA/g 时的放电比容量为 140.1mA·h/g，相比于纯 $MgMn_2O_4$ 高 57.3mA·h/g。此外，通过拟合 CV 曲线计算了电极材料的镁离子扩散系数。结果表明，$MgMn_2O_4$/rGO 复合材料的镁离子扩散系数为 $1.03 \times 10^{-8} cm^2$/S，是纯 $MgMn_2O_4$ 纳米粒子的 14.5 倍。rGO 的加入能优化 $MgMn_2O_4$ 的界面性质，促进电荷转移反应，提高 Mg^{2+} 电极内扩散，使其电化学性能具有优越的比容量和倍率性能。

参 考 文 献

[1] M D M. Encyclopedia of sustainability science and technology: chapter 2 battery cathodes [M]. New York: Springer, 2012: 708—739.

[2] Xu B, Qian D, Wang Z, et al. Recent progress in cathode materials research for advanced lithium ion batteries [J]. Materials Science & Engineering R-Reports, 2012, 73 (5-6): 51-65.

[3] Mizushima K, Jones P C, Wiseman P J, et al. Li_xCoO_2 ($0 < x \leqslant 1$): a new cathode material for batteries of high energy density [J]. Solid State Ionics, 1981, 3-4: 171-174.

[4] Croce F, D'epifanio A, Hassoun J, et al. A novel concept for the synthesis of an improved $LiFePO_4$ lithium battery cathode [J]. Electrochemical and Solid State Letters, 2002, 5 (3): A47-A50.

[5] Whittingham M S. Lithium batteries and cathode materials [J]. Chemical Reviews, 2004, 104 (10): 4271-4301.

[6] Ceder G, Chiang Y M, Sadoway D R, et al. Identification of cathode materials for lithium batteries guided by first-principles calculations [J]. Nature, 1998, 392 (6677): 694-696.

[7] Yoon W S, Grey C P, Balasubramanian M, et al. In situ X-ray absorption spectroscopic study on $LiNi_{0.5}Mn_{0.5}O_2$ cathode material during electrochemical cycling [J]. Chemistry of materials, 2003, 15: 3161-3169.

[8] Ohzuku T, Ueda A, Nagayama M, et al. Comparative study of $LiCoO_2$, $LiNi_{1/2}Co_{1/2}O_2$ and $LiNiO_2$ for 4 volt secondary lithium cells [J]. Electrochimica Acta, 1993, 38 (9): 1159-1167.

[9] Tarascon J M, Acta D G J E. The $Li_{1+x}Mn_2O_4$/C rocking-chair system: a review [J]. Electrochimica Acta, 1993, 38 (9): 1221-1231.

[10] Xia Y, Yoshio M. An investigation of lithium ion insertion into spinel structure Li-Mn-O compounds [J]. Journal of the Electrochemical Society, 1996, 143 (3): 825-833.

[11] Goodenough J B, Thackeray M M, David W I F, et al. Lithium insertion/extraction reactions with manganese oxides [J]. Revue de Chimie minerale, 1984, 21 (4): 435-455.

[12] David W, Thackeray M M, Bruce P G, et al. Lithium insertion into βMnO_2 and the rutile-spinel transformation [J]. Materials Research Bulletin, 1984, 19 (1): 99-106.

[13] Thackeray M M, David W, Bruce P G, et al. Lithium insertion into manganese spinels [J]. Materials Research Bulletin, 1983, 18 (4): 461-472.

[14] Chen J. A review of nanostructured lithium ion battery materials via low temperature synthesis [J]. Recent Patents on Nanotechnology, 2013, 7 (1): 2-12.

[15] Aurbach D, Levi M D, Gamulski K, et al. Capacity fading of $Li_xMn_2O_4$ spinel electrodes studied by XRD and electroanalytical techniques [J]. Journal of Power Sources, 1999, 81: 472-479.

[16] Shin Y J, Manthiram A. Factors influencing the capacity fade of spinel lithium manganese oxides [J]. Journal of the Electrochemical Society, 2004, 151 (2): A204-A208.

[17] Kunduraci M, Amatucci G G. The effect of particle size and morphology on the rate capability of 4.7 $VLiMn_{1.5+\delta}Ni_{0.5-\delta}O_4$ spinel lithium-ion battery cathodes [J]. Electrochimica Acta, 2008, 53 (12): 4193-4199.

[18] Lee M H, Kang Y, Myung S T, et al. Synthetic optimization of Li $Ni_{1/3}Co_{1/3}Mn_{1/3}O_2$ via co-precipitation

[J]. Electrochimica Acta, 2004, 50 (4): 939-948.

[19] Chen J S, Ng M F, Wu H B, et al. Synthesis of phase-pure SnO_2 nanosheets with different organized structures and their lithium storage properties [J]. Crystengcomm, 2012, 14 (16): 5133-5136.

[20] Hernan L, Morales J, Sanchez L, et al. Use of Li-M-Mn-O [M=Co, Cr, Ti] spinels prepared by a sol-gel method as cathodes in high-voltage lithium batteries [J]. Solid State Ionics, 1999, 118 (3-4): 179-185.

[21] Kim J H, Myung S T, Yoon C S, et al. Comparative study of $LiNi_{0.5}Mn_{1.5}O_{4-\delta}$ and $LiNi_{0.5}Mn_{1.5}O_4$ cathodes having two crystallographic structures: Fd (3) over-barm and P4 (3) 32 [J]. Chemistry of Materials, 2004, 16 (5): 906-914.

[22] Singhal R, Das S R, Tomar M S, et al. Synthesis and characterization of Nd doped $LiMn_2O_4$ cathode for Li-ion rechargeable batteries [J]. Journal of Power Sources, 2007, 164 (2): 857-861.

[23] Wolfenstine J, Allen J. Ni^{3+}/Ni^{2+} redox potential in $LiNiPO_4$ [J]. Journal of Power Sources, 2005, 142 (1-2): 389-390.

[24] Deng D, Lee J Y. Hollow core-shell mesospheres of crystalline SnO_2 nanoparticle aggregates for high capacity Li^+ ion storage [J]. Chemistry of Materials, 2008, 20 (5): 1841-1846.

[25] Chung S Y, Choi S Y, Yamamoto T, et al. Orientation-dependent arrangement of antisite defects in lithium iron (II) phosphate crystals [J]. Angewandte Chemie-International Edition, 2009, 48 (3): 543-546.

[26] Yabuuchi N, Kumar S, Li H H, et al. Changes in the crystal structure and electrochemical properties of $Li_xNi_{0.5}Mn_{0.5}O_2$ during electrochemical cycling to high voltages [J]. Journal of the Electrochemical Society, 2007, 154 (6): A566-A578.

[27] Yamada A, Chung S C. Crystal chemistry of the olivine-type Li $(MnyFe_{1-y})PO_4$ and $(MnyFe_{1-y})PO_4$ as possible 4 V cathode materials for lithium batteries [J]. Journal of the Electrochemical Society, 2001, 148 (8): A960-A967.

[28] Wolfenstine J, Allen J. $LiNiPO_4$-$LiCoPO_4$ solid solutions as cathodes [J]. Journal of Power Sources, 2004, 136 (1): 150-153.

[29] Wang D Y, Li H, Shi S Q, et al. Improving the rate performance of $LiFePO_4$ by Fe-site doping [J]. Electrochimica Acta, 2005, 50 (14): 2955-2958.

[30] Drezen T, Kwon N-H, Bowen P, et al. Effect of particle size on $LiMnPO_4$ cathodes [J]. Journal of Power Sources, 2007, 174 (2): 949-953.

[31] Ravet N, Chouinard Y, Magnan J F, et al. Electroactivity of natural and synthetic triphylite [J]. Journal of Power Sources, 2001, 97-8: 503-507.

[32] Yamada A, Kudo Y, Liu K Y. Phase diagram of Li_x $(MnyFe_{1-y})PO_4$ $(0 \leqslant x, y \leqslant 1)$ [J]. Journal of the Electrochemical Society, 2001, 148 (10): A1153-A1158.

[33] Yamada A, Kudo Y, Liu K Y. Reaction mechanism of the olivine-type $Li_x(Mn_{0.6}Fe_{0.4})PO_4$ $(0 \leqslant x \leqslant 1)$ [J]. Journal of the Electrochemical Society, 2001, 148 (7): A747-A754.

[34] Ding S, Luan D, Boey F Y C, et al. SnO_2 nanosheets grown on graphene sheets with enhanced lithium storage properties [J]. Chemical Communications, 2011, 47 (25): 7155-7157.

[35] Yamada A, Takei Y, Koizumi H, et al. Electrochemical, magnetic, and structural investigation of the $Li_x(MnyFe_{1-y})PO_4$ olivine phases [J]. Chemistry of Materials, 2006, 18 (3): 804-813.

[36] Li Z, Chernova N A, Roppolo M, et al. Comparative study of the capacity and rate capability of $LiNi_yMn_y$-

$Co_{1-2y}O_2$ (y=0.5, 0.45, 0.4, 0.33) [J]. Journal of the Electrochemical Society, 2011, 158 (5): A516-A522.

[37] Breger J, Dupre N, Chupas P J, et al. Short-and long-range order in the positive electrode material, $Li(NiMn)_{0.5}O_2$: a joint X-ray and neutron diffraction, pair distribution function analysis and NMR study [J]. Journal of the American Chemical Society, 2005, 127 (20): 7529-7537.

[38] Yabuuchi N, Koyama Y, Nakayama N, et al. Solid-state chemistry and electrochemistry of $LiCo_{1/3}Ni_{1/3}Mn_{1/3}O_2$ for advanced lithium-ion batteries [J]. Journal of the Electrochemical Society, 2005, 152 (7): A1434-A1440.

[39] Ramesh T N, Lee K T, Ellis B L, et al. Tavorite lithium iron fluorophosphate cathode materials: phase transition and electrochemistry of $LiFePO_4F-Li_2FePO_4F$ [J]. Electrochemical and Solid State Letters, 2010, 13 (4): A43-A47.

[40] Martin J F, Yamada A, Kobayashi G, et al. Air exposure effect on $LiFePO_4$ [J]. Electrochemical and Solid State Letters, 2008, 11 (1): A12-A16.

[41] Meng Y S, Ceder G, Grey C P, et al. Understanding the crystal structure of layered $LiNi_{0.5}Mn_{0.5}O_2$ by electron diffraction and powder diffraction simulation [J]. Electrochemical and Solid State Letters, 2004, 7 (6): A155-A158.

[42] Fell C R, Carroll K J, Chi M, et al. Synthesis-structure-property relations in layered, "Li-excess" oxides electrode materials $Li\ Li_{(1/3-2x/3)}Ni_{(x)}Mn_{(2/3-x/3)}O_{(2)}$ (x=1/3, 1/4, and 1/5) [J]. Journal of the Electrochemical Society, 2010, 157 (11): A1202-A1211.

[43] Lu Z H, Macneil D D, Dahn J R. Layered cathode materials $Li\ Ni_xLi_{(1/3-2x/3)}Mn_{(2/3-x/3)}O_2$ for lithiumion batteries [J]. Electrochemical and Solid State Letters, 2001, 4 (11): A191-A194.

[44] Nyten A, Abouimrane A, Armand M, et al. Electrochemical performance of Li_2FeSiO_4 as a new Li-battery cathode material [J]. Electrochemistry Communications, 2005, 7 (2): 156-160.

[45] Dominko R, Bele M, Gaberscek M, et al. Structure and electrochemical performance of Li_2MnSiO_4 and Li_2FeSiO_4 as potential Li-battery cathode materials [J]. Electrochemistry Communications, 2006, 8 (2): 217-222.

[46] Xia H, Meng Y S, Lu L, et al. Electrochemical properties of nonstoichiometric $LiNi_{0.5}Mn_{1.5}O_{4-\delta}$ thin-film electrodes prepared by pulsed laser deposition [J]. Journal of the Electrochemical Society, 2007, 154 (8): A737-A743.

[47] Shaju K M, Bruce P G. Macroporous $Li\ (Ni_{1/3}Co_{1/3}Mn_{1/3})\ O_2$: a high-power and high-energy cathode for rechargeable lithium batteries [J]. Advanced Materials, 2006, 18 (17): 2330-2334.

[48] Kim J M, Chung H T. The first cycle characteristics of $Li\ Ni_{1/3}Co_{1/3}Mn_{1/3}O_2$ charged up to 4.7V [J]. Electrochimica Acta, 2004, 49 (6): 937-944.

[49] Ouyang C Y, Zhong Z Y, Lei M S. Ab initio studies of structural and electronic properties of $Li_4Ti_5O_{12}$ spinel [J]. Electrochemistry Communications, 2007, 9 (5): 1107-1112.

[50] Olson C L, Nelson J, Islam M S. Defect chemistry, surface structures, and lithium insertion in anatase TiO_2 [J]. Journal of Physical Chemistry B, 2006, 110 (20): 9995-10001.

[51] Dong L, Liu Y, Zhuo Y, et al. Effect of alien cations on the growth mode and self-assemble fashion of ZnO nanostructures [J]. Journal of Alloys and Compounds, 2011, 509 (5): 2021-2030.

[52] Morishita T, Hirabayashi T, Okuni T, et al. Preparation of carbon-coated Sn powders and their loading on-

to graphite flakes for lithium ion secondary battery [J]. Journal of Power Sources, 2006, 160 (1): 638-644.

[53] Raffaelle R P, Landi B J, Harris J D, et al. Carbon nanotubes for power applications [J]. Materials Science and Engineering B-Solid State Materials for Advanced Technology, 2005, 116 (3): 233-243.

[54] Wang J, Liu X M, Yang H, et al. Characterization and electrochemical properties of carbon-coated $Li_4Ti_5O_{12}$ prepared by a citric acid sol-gel method [J]. Journal of Alloys and Compounds, 2011, 509 (3): 712-718.

[55] Koudriachova M V, De Leeuw S W, Harrison N M. Orthorhombic distortion on Li intercalation in anatase [J]. Physical Review B, 2004, 69 (5).

[56] Haik O, Ganin S, Gershinsky G, et al. On the thermal behavior of lithium intercalated graphites [J]. Journal of the Electrochemical Society, 2011, 158 (8): A913-A923.

[57] Tsubouchi S, Domi Y, Doi T, et al. Spectroscopic analysis of surface layers in close contact with edge plane graphite negative-electrodes [J]. Journal of the Electrochemical Society, 2013, 160 (4): A575-A580.

[58] Lee J S, Wang X, Luo H, et al. Facile ionothermal synthesis of microporous and mesoporous carbons from task specific ionic liquids [J]. Journal of the American Chemical Society, 2009, 131 (13): 4596-4597.

[59] Kim C, Yang K S, Kojima M, et al. Fabrication of electrospinning-derived carbon nanofiber webs for the anode material of lithium-ion secondary batteries [J]. Advanced Functional Materials, 2006, 16 (18): 2393-2397.

[60] Wilkening M, Amade R, Iwaniak W, et al. Ultraslow Li diffusion in spinel-type structured $Li_4Ti_5O_{12}$——a comparison of results from solid state NMR and impedance spectroscopy [J]. Physical Chemistry Chemical Physics, 2007, 9 (10): 1239-1246.

[61] Hou J, Shao Y, Ellis M W, et al. Graphene-based electrochemical energy conversion and storage: fuel cells, supercapacitors and lithium ion batteries [J]. Physical Chemistry Chemical Physics, 2011, 13 (34): 15384-15402.

[62] Muscat J S V, Harrison N M. First-principles calculations of the phase stability of TiO_2 [J]. Physical Review B, 2002, 65 (22): 224112.

[63] Goward G R, Taylor N J, Souza D C S, et al. The true crystal structure of $Li_{17}M_4$ (M=Ge, Sn, Pb) - revised from $Li_{22}M_5$ [J]. Journal of Alloys and Compounds, 2001, 329 (1-2): 82-91.

[64] Lupu C, Mao J G, Rabalais J W, et al. X-ray and neutron diffraction studies on " $Li_{4.4}Sn$" [J]. Inorganic Chemistry, 2003, 42 (12): 3765-3771.

[65] Chen J. Recent progress in advanced materials for lithium ion batteries [J]. Materials, 2013, 6 (1): 156-183.

[66] Yan X, Li Y, Du F, et al. Synthesis and optimizable electrochemical performance of reduced graphene oxide wrapped mesoporous TiO_2 microspheres [J]. Nanoscale, 2014, 6 (8): 4108-4116.

[67] Wang X L, Feygenson M, Aronson M C, et al. Sn/SnO_x core-shell nanospheres: synthesis, anode performance in Li ion batteries, and superconductivity [J]. Journal of Physical Chemistry C, 2010, 114 (35): 14697-14703.

[68] Kravchyk K, Protesescu L, Bodnarchuk M I, et al. Monodisperse and inorganically capped Sn and Sn/SnO_2 nanocrystals for high-performance Li-ion battery anodes [J]. Journal of the American Chemical Society, 2013, 135 (11): 4199-4202.

[69] Kim I S, Blomgren G E, Kumta P N. Sn/C composite anodes for Li-ion batteries [J]. Electrochemical and Solid State Letters, 2004, 7 (3): A44-A48.

[70] Hassoun J, Panero S, Simon P, et al. High-rate, long-life Ni-Sn nanostructured electrodes for lithium-ion batteries [J]. Advanced Materials, 2007, 19 (12): 1632-1635.

[71] Luo B, Wang B, Liang M, et al. Reduced graphene oxide-mediated growth of uniform tin-core/carbon-sheath coaxial nanocables with enhanced lithium ion storage properties [J]. Advanced Materials, 2012, 24 (11): 1405-1409.

[72] Lou X W, Wang Y, Yuan C, et al. Template-free synthesis of SnO_2 hollow nanostructures with high lithium storage capacity [J]. Advanced Materials, 2006, 18 (17): 2325-2329.

[73] Wang Z, Luan D, Boey F Y C, et al. Fast formation of SnO_2 nanoboxes with enhanced lithium storage capability [J]. Journal of the American Chemical Society, 2011, 133 (13): 4738-4741.

[74] Wang Y, Lee J Y, Zeng H C. Polycrystalline SnO_2 nanotubes prepared via infiltration casting of nanocrystallites and their electrochemical application [J]. Chemistry of Materials, 2005, 17 (15): 3899-3903.

[75] Park M S, Wang G X, Kang Y M, et al. Preparation and electrochemical properties of SnO_2 nanowires for application in lithium-ion batteries [J]. Angewandte Chemie-International Edition, 2007, 46 (5): 750-753.

[76] Park M S, Kang Y M, Wang G X, et al. The effect of morphological modification on the electrochemical properties of SnO_2 nanomaterials [J]. Advanced Functional Materials, 2008, 18 (3): 455-461.

[77] Ye J, Zhang H, Yang R, et al. Morphology-controlled synthesis of SnO_2 nanotubes by using 1D silica mesostructures as sacrificial templates and their applications in lithium-ion batteries [J]. Small, 2010, 6 (2): 296-306.

[78] Kasavajjula U, Wang C, Appleby A J. Nano-and bulk-silicon-based insertion anodes for lithium-ion secondary cells [J]. Journal of Power Sources, 2007, 163 (2): 1003-1039.

[79] Zhang W J. A review of the electrochemical performance of alloy anodes for lithium-ion batteries [J]. Journal of Power Sources, 2011, 196 (1): 13-24.

[80] Boukamp B A, Lesh G C, Huggins R A. All-solid lithium electrodes with mixed-conductor matrix [J]. Journal of the Electrochemical Society, 1984, 128 (4): 725-729.

[81] Li H, Huang X J, Chen L Q, et al. A high capacity nano-Si composite anode material for lithium rechargeable batteries [J]. Electrochemical and Solid State Letters, 1999, 2 (11): 547-549.

[82] Kim H, Seo M, Park M-H, et al. A critical size of silicon nano-anodes for lithium rechargeable batteries [J]. Angewandte Chemie-International Edition, 2010, 49 (12): 2146-2149.

[83] Magasinski A, Dixon P, Hertzberg B, et al. High-performance lithium-ion anodes using a hierarchical bottom-up approach [J]. Nature Materials, 2010, 9 (4): 353-358.

[84] Lee J K, Smith K B, Hayner C M, et al. Silicon nanoparticles-graphene paper composites for Li ion battery anodes [J]. Chemical Communications, 2010, 46 (12): 2025-2027.

[85] Zhu G N, Wang Y G, Xia Y Y. Ti-based compounds as anode materials for Li-ion batteries [J]. Energy & Environmental Science, 2012, 5 (5): 6652-6667.

[86] Sorensen E M, Barry S J, Jung H K, et al. Three-dimensionally ordered macroporous $Li_4Ti_5O_{12}$: effect of wall structure on electrochemical properties [J]. Chemistry of Materials, 2006, 18 (2): 482-489.

[87] Wagemaker M, Simon D R, Kelder E M, et al. A kinetic two-phase and equilibrium solid solution in spinel

$Li_{4+x}Ti_5O_{12}$ [J]. Advanced Materials, 2006, 18 (23): 3169-3173.

[88] Colin J F, Godbole V, Novak P. In situ neutron diffraction study of Li insertion in $Li_4Ti_5O_{12}$ [J]. Electrochemistry Communications, 2010, 12 (6): 804-807.

[89] Paraknowitsch J P, Zhang J, Su D, et al. Ionic liquids as precursors for nitrogen-doped graphitic carbon [J]. Advanced Materials, 2010, 22 (1): 87-92.

[90] Paraknowitsch J P, Thomas A, Antonietti M. A detailed view on the polycondensation of ionic liquid monomers towards nitrogen doped carbon materials [J]. Journal of Materials Chemistry, 2010, 20 (32): 6746-6758.

[91] Zhao L, Hu Y S, Li H, et al. Porous $Li_4Ti_5O_{12}$ coated with N-doped carbon from ionic liquids for Li-ion batteries [J]. Advanced Materials, 2011, 23 (11): 1385-1388.

[92] Leonidov I A, Leonidova O N, Samigullina R F, et al. Structural aspects of lithium transfer in solid electrolytes $Li_{2x}Zn_{2-3x}Ti_{1+x}O_4$ ($0.33 \leqslant x \leqslant 0.67$) [J]. Journal of Structural Chemistry, 2004, 45 (2): 262-268.

[93] Capsoni D, Bini M, Massarotti V, et al. Cr and Ni doping of $Li_4Ti_5O_{12}$: cation distribution and functional properties [J]. Journal of Physical Chemistry C, 2009, 113 (45): 19664-19671.

[94] Kim H K, Bak S M, Kim K B. $Li_4Ti_5O_{12}$/reduced graphite oxide nano-hybrid material for high rate lithium-ion batteries [J]. Electrochemistry Communications, 2010, 12 (12): 1768-1771.

[95] Shen L, Yuan C, Luo H, et al. In situ growth of $Li_4Ti_5O_{12}$ on multi-walled carbon nanotubes: novel coaxial nanocables for high rate lithium ion batteries [J]. Journal of Materials Chemistry, 2011, 21 (3): 761-767.

[96] Zhu N, Liu W, Xue M, et al. Graphene as a conductive additive to enhance the high-rate capabilities of electrospun $Li_4Ti_5O_{12}$ for lithium-ion batteries [J]. Electrochimica Acta, 2010, 55 (20): 5813-5818.

[97] Shen L, Yuan C, Luo H, et al. In situ synthesis of high-loading $Li_4Ti_5O_{12}$-graphene hybrid nanostructures for high rate lithium ion batteries [J]. Nanoscale, 2011, 3 (2): 572-574.

[98] Arico A S, Bruce P, Scrosati B, et al. Nanostructured materials for advanced energy conversion and storage devices [J]. Nature Materials, 2005, 4 (5): 366-377.

[99] Ergang N S, Lytle J C, Yan H W, et al. Effect of a macropore structure on cycling rates of $LiCoO_2$ [J]. Journal of the Electrochemical Society, 2005, 152 (10): A1989-A1995.

[100] Kavan L, Grätzel M, Gilbert S E, et al. Electrochemical and photoelectrochemical investigation of single-crystal anatase [J], 1996, 118 (28): 6716.

[101] Hu Y S, Kienle L, Guo Y G, et al. High lithium electroactivity of nanometer-sized rutile TiO_2 [J]. Advanced Materials, 2006, 18 (11): 1421-1426.

[102] Chen J S, Lou X W. Anatase TiO_2 nanosheet: an ideal host structure for fast and efficient lithium insertion/extraction [J]. Electrochemistry Communications, 2009, 11 (12): 2332-2335.

[103] Oh S W, Park S H, Sun Y K. Hydrothermal synthesis of nano-sized anatase TiO_2 powders for lithium secondary anode materials [J]. Journal of Power Sources, 2006, 161 (2): 1314-1318.

[104] Pfanzelt M, Kubiak P, Fleischhammer M, et al. TiO_2 rutile-an alternative anode material for safe lithium-ion batteries [J]. Journal of Power Sources, 2011, 196 (16): 6815-6821.

[105] Reddy M A, Kishore M S, Pralong V, et al. Room temperature synthesis and Li insertion into nanocrystalline rutile TiO_2 [J]. Electrochemistry Communications, 2006, 8 (8): 1299-1303.

[106]　Armstrong A R, Arrouvel C, Gentili V, et al. Lithium coordination sites in Li_xTiO_2 (B): a structural and computational study [J]. Chemistry of Materials, 2010, 22 (23): 6426-6432.

[107]　Dylla A G, Xiao P, Henkelman G, et al. Morphological dependence of lithium insertion in nanocrystalline TiO_2 (B) nanoparticles and nanosheets [J]. Journal of Physical Chemistry Letters, 2012, 3 (15): 2015-2019.

[108]　Harada Y, Hoshina K, Inagaki H, et al. Influence of synthesis conditions on crystal formation and electrochemical properties of TiO_2 (B) particles as anode materials for lithium-ion batteries [J]. Electrochimica Acta, 2013, 112: 310-317.

[109]　Wright P V. Electrical conductivity in ionic complexes of poly (ethylene oxide) [J]. British polymer journal, 1975, 7 (5): 319-327.

[110]　Liu H, Ma S, Wu J, et al. Recent advances in screening lithium solid-state electrolytes through machine learning [J]. Frontiers in Energy Research, 2021, 9: 639741.

[111]　Wang C, Fu K, Kammampata S P, et al. Garnet-type solid-state electrolytes: materials, interfaces, and batteries [J]. Chemical Reviews, 2020, 120 (10): 4257-4300.

[112]　Liu Q, Wang X, Wang Z, et al. Composite solid electrolytes with high contents of ceramics [J]. progress in chemistry, 2021, 33 (1): 124-135.

[113]　Liang Y L, Dong H, Aurbach D, et al. Current status and future directions of multivalent metalion batteries [J]. Nature Energy, 2020, 5 (9): 646-656.

[114]　Huang J H, Guo Z W, Ma Y Y, et al. Recent progress of rechargeable batteries using mild aqueous electrolytes [J]. Small Methods, 2019, 3 (1): 20.

[115]　Yoo H D, Shterenberg I, Gofer Y, et al. Mg rechargeable batteries: an on-going challenge [J]. Energy & Environmental Science, 2013, 6 (8): 2265-2279.

[116]　Mao M L, Gao T, Hou S Y, et al. A critical review of cathodes for rechargeable Mg batteries [J]. Chemical Society Reviews, 2018, 47 (23): 8804-8841.

[117]　张琴, 胡耀波, 王润, 等. 镁离子电池正极材料研究现状 [J]. 材料导报, 2022, 26 (7): 1-30.

[118]　Li J N, Yu J, Amiinu I S, et al. Na-Mn-O@C yolk-shell nanorods as an ultrahigh electrochemical performance anode for lithium ion batteries [J]. Journal of Materials Chemistry A, 2017, 5 (35): 18509-18517.

[119]　Chua R, Cai Y, Kou Z K, et al. 1.3V superwide potential window sponsored by Na-Mn-O plates as cathodes towards aqueous rechargeable sodium-ion batteries [J]. Chemical Engineering Journal, 2019, 370: 742-748.

[120]　Zheng P, Su J X, Wang Y B, et al. A high-performance primary nanosheet heterojunction cathode composed of $Na_{0.44}MnO_2$ tunnels and layered $Na_2Mn_3O_7$ for Na-ion batteries [J]. Chemsuschem, 2020, 13 (7): 1793-1799.

[121]　李晶. 镁离子电池钒系正极材料的研究 [D]. 重庆: 重庆大学, 2014.

[122]　Li X G, Gao T, Han F D, et al. Reducing Mg anode overpotential via ion conductive surface layer formation by iodine additive [J]. Advanced Energy Materials, 2018, 8 (7): 6.

[123]　Niu J Z, Gao H, Ma W S, et al. Dual phase enhanced superior electrochemical performance of nanoporous bismuth-tin alloy anodes for magnesium-ion batteries [J]. Energy Storage Materials, 2018, 14: 351-360.

[124]　Li B, Masse R, Liu C F, et al. Kinetic surface control for improved magnesium-electrolyte interfaces for

magnesium ion batteries [J]. Energy Storage Materials, 2019, 22: 96-104.

[125] Er D, Detsi E, Kumar H, et al. Defective graphene and graphene allotropes as high-capacity anode materials for Mg ion batteries [J]. Acs Energy Letters, 2016, 1 (3): 638-645.

[126] Jin W, Wang Z G, Fu Y Q. Monolayer black phosphorus as potential anode materials for Mg-ion batteries [J]. Journal of Materials Science, 2016, 51 (15): 7355-7360.

[127] Sibari A, El Marjaoui A, Lakhal M, et al. Phosphorene as a promising anode material for (Li/Na/Mg) - ion batteries: a first-principle study [J]. Solar Energy Materials and Solar Cells, 2018, 180: 253-257.

[128] Zhang C H, Zhang L R, Li N W, et al. Studies of $FeSe_2$ cathode materials for Mg-Li hybrid batteries [J]. Energies, 2020, 13 (17): 10.

[129] Lee B, Cho J H, Seo H R, et al. Strategic combination of Grignard reagents and allyl-functionalized ionic liquids as an advanced electrolyte for rechargeable magnesium batteries [J]. Journal of Materials Chemistry A, 2018, 6 (7): 3126-3133.

[130] Yuan C L, Zhang Y, Pan Y, et al. Investigation of the intercalation of polyvalent cations (Mg^{2+}, Zn^{2+}) into lambda-MnO_2 for rechargeable aqueous battery [J]. Electrochimica Acta, 2014, 116: 404-412.

[131] Zhang H Y, Ye K, Huang X M, et al. Preparation of $Mg_{1.1}Mn_6O_{12}$ center dot 4.5H_2O with nanobelt structure and its application in aqueous magnesium-ion battery [J]. Journal of Power Sources, 2017, 338: 136-144.

[132] Sun T J, Du H H, Zheng S B, et al. Inverse-spinel Mg_2MnO_4 material as cathode for high-performance aqueous magnesium-ion battery [J]. Journal of Power Sources, 2021, 515: 7.

[133] Krol R, Goossens A, Schoonman J. Spatial extent of lithium intercalation in anatase TiO_2 [J]. The Journal of Physical Chemistry B, 1999, 103 (34): 7151-7159.

[134] Olson C L, Nelson J, Islam M S. Defect chemistry, surface structures, and lithium insertion in anatase TiO_2 [J]. The Journal of Physical Chemistry B, 2006, 110 (20): 9995-10001.

[135] Koudriachova M V, Leeuw S D, Harrison N M. Orthorhombic distortion on Li intercalation in anatase [J]. Physical Review B, 2004, 69 (5): 054106.

[136] Muscat J, Swamy V, Harrison N M. First-principles calculations of the phase stability of TiO_2 [J]. Physical Review B, 2002, 65 (22): 224112.

[137] Mackrodt W C. First principles hartree-fock description of lithium insertion in oxides [J], 1999, 142 (2): 428-439.

[138] Stashans A, Lunell S, Bergström R, et al. Theoretical study of lithium intercalation in rutile and anatase [J]. Physical Review B, 1996, 53 (1): 159-170.

[139] Koudriachova M V, de Leeuw S W, Harrison N M. First-principles study of H intercalation in rutileTiO_2 [J]. Physical Review B, 2004, 70 (16): 165421.

[140] Yang Z, Choi D, Kerisit S, et al. Nanostructures and lithium electrochemical reactivity of lithium titanites and titanium oxides: a review [J]. Journal of Power Sources, 2009, 192 (2): 588-598.

[141] Koudriachova M V, Harrison N M, Leeuw S W. Diffusion of Li-ions in rutile. An ab initio study [J]. Solid States Ionics, 2003, 157 (1-4): 35-38.

[142] Payne M C, Teter M P, Allan D C, et al. Iterative minimization techniques for ab initio total-energy calculations: molecular dynamics and conjugate gradients [J]. Review of modern physics, 1992, 64 (4): 1045-1097.

[143] Zachau-Christiansen B, West K, Jacobsen T, et al. Lithium insertion in different TiO_2 modifications [J]. Solid States Ionics, 1988, 28-30: 1176-1182.

[144] Cava R J, Murphy D W, Zahurak S, et al. The crystal structures of the lithium-inserted metal oxides $Li_{0.5}TiO_2$ anatase, $LiTi_2O_4$ spinel, and $Li_2Ti_2O_4$ [J]. Journal of Solid State Chemistry, 1984, 53 (1): 64-75.

[145] Deng D, Min G K, Lee J Y, et al. Green energy storage materials: nanostructured TiO_2 and Sn-based anodes for lithium-ion batteries [J]. Energy & Environmental Science, 2009, 2 (8): 818-837.

[146] Reddy M A, Kishore M S, Pralong V, et al. Lithium intercalation into nanocrystalline brookite TiO_2 [J]. Electrochemical and solid-state letters, 2007, 10 (2): A29-A31.

[147] Dambournet D, Belharouak I, Amine K. Tailored preparation methods of TiO_2 anatase, rutile, brookite: mechanism of formation and electrochemical properties [J]. Chemistry of Materials, 2010, 22 (3): 1173-1179.

[148] Zukalova M, Kalbac M, Kavan L, et al. Pseudocapacitive Lithium Storage in TiO_2 (B) [J]. Chemistry of Materiols, 2005, 17 (5): 1248-1255.

[149] Marchand R, Brohan L, Tournoux M. TiO_2 (B) a new form of titanium dioxide and the potassium octatitanate $K_2Ti_8O_{17}$ [J]. Materials Research Bulletin, 1980, 15 (8): 1129-1133.

[150] Feist T P, Davies P K. The soft chemical synthesis of TiO_2 (B) from layered titanates [J]. Journal of Solid State Chemistry, 1992, 101 (2): 275-295.

[151] Arrouvel C, Parker S C, Islam M S. Lithium insertion and transport in the TiO_2-B anode material: a computational study [J]. Chemistry of Materials, 2009, 21 (20): 4778-4783.

[152] Truong Q D, Devaraju M K, Tran P D, et al. Unravelling the surface structure of $MgMn_2O_4$ cathode materials for rechargeable magnesium-ion battery [J]. Chemistry of Materials, 2017, 29 (15): 6245-6251.

[153] Fehse M, Cavaliere S, Lippens P E, et al. Nb-doped TiO_2 nanofibers for lithium ion batteries [J]. Journal of Physical Chemistry C, 2013, 117 (27): 13827-13835.

[154] Jin W, Yin G Q, Wang Z G, et al. Surface stability of spinel $MgNi_{0.5}Mn_{1.5}O_4$ and $MgMn_2O_4$ as cathode materials for magnesium ion batteries [J]. Applied Surface Science, 2016, 385: 72-79.

[155] Zainol N H, Hambali D, Osman Z, et al. Synthesis and characterization of Ti-doped $MgMn_2O_4$ cathode material for magnesium ion batteries [J]. Ionics, 2018, 25 (1): 133-139.

[156] Harudin N, Osman Z, Majid S R, et al. Improved electrochemical properties of $MgMn_2O_4$ cathode materials by Sr doping for Mg ion cells [J]. Ionics, 2020, 26 (8): 3947-3958.

[157] Rosli R, Othman L, Harudin N, et al. Effect of using different reducing agents on the thermal, structural, morphological and electrical properties of aluminium-doped $MgMn_2O_4$ cathode material for magnesium ion cells [J]. Journal of Materials Science: Materials in Electronics, 2022, 33 (10): 8003-8015.

[158] Kim C, Phillips P J, Key B, et al. Direct observation of reversible magnesium ion intercalation into a spinel oxide host [J]. Advanced Materials, 2015, 27 (22): 3377-3384.

[159] Levi E, Gofer Y, Aurbach D. On the way to rechargeable Mg batteries: the challenge of new cathode materials [J]. Chemistry of Materials, 2010, 22 (3): 860-868.

[160] Liang Y, Feng R, Yang S, et al. Rechargeable Mg batteries with graphene-like MoS_2 cathode and ultrasmall Mg nanoparticle anode [J]. Advanced Materials, 2011, 23 (5): 640-643.

[161] Arthur T S, Singh N, Matsui M. Electrodeposited Bi, Sb and $Bi_{1-x}Sb_x$ alloys as anodes for Mg-ion batter-

ies [J]. Electrochemistry Communications, 2012, 16 (1): 103-106.

[162] Rasul S, Suzuki S, Yamaguchi S, et al. High capacity positive electrodes for secondary Mg-ion batteries [J]. Electrochimica Acta, 2012, 82: 243-249.

[163] Zhang R G, Yu X Q, Nam K W, et al. Alpha-MnO$_2$ as a cathode material for rechargeable Mg batteries [J]. Electrochemistry Communications, 2012, 23: 111.

[164] Kaewmaraya T, Ramzan M, Osorio-Guillen J M, et al. Electronic structure and ionic diffusion of green battery cathode material: Mg$_2$Mo$_6$S$_8$ [J]. Solid State Ionics, 2014, 261: 17-20.

[165] Kim J S, Chang W S, Kim R H, et al. High-capacity nanostructured manganese dioxide cathode for rechargeable magnesium ion batteries [J]. Journal of Power Sources, 2015, 273: 210-215.

[166] Singh G, Gupta S L, Prasad R, et al. Suppression of Jahn-Teller distortion by chromium and magnesium doping in spinel LiMn$_2$O$_4$: a first-principles study using GGA and GGA plus U [J]. Journal of Physics and Chemistry of Solids, 2009, 70 (8): 1200-1206.

[167] Ling C, Mizuno F. Phase stability of post-spinel compound AMn$_2$O$_4$ (A=Li, Na, or Mg) and its application as a rechargeable battery cathode [J]. Chemistry of Materials, 2013, 25 (15): 3062-3071.

[168] Yu Z M, Zhao L C. Preparation and electrochemical properties of LiMn$_{1.95}$M$_{0.05}$O$_4$ (M=Cr, Ni) [J]. Rare Metals, 2007, 26 (1): 62-67.

[169] Shu J, Yi T F, Shui M A, et al. Comparison of electronic property and structural stability of LiMn$_2$O$_4$ and LiNi$_{0.5}$Mn$_{1.5}$O$_4$ as cathode materials for lithium-ion batteries [J]. Computational Materials Science, 2010, 50 (2): 776-779.

[170] Kim J S, Chang W S, Kim R H, et al. High-capacity nanostructured manganese dioxide cathode for rechargeable magnesium ion batteries [J]. Journal of Power Sources, 2015, 273: 210-215.

[171] Bruce P G, Scrosati B, Tarascon J M. Nanomaterials for rechargeable lithium batteries [J]. Angewandte Chemie-International Edition, 2008, 47 (16): 2930-2946.

[172] Zhang X L, Cheng F Y, Yang J G, et al. LiNi$_{0.5}$Mn$_{1.5}$O$_4$ porous nanorods as high-rate and long-life cathodes for Li-ion batteries [J]. Nano Letters, 2013, 13 (6): 2822-2825.

[173] Karim A, Fosse S, Persson K A. Surface structure and equilibrium particle shape of the LiMn$_2$O$_4$ spinel from first-principles calculations [J]. Physical Review B, 2013, 87 (7).

[174] Lee E, Persson K A. First-principles study of the nano-scaling effect on the electrochemical behavior in LiNi$_{0.5}$Mn$_{1.5}$O$_4$ [J]. Nanotechnology, 2013, 24 (42): 424007.

[175] Wang H L, Shi Z Q, Li J W, et al. Direct carbon coating at high temperature on LiNi$_{0.5}$Mn$_{1.5}$O$_4$ cathode: unexpected influence on crystal structure and electrochemical performances [J]. Journal of Power Sources, 2015, 288: 206-213.

[176] Wu Q, Yin Y F, Sun S W, et al. Novel AlF$_3$ surface modified spinel LiMn$_{1.5}$Ni$_{0.5}$O$_4$ for lithium-ion batteries: performance characterization and mechanism exploration [J]. Electrochimica Acta, 2015, 158: 73-80.

[177] Wen W C, Yang X K, Wang X Y, et al. Improved electrochemical performance of the spherical LiNi$_{0.5}$Mn$_{1.5}$O$_4$ particles modified by nano-Y$_2$O$_3$ coating [J]. Journal of Solid State Electrochemistry, 2015, 19 (4): 1235-1246.

[178] Cho H M, Chen M V, Macrae A C, et al. Effect of surface modification on nano-structured LiNi$_{0.5}$Mn$_{1.5}$O$_4$ spinel materials [J]. Acs Applied Materials & Interfaces, 2015, 7 (30): 16231-16239.

[179] Slusarski T, Brzostowski B, Tomecka D, et al. Application of the package SIESTA to linear models of a molecular chromium-based ring [J]. Acta Physica Polonica A, 2010, 118 (5): 967-968.

[180] Yndurain F. First-principles calculations of the diamond (110) surface: a Mott insulator [J]. Physical Review B, 2007, 75 (19).

[181] Liu M, Rong Z Q, Malik R, et al. Spinel compounds as multivalent battery cathodes: a systematic evaluation based on ab initio calculations [J]. Energy & Environmental Science, 2015, 8 (3): 964-974.

[182] Troullier N, Martins J L. Efficient pseudopotentials for plane-wave calculations [J]. Physical Review B, 1991, 43 (3): 1993-2006.

[183] Lee Y J, Park S H, Eng C, et al. Cation ordering and electrochemical properties of the cathode materials $LiZn_xMn_2O_x$ (4), $0 < x \leqslant 0.5$: a Li-6 magic-angle spinning NMR spectroscopy and diffraction study [J]. Chemistry of Materials, 2002, 14 (1): 194-205.

[184] Evarestov R A, Smirnov V P. Modification of the Monkhorst-Pack special points meshes in the Brillouin zone for density functional theory and Hartree-Fock calculations [J]. Physical Review B, 2004, 70 (23): 233101.

[185] Aykol M, Kim S, Wolverton C. Van der Waals interactions in layered lithium cobalt oxides [J]. Journal of Physical Chemistry C, 2015, 119 (33): 19053-19058.

[186] Kim S, Noh J K, Aykol M, et al. Layered-layered-spinel cathode materials prepared by a high energy ball-milling process for lithium-ion batteries [J]. Acs Applied Materials & Interfaces, 2016, 8 (1): 363-370.

[187] Carrasco J. Role of van der Waals forces in thermodynamics and kinetics of layered transition metal oxide electrodes: alkali and alkaline-earth ion insertion into V_2O_5 [J]. Journal of Physical Chemistry C, 2014, 118 (34): 19599-19607.

[188] Scivetti I, Teobaldi G. (Sub) surface-promoted disproportionation and absolute band alignment in high-power $LiMn_2O_4$ cathodes [J]. Journal of Physical Chemistry C, 2015, 119 (37): 21358-21368.

[189] Cui J, Liu W. First-principles study of the (001) surface of cubic $BiAlO_3$ [J]. Physica B-Condensed Matter, 2010, 405 (22): 4687-4690.

[190] Benedek R, Thackeray M M. Simulation of the surface structure of lithium manganese oxide spinel [J]. Physical Review B, 2011, 83 (19): 195439.

[191] Ouyang C Y, Zeng X M, Sljivancanin Z, et al. Oxidation states of Mn atoms at chlean and Al_2O_3-covered $LiMn_2O_4$ (001) surfaces [J]. Journal of Physical Chemistry C, 2010, 114 (10): 4756-4759.

[192] Vitos L, Kollar J, Skriver H L. Full charge-density calculation of the surface-energy of metals [J]. Physical Review B, 1994, 49 (23): 16694-16701.

[193] Gu M, Belharouak I, Genc A, et al. Conflicting roles of nickel in controlling cathode performance in lithium ion batteries [J]. Nano Letters, 2012, 12 (10): 5186-5191.

[194] Gu M, Genc A, Belharouak I, et al. Nanoscale phase separation, cation ordering, and surface chemistry in pristine $Li_{1.2}Ni_{0.2}Mn_{0.6}O_2$ for Li-ion batteries [J]. Chemistry of Materials, 2013, 25 (11): 2319-2326.

[195] Devaraj A, Gu M, Colby R, et al. Visualizing nanoscale 3D compositional fluctuation of lithium in advanced lithium-ion battery cathodes [J]. Nature Communications, 2015, 6 (1): 8014.

[196] Shin D W, Bridges C A, Huq A, et al. Role of cation ordering and surface segregation in high-voltage spinel $LiMn_{1.5}Ni_{0.5-x}M_xO_4$ (M=Cr, Fe, and Ga) cathodes for lithium-ion batteries [J]. Chemistry of Ma-

terials，2012，24（19）：3720-3731.

[197] Van De Walle C G，Neugebauer J. First-principles calculations for defects and impurities：applications to Ⅲ-nitrides [J]. Journal of Applied Physics，2004，95（8）：3851-3879.

[198] Pieczonka N P W，Liu Z Y，Lu P，et al. Understanding transition-metal dissolution behavior in $LiNi_{0.5}Mn_{1.5}O_4$ high-voltage spinel for lithium ion batteries [J]. Journal of Physical Chemistry C，2013，117（31）：15947-15957.

[199] Tang D C，Sun Y，Yang Z Z，et al. Surface structure evolution of $LiMn_2O_4$ cathode material upon charge/discharge [J]. Chemistry of Materials，2014，26（11）：3535-3543.

[200] Jaber-Ansari L，Puntambekar K P，Kim S，et al. Suppressing manganese dissolution from lithium manganese oxide spinel cathodes with single-layer graphene [J]. Advanced Energy Materials，2015，5（17）：1500646.

[201] Benedek R，Thackeray M M，Low J，et al. Simulation of aqueous dissolution of lithium manganate spinel from first principles [J]. Journal of Physical Chemistry C，2012，116（6）：4050-4059.

[202] Saha P，Datta M K，Velikokhatnyi O I，et al. Rechargeable magnesium battery：current status and key challenges for the future [J]. Progress in Materials Science，2014，66：1-86.

[203] Yin J，Brady A B，Takeuchi E S，et al. Magnesium-ion battery-relevant electrochemistry of $MgMn_2O_4$：crystallite size effects and the notable role of electrolyte water content [J]. Chemical Communications，2017，53（26）：3665-3668.

[204] Yin Y，Zhang B，Zhang X，et al. Nano $MgFe_2O_4$ synthesized by sol-gel auto-combustion method as anode materials for lithium ion batteries [J]. Journal of Sol-Gel Science and Technology，2013，66（3）：540-543.

[205] Sharma Y，Sharma N，Rao G V S，et al. Studies on spinel cobaltites，$FeCo_2O_4$ and $MgCo_2O_4$ as anodes for Li-ion batteries [J]. Solid State Ionics，2008，179（15-16）：587-597.

[206] Truong Q D，Devaraju M K，Tran P D，et al. Unravelling the surface structure of $MgMn_2O_4$ cathode materials for rechargeable magnesium-ion battery [J]. Chemistry of Materials，2017，29（15）：6245-6251.

[207] Zhao H，Liu L，Xiao X，et al. The effects of Co doping on the crystal structure and electrochemical performance of $Mg（Mn_{2-x}Co_x）O_4$ negative materials for lithium ion battery [J]. Solid State Sciences，2015，39：23-28.

[208] Jin W，Yin G，Wang Z，et al. Surface stability of spinel $MgNi_{0.5}Mn_{1.5}O_4$ and $MgMn_2O_4$ as cathode materials for magnesium ion batteries [J]. Applied Surface Science，2016，385：72-79.

[209] Babbar P，Tiwari B，Purohit B，et al. Charge/discharge characteristics of Jahn-Teller distorted nanostructured orthorhombic and monoclinic Li_2MnSiO_4 cathode materials [J]. Rsc Advances，2017，7（37）：22990-22997.

[210] Levi E，Mitelman A，Aurbach D，et al. Structural mechanism of the phase transitions in the $MgCuMo_6S_8$ system probed by ex situ synchrotron X-ray diffraction [J]. Chemistry of Materials，2007，19（21）：5131-5142.

[211] Lin M C，Gong M，Lu B G，et al. An ultrafast rechargeable aluminium-ion battery [J]. Nature，2015，520（7547）：324-328.

[212] Ponrouch A，Palacin M R. On the road toward calcium-based batteries [J]. Current Opinion in Electrochemistry，2018，9：1-7.

[213] Muldoon J，Bucur C B，Gregory T. Quest for nonaqueous multivalent secondary batteries：magnesium and beyond [J]. Chemical Reviews，2014，114 (23)：11683-11720.

[214] Carter T J，Mohtadi R，Arthur T S，et al. Boron clusters as highly stable magnesium-battery electrolytes [J]. Angewandte Chemie (International ed. in English)，2014，126 (12)：3173-3241.

[215] Aurbach D，Lu Z，Schechter A，et al. Prototype systems for rechargeable magnesium batteries [J]. Nature，2000，407 (6805)：724-727.

[216] Song J，Noked M，Gillette E，et al. Activation of a MnO_2 cathode by water-stimulated Mg^{2+} insertion for a magnesium ion battery [J]. Physical Chemistry Chemical Physics，2015，17 (7)：5256-5264.

[217] Liu H，Cao Q，Fu L J，et al. Doping effects of zinc on $LiFePO_4$ cathode material for lithium ion batteries [J]. Electrochemistry Communications，2006，8 (10)：1553-1557.

[218] Singh N，Arthur T S，Ling C，et al. A high energy-density tin anode for rechargeable magnesium-ion batteries [J]. Chemical Communications，2013，49 (2)：149-151.

[219] Shterenberg I，Salama M，Gofer Y，et al. Hexafluorophosphate-based solutions for Mg batteries and the importance of chlorides [J]. Langmuir，2017，33 (37)：9472-9478.

[220] Wan L W F，Prendergast D. The solvation structure of Mg ions in dichloro complex solutions from first-principles molecular dynamics and simulated X-ray absorption spectra [J]. Journal of the American Chemical Society，2014，136 (41)：14456-14464.

[221] Orikasa Y，Masese T，Koyama Y，et al. High energy density rechargeable magnesium battery using earth-abundant and non-toxic elements [J]. Scientific Reports，2014，4 (1)：1-6.

[222] Son S B，Gao T，Harvey S P，et al. An artificial interphase enables reversible magnesium chemistry in carbonate electrolytes [J]. Nature Chemistry，2018，10 (5)：532-539.

[223] Mesallam M，Sheha E，Kamar E M，et al. Graphene and magnesiated graphene as electrodes for magnesium ion batteries [J]. Materials Letters，2018，232：103-106.

[224] Feng Z，Chen X，Qiao L，et al. Phase-controlled electrochemical activity of epitaxial Mg-spinel thin films [J]. Acs Applied Materials & Interfaces，2015，7 (51)：28438-28443.

[225] Rahman M F，Gerosa D. Synthesis and characterization of cathode material for rechargeable magnesium battery technology [J]. Optoelectronics and Advanced Materials-Rapid Communications，2015，9 (9/10)：1204-1207.

[226] Sinha N N，Munichandraiah N. Electrochemical conversion of $LiMn_2O_4$ to $MgMn_2O_4$ in aqueous electrolytes [J]. Electrochemical and Solid State Letters，2008，11 (11)：F23-F26.

[227] Prabaharan S R S，Michael M S，Ikuta H，et al. Li_2NiTiO_4-a new positive electrode for lithium batteries：soft-chemistry synthesis and electrochemical characterization [J]. Solid State Ionics，2004，172 (1/4)：39-45.

[228] Michalska M，Ziolkowska D A，Jasinski J B，et al. Improved electrochemical performance of $LiMn_2O_4$ cathode material by Ce doping [J]. Electrochimica Acta，2018，276：37-46.

[229] Hambali D，Zainol N H，Othman L，et al. Magnesium ion-conducting gel polymer electrolytes based on poly (vinylidene chloride-co-acrylonitrile) (PVdC-co-AN)：a comparative study between magnesium trifluoromethanesulfonate ($MgTf_2$) and magnesium bis (trifluoromethanesulfonimide) (Mg (TFSI)$_2$) [J]. Ionics，2019，25 (3)：1187-1198.

[230] Zhang H Y，Ye K，Shao S X，et al. Octahedral magnesium manganese oxide molecular sieves as the cath-

ode material of aqueous rechargeable magnesium-ion battery [J]. Electrochimica Acta, 2017, 229: 371-379.

[231] Kanevskii L S, Dubasova V S. Degradation of lithium-ion batteries and how to fight it: a review [J]. Russian Journal of Electrochemistry, 2005, 41 (1): 1-16.

[232] Connell J G, Genorio B, Lopes P P, et al. Tuning the reversibility of Mg anodes via controlled surface passivation by H_2O/Cl-in organic electrolytes [J]. Chemistry of Materials, 2016, 28 (22): 8268-8277.

[233] Sun X Q, Bonnick P, Duffort V, et al. A high capacity thiospinel cathode for Mg batteries [J]. Energy & Environmental Science, 2016, 9 (7): 2273-2277.

[234] Wang L, Vullum P E, Asheim K, et al. High capacity Mg batteries based on surface-controlled electrochemical reactions [J]. Nano Energy, 2018, 48: 227-237.

[235] Cabello M, Alcantara R, Nacimiento F, et al. Electrochemical and chemical insertion/deinsertion of magnesium in spinel-type $MgMn_2O_4$ and lambda-MnO_2 for both aqueous and non-aqueous magnesium-ion batteries [J]. Crystengcomm, 2015, 17 (45): 8728-8735.

[236] Banu A, Sakunthala A, Thamilselvan M, et al. Preparation, characterization and comparative electrochemical studies of $MgM_xMn_{2-x}O_4$ (x=0, 0.5; M=Ni/Co) [J]. Ceramics International, 2019, 45 (10): 13072-13085.

[237] Knight J C, Therese S, Manthiram A. On the utility of spinel oxide hosts for magnesium-ion batteries [J]. Acs Applied Materials & Interfaces, 2015, 7 (41): 22953-22961.

[238] Song J, Sahadeo E, Noked M, et al. Mapping the challenges of magnesium battery [J]. Journal of Physical Chemistry Letters, 2016, 7 (9): 1736-1749.

[239] Cheng Y W, Shao Y Y, Zhang J G, et al. High performance batteries based on hybrid magnesium and lithium chemistry [J]. Chemical Communications, 2014, 50 (68): 9644-9646.

[240] Mao M L, Gao T, Hou S, et al. High-energy-density rechargeable Mg battery enabled by a displacement reaction [J]. Nano Letters, 2019, 19 (9): 6665-6672.

[241] Kaveevivitchai W, Jacobson A J. High capacity rechargeable magnesium-ion batteries based on a microporous molybdenum-vanadium oxide cathode [J]. Chemistry of Materials, 2016, 28 (13): 4593-4601.

[242] Gu Y P, Katsura Y, Yoshino T, et al. Rechargeable magnesium-ion battery based on a $TiSe_2$-cathode with d-p orbital hybridized electronic structure [J]. Scientific Reports, 2015, 5 (1): 1-9.

[243] Huie M M, Bock D C, Takeuchi E S, et al. Cathode materials for magnesium and magnesium-ion based batteries [J]. Coordination Chemistry Reviews, 2015, 287: 15-27.

[244] Chen M M, Wu R Y, Ju S G, et al. Improved performance of Al-doped $LiMn_2O_4$ ion-sieves for Li^+ adsorption [J]. Microporous and Mesoporous Materials, 2018, 261: 29-34.

[245] Cai Z F, Ma Y Z, Huang X N, et al. High electrochemical stability Al-doped spinel $LiMn_2O_4$ cathode material for Li-ion batteries [J]. Journal of Energy Storage, 2020, 27: 101036.

[246] Wang J L, Li Z H, Yang J, et al. Effect of Al-doping on the electrochemical properties of a three-dimensionally porous lithium manganese oxide for lithium-ion batteries [J]. Electrochimica Acta, 2012, 75: 115-122.

[247] Zhang X F, Zheng H H, Battaglia V, et al. Electrochemical performance of spinel $LiMn_2O_4$ cathode materials made by flame-assisted spray technology [J]. Journal of Power Sources, 2011, 196 (7): 3640-3645.

［248］ Du H W，Zhang X H，Chen Z L，et al. Carbon coating and Al-doping to improve the electrochemistry of Li_2CoSiO_4 polymorphs as cathode materials for lithium-ion batteries ［J］. Rsc Advances，2018，8（40）：22813-22822.

［249］ Zhang Y Q，Liu G，Zhang C H，et al. Low-cost $MgFe_xMn_{2-x}O_4$ cathode materials for high-performance aqueous rechargeable magnesium-ion batteries ［J］. Chemical Engineering Journal，2020，392：123652.

［250］ Ramaswamy M，Malayandi T，Subramanian S，et al. Magnesium ion conducting polyvinyl alcohol-polyvinyl pyrrolidone-based blend polymer electrolyte ［J］. Ionics，2017，23（7）：1771-1781.

［251］ Dang R B，Li Q，Chen M M，et al. CuO-Coated and Cu^{2+} doped Co-modified P2-type $Na_{2/3}Ni_{1/3}Mn_{2/3}O_2$ for sodium-ion batteries ［J］. Physical Chemistry Chemical Physics，2019，21（1）：314-321.

［252］ Fang T，Duh J G，Sheen S R. $LiCoO_2$ cathode material coated with nano-crystallized ZnO for Li-ion batteries ［J］. Thin Solid Films，2004，469：361-365.

［253］ Bennet J，Tholkappiyan R，Vishista K，et al. Attestation in self-propagating combustion approach of spinel AFe_2O_4（A＝Co，Mg and Mn）complexes bearing mixed oxidation states：Magnetostructural properties ［J］. Applied Surface Science，2016，383：113-125.

［254］ Inoue M，Hirasawa I. The relationship between crystal morphology and XRD peak intensity on $CaSO_4$ center dot $2H_2O$ ［J］. Journal of Crystal Growth，2013，380：169-175.

［255］ Liu Y Q，Xu Y，Yan Y Z，et al. Application of Raman spectroscopy in structure analysis and crystallinity calculation of corn starch ［J］. Starch-Starke，2015，67（7-8）：612-619.

［256］ Saadiah M A，Zhang D，Nagao Y，et al. Reducing crystallinity on thin film based CMC/PVA hybrid polymer for application as a host in polymer electrolytes ［J］. Journal of Non-Crystalline Solids，2019，511：201-211.

［257］ Venkataraman R，Das G，Singh S R，et al. Study on influence of porosity，pore size，spatial and topological distribution of pores on microhardness of as plasma sprayed ceramic coatings ［J］. Materials Science and Engineering A：Structural Materials Properties Microstructure and Processing，2007，445：269-274.

［258］ Prieto E M，Talley A D，Gould N R，et al. Effects of particle size and porosity on in vivo remodeling of settable allograft bone/polymer composites ［J］. Journal of Biomedical Materials Research Part B-Applied Biomaterials，2015，103（8）：1641-1651.

［259］ Cometto C，Yan G C，Mariyappan S，et al. Means of using cyclic voltammetry to rapidly design a stable DMC-based electrolyte for Na-ion batteries ［J］. Journal of the Electrochemical Society，2019，166（15）：A3723-A3730.

［260］ Wang Y，Xue X，Liu P，et al. Atomic substitution enabled synthesis of vacancy-rich two-dimensional black TiO_{2-x} nanoflakes for high-performance rechargeable magnesium batteries ［J］. ACS Nano，2018，12（12）：12492-12502.

［261］ Ponrouch A，Frontera C，Barde F，et al. Towards a calcium-based rechargeable battery ［J］. Nature Materials，2016，15（2）：169-172.

［262］ Aurbach D，Suresh G S，Levi E，et al. Progress in rechargeable magnesium battery technology ［J］. Advanced Materials，2007，19（23）：4260-4267.

［263］ Wang Y，Chen R，Chen T，et al. Emerging non-lithium ion batteries ［J］. Energy Storage Materials，2016，4：103-129.

［264］ Bucur C B，Gregory T，Oliver A G，et al. Confession of a magnesium battery ［J］. Journal of Physical

Chemistry Letters，2015，6（18）：3578-3591.

[265] Muldoon J，Bucur C B，Oliver A G，et al. Electrolyte roadblocks to a magnesium rechargeable battery [J]. Energy & Environmental Science，2012，5（3）：5941-5950.

[266] Sun X，Bonnick P，Duffort V，et al. A high capacity thiospinel cathode for Mg batteries [J]. Energy & Environmental Science，2016，9（7）：2273-2277.

[267] Sun X Q，Bonnick P，Nazar L F. Layered TiS_2 positive electrode for Mg batteries [J]. Acs Energy Letters，2016，1（1）：297-301.

[268] Arthur T S，Kato K，Germain J，et al. Amorphous V_2O_5-P_2O_5 as high-voltage cathodes for magnesium batteries [J]. Chemical Communications，2015，51（86）：15657-15660.

[269] Tepavcevic S，Liu Y Z，Zhou D H，et al. Nanostructured layered cathode for rechargeable Mg-ion batteries [J]. Acs Nano，2015，9（8）：8194-8205.

[270] Pour N，Gofer Y，Major D T，et al. Structural analysis of electrolyte solutions for rechargeable Mg batteries by stereoscopic means and DFT calculations [J]. Journal of the American Chemical Society，2011，133（16）：6270-6278.

[271] Tutusaus O，Mohtadi R，Arthur T S，et al. An efficient halogen-free electrolyte for use in rechargeable magnesium batteries [J]. Angewandte Chemie-International Edition，2015，54（27）：7900-7904.

[272] Zhou X J，Tian J，Hu J L，et al. High rate magnesium-sulfur battery with improved cyclability based on metal-organic framework derivative carbon host [J]. Advanced Materials，2018，30（7）：1704166.

[273] Cheng Y，Shao Y，Parent L R，et al. Interface promoted reversible Mg insertion in nanostructured tin-antimony alloys [J]. Advanced Materials，2015，27（42）：6598-6605.

[274] Shao Y Y，Gu M，Li X L，et al. Highly reversible Mg insertion in nanostructured Bi for Mg ion batteries [J]. Nano Letters，2014，14（1）：255-260.

[275] Wang Z G，Su Q L，Shi J J，et al. Comparison of tetragonal and cubic tin as anode for Mg ion batteries [J]. Acs Applied Materials & Interfaces，2014，6（9）：6786-6789.

[276] Wu N，Lyu Y C，Xiao R J，et al. A highly reversible, low-strain Mg-ion insertion anode material for rechargeable Mg-ion batteries [J]. Npg Asia Materials，2014，6（8）：e120-e126.

[277] Wu N，Yang Z Z，Yao H R，et al. Improving the electrochemical performance of the $Li_4Ti_5O_{12}$ electrode in a rechargeable magnesium battery by lithium—magnesium Co-intercalation [J]. Angew. Chem. Int. Ed，2015，127（19）：5849-5853.

[278] Kim H S，Cook J B，Lin H，et al. Oxygen vacancies enhance pseudocapacitive charge storage properties of MoO_{3-x} [J]. Nature Materials，2017，16（4）：454-460.

[279] Schaub R，Wahlstrom E，Ronnau A，et al. Oxygen-mediated diffusion of oxygen vacancies on the TiO_2 （110）surface [J]. Science，2003，299（5605）：377-379.

[280] Chen X B，Liu L，Yu P Y，et al. Increasing solar absorption for photocatalysis with black hydrogenated titanium dioxide nanocrystals [J]. Science，2011，331（6018）：746-750.

[281] Levasseur S，Ménétrier M，Shao-Horn Y，et al. Oxygen vacancies and intermediate spin trivalent cobalt ions in lithium-overstoichiometric $LiCoO_2$ [J]. Chem. Mater，2003，15（1）：348-354.

[282] Lu X H，Wang G M，Zhai T，et al. Hydrogenated TiO_2 nanotube arrays for supercapacitors [J]. Nano Letters，2012，12（3）：1690-1696.

[283] Zhang Y，Ding Z Y，Foster C W，et al. Oxygen vacancies evoked blue TiO_2（B）nanobelts with efficiency

enhancement in sodium storage behaviors [J]. Advanced Functional Materials, 2017, 27 (27): 1700856.

[284] Shin J Y, Joo J H, Samuelis D, et al. Oxygen-deficient $TiO_{2-\delta}$ nanoparticles via hydrogen reduction for high rate capability lithium batteries [J]. Chemistry of Materials, 2012, 24 (3): 543-551.

[285] Xia T, Zhang W, Murowchick J B, et al. A facile method to improve the photocatalytic and lithium-ion rechargeable battery performance of TiO_2 nanocrystals [J]. Advanced Energy Materials, 2013, 3 (11): 1516-1523.

[286] Sushko P V, Rosso K M, Zhang J G, et al. Oxygen vacancies and ordering of d-ievels control voltage suppression in oxide cathodes: the case of spinel $LiNi_{0.5}Mn_{1.5}O_{4-\delta}$ [J]. Advanced Functional Materials, 2013, 23 (44): 5530-5535.

[287] Xu Y, Zhou M, Wang X, et al. Enhancement of sodium ion battery performance enabled by oxygen vacancies [J]. Angewandte Chemie-International Edition, 2015, 54 (30): 8768-8771.

[288] Brezesinski T, Wang J, Tolbert S H, et al. Ordered mesoporous alpha-MoO_3 with iso-oriented nanocrystalline walls for thin-film pseudocapacitors [J]. Nature Materials, 2010, 9 (2): 146-151.

[289] Lu X J, Chen A P, Luo Y K, et al. Conducting interface in oxide homojunction: understanding of superior properties in black TiO_2 [J]. Nano Letters, 2016, 16 (9): 5751-5755.

[290] Zhou W, Li W, Wang J Q, et al. Ordered mesoporous black TiO_2 as highly efficient hydrogen evolution photocatalyst [J]. Journal of the American Chemical Society, 2014, 136 (26): 9280-9283.

[291] Liu N, Schneider C, Freitag D, et al. Black TiO_2 nanotubes: cocatalyst-free open-circuit hydrogen generation [J]. Nano Letters, 2014, 14 (6): 3309-3313.

[292] Chen C J, Wen Y W, Hu X L, et al. Na^+ intercalation pseudocapacitance in graphene-coupled titanium oxide enabling ultra-fast sodium storage and long-term cycling [J]. Nature Communications, 2015, 6 (1): 6929-6936.

[293] Mizrahi O, Amir N, Pollak E, et al. Electrolyte solutions with a wide electrochemical window for recharge magnesium batteries [J]. Journal of the Electrochemical Society, 2008, 155 (2): A103-A109.

[294] Naldoni A, Allieta M, Santangelo S, et al. Effect of nature and location of defects on bandgap narrowing in black TiO_2 nanoparticles [J]. Journal of the American Chemical Society, 2012, 134 (18): 7600-7603.

[295] D'arienzo M, Carbajo J, Bahamonde A, et al. Photogenerated defects in shape-controlled TiO_2 anatase nanocrystals: a probe to evaluate the role of crystal facets in photocatalytic processes [J]. Journal of the American Chemical Society, 2011, 133 (44): 17652-17661.

[296] Gopal N O, Lo H H, Sheu S C, et al. A potential site for trapping photogenerated holes on rutile TiO_2 surface as revealed by EPR spectroscopy: an avenue for enhancing photocatalytic activity [J]. Journal of the American Chemical Society, 2010, 132 (32): 10982-10983.

[297] Zou X X, Liu J K, Su J, et al. Facile synthesis of thermal-and photostable titania with paramagnetic oxygen vacancies for visible-light photocatalysis [J]. Chemistry-A European Journal, 2013, 19 (8): 2866-2873.

[298] Cui H L, Zhao W, Yang C Y, et al. Black TiO_2 nanotube arrays for high-efficiency photoelectrochemical water-splitting [J]. Journal of Materials Chemistry A, 2014, 2 (23): 8612-8616.

[299] Shen L Y, Xing Z P, Zou J L, et al. Black TiO_2 nanobelts/g-C_3N_4 nanosheets laminated heterojunctions with efficient visible-light-driven photocatalytic performance [J]. Scientific Reports, 2017, 7 (1): 41978.

[300] Tan H Q, Zhao Z, Niu M, et al. A facile and versatile method for preparation of colored TiO_2 with enhanced solar-driven photocatalytic activity [J]. Nanoscale, 2014, 6 (17): 10216-10223.

[301] Su S J, Huang Z G, Nuli Y, et al. A novel rechargeable battery with a magnesium anode, a titanium dioxide cathode, and a magnesium borohydride/tetraglyme electrolyte [J]. Chemical Communications, 2015, 51 (13): 2641-2644.

[302] Meng Y, Wang D S, Zhao Y Y, et al. Ultrathin TiO_2-B nanowires as an anode material for Mg-ion batteries based on a surface Mg storage mechanism [J]. Nanoscale, 2017, 9 (35): 12934-12940.

[303] Ha S Y, Lee Y W, Woo S W, et al. Magnesium (Ⅱ) bis (trifluoromethane sulfonyl) imide-based electrolytes with wide electrochemical windows for rechargeable magnesium batteries [J]. Acs Applied Materials & Interfaces, 2014, 6 (6): 4063-4073.

[304] Koketsu T, Ma J W, Morgan B J, et al. Reversible magnesium and aluminium ions insertion in cation-deficient anatase TiO_2 [J]. Nature Materials, 2017, 16 (11): 1142-1148.

[305] Chen C C, Wang J B, Zhao Q, et al. Layered $Na_2Ti_3O_7/MgNaTi_3O_7/Mg_{0.5}NaTi_3O_7$ nanoribbons as high-performance anode of rechargeable Mg-ion batteries [J]. Acs Energy Letters, 2016, 1 (6): 1165-1172.

[306] Parent L R, Cheng Y W, Sushko P V, et al. Realizing the full potential of insertion anodes for Mg-ion batteries through the nanostructuring of Sn [J]. Nano Letters, 2015, 15 (2): 1177-1182.

[307] Cheng Y W, Shao Y Y, Parent L R, et al. Interface promoted reversible Mg insertion in nanostructured tin-antimony alloys [J]. Advanced Materials, 2015, 27 (42): 6598-6605.

[308] Brezesinski T, Wang J, Polleux J, et al. Templated nanocrystal-based porous TiO_2 films for next-generation electrochemical capacitors [J]. Journal of the American Chemical Society, 2009, 131 (5): 1802-1809.

[309] Augustyn V, Come J, Lowe M A, et al. High-rate electrochemical energy storage through Li^+ intercalation pseudocapacitance [J]. Nature Materials, 2013, 12 (6): 518-522.

[310] Augustyn V, Simon P, Dunn B. Pseudocapacitive oxide materials for high-rate electrochemical energy storage [J]. Energy & Environmental Science, 2014, 7 (5): 1597-1614.

[311] Yu P F, Li C L, Guo X X. Sodium storage and pseudocapacitive charge in textured $Li_4Ti_5O_{12}$ thin films [J]. Journal of Physical Chemistry C, 2014, 118 (20): 10616-10624.

[312] Zhu K, Wang Q, Kim J H, et al. Pseudocapacitive lithium-ion storage in oriented anatase TiO_2 nanotube arrays [J]. Journal of Physical Chemistry C, 2012, 116 (22): 11895-11899.

[313] Wang P Y, Wang R T, Lang J W, et al. Porous niobium nitride as a capacitive anode material for advanced Li-ion hybrid capacitors with superior cycling stability [J]. Journal of Materials Chemistry A, 2016, 4 (25): 9760-9766.

[314] Cao K Z, Jiao L F, Liu Y C, et al. Ultra-high capacity lithium-ion batteries with hierarchical CoO nanowire clusters as binder free electrodes [J]. Advanced Functional Materials, 2015, 25 (7): 1082-1089.

[315] Xu M, Lei S, Qi J, et al. Opening magnesium storage capability of two-dimensional MXene by intercalation of cationic surfactant [J]. Acs Nano, 2018, 12 (4): 3733-3740.

[316] Wang L, Jiang B, Vullurn P E, et al. High interfacial charge storage capability of carbonaceous cathodes for Mg batteries [J]. Acs Nano, 2018, 12 (3): 2998-3009.

[317] Cui L, Huang F, Niu M, et al. A visible light active photocatalyst: nano-composite with Fe-doped

236

anatase TiO$_2$ nanoparticles coupling with TiO$_2$ (B) nanobelts [J]. Journal of Molecular Catalysis A: Chemical, 2010, 326 (1/2): 1-7.

[318] Das C, Roy P, Yang M, et al. Nb doped TiO$_2$ nanotubes for enhanced photoelectrochemical water-splitting [J]. Nanoscale, 2011, 3 (8): 3094-3096.

[319] Xu J C, Lu M, Guo X Y, et al. Zinc ions surface-doped titanium dioxide nanotubes and its photocatalysis activity for degradation of methyl orange in water [J]. Journal of Molecular Catalysis A: Chemical, 2005, 226 (1): 123-127.

[320] Liu B, Wang X, Cai G, et al. Low temperature fabrication of V-doped TiO$_2$ nanoparticles, structure and photocatalytic studies [J]. Journal of Hazardous Materials, 2009, 169 (1/3): 1112-1118.

[321] Xu J, Ao Y, Fu D, et al. Low-temperature preparation of F-doped TiO$_2$ film and its photocatalytic activity under solar light [J]. Applied Surface Science, 2008, 254 (10): 3033-3038.

[322] Wu M C, Hiltunen J, Sapi A, et al. Nitrogen-doped anatase nanofibers decorated with noble metal nanoparticles for photocatalytic production of hydrogen [J]. Acs Nano, 2011, 5 (6): 5025-5030.

[323] Asapu R, Palla V M, Wang B, et al. Phosphorus-doped titania nanotubes with enhanced photocatalytic activity [J]. Journal of Photochemistry and Photobiology A: Chemistry, 2011, 225 (1): 81-87.

[324] Ohno T, Akiyoshi M, Umebayashi T, et al. Preparation of S-doped TiO$_2$ photocatalysts and their photocatalytic activities under visible light [J]. Applied Catalysis A: General, 2004, 265 (1): 115-121.

[325] Kim J G, Shi D, Kong K J, et al. Structurally and electronically designed TiO$_2$N$_x$ nanofibers for lithium rechargeable batteries [J]. Acs Applied Materials & Interfaces, 2013, 5 (3): 691-696.

[326] Han H, Song T, Bae J-Y, et al. Nitridated TiO$_2$ hollow nanofibers as an anode material for high power lithium ion batteries [J]. Energy & Environmental Science, 2011, 4 (11): 4532-4536.

[327] Zhang Y Q, Du F, Yan X, et al. Improvements in the electrochemical kinetic properties and rate capability of anatase titanium dioxide nanoparticles by nitrogen doping [J]. Acs Applied Materials & Interfaces, 2014, 6 (6): 4458-4465.

[328] Wagemaker M, Van Well A A, Kearley G J, et al. The life and times of lithium in anatase TiO$_2$ [J]. Solid State Ionics, 2004, 175 (1/4): 191-193.

[329] Zhao H, Li Y, Zhu Z, et al. Structural and electrochemical characteristics of Li$_{4-x}$Al$_x$Ti$_5$O$_{12}$ as anode material for lithium-ion batteries [J]. Electrochimica Acta, 2008, 53 (24): 7079-7083.

[330] Jiang T, Pan W, Wang J, et al. Carbon coated Li$_3$V$_2$(PO$_4$)$_3$ cathode material prepared by a PVA assisted sol-gel method [J]. Electrochimica Acta, 2010, 55 (12): 3864-3869.

[331] Das S R, Majumder S B, Katiyar R S. Kinetic analysis of the Li$^+$ ion intercalation behavior of solution derived nano-crystalline lithium manganate thin films [J]. Journal of Power Sources, 2005, 139 (1/2): 261-268.

[332] Yang S, Wang X, Yang X, et al. Determination of the chemical diffusion coefficient of lithium ions in spherical Li Ni$_{0.5}$Mn$_{0.3}$Co$_{0.2}$O$_2$ [J]. Electrochimica Acta, 2012, 66: 88-93.

[333] Nikolay T, Larina L, Shevaleevskiy O, et al. Electronic structure study of lightly Nb-doped TiO$_2$ electrode for dye-sensitized solar cells [J]. Energy & Environmental Science, 2011, 4 (4): 1480-1486.

[334] Ly Tuan A, Rai A K, Trang Vu T, et al. Improving the electrochemical performance of anatase titanium dioxide by vanadium doping as an anode material for lithium-ion batteries [J]. Journal of Power Sources, 2013, 243: 891-898.

[335] Das S K，Gnanavel M，Patel M U M，et al. Anamolously high lithium storage in mesoporous nanoparticu late aggregation of Fe^{3+} doped anatase titania [J]. Journal of the Electrochemical Society，2011，158 (12)：A1290-A1297.

[336] Ali Z，Cha S N，Sohn J I，et al. Design and evaluation of novel Zn doped mesoporous TiO_2 based anode material for advanced lithium ion batteries [J]. Journal of Materials Chemistry，2012，22 (34)：17625-17629.

[337] Jiao W，Li N，Wang L，et al. High-rate lithium storage of anatase TiO_2 crystals doped with both nitrogen and sulfur [J]. Chemical Communications，2013，49 (33)：3461-3463.

[338] Jung H G，Oh S W，Ce J，et al. Mesoporous TiO_2 nano networks：anode for high power lithium battery applications [J]. Electrochemistry Communications，2009，11 (4)：756-759.

[339] Li Z，Du F，Bie X，et al. Electrochemical kinetics of the $Li[Li_{0.23}Co_{0.3}Mn_{0.47}]O_2$ cathode material studied by GITT and EIS [J]. Journal of Physical Chemistry C，2010，114 (51)：22751-22757.

[340] Delacourt C，Ati M，Tarascon J M. Measurement of lithium diffusion coefficient in Li_yFeSO_4F [J]. Journal of the Electrochemical Society，2011，158 (6)：A741-A749.

[341] Xia H，Lu L，Ceder G. Li diffusion in $LiCoO_2$ thin films prepared by pulsed laser deposition [J]. Journal of Power Sources，2006，159 (2)：1422-1427.

[342] Yu Y P，Xing X J，Xu L M，et al. N-derived signals in the X-ray photoelectron spectra of N-doped anatase TiO_2 [J]. Journal of Applied Physics，2009，105 (12)：123535.

[343] Wang J，Tafen D N，Lewis J P，et al. Origin of photocatalytic activity of nitrogen-doped TiO_2 nanobelts [J]. Journal of the American Chemical Society，2009，131 (34)：12290-12297.

[344] Di Valentin C，Pacchioni G，Selloni A，et al. Characterization of paramagnetic species in N-doped TiO_2 powders by EPR spectroscopy and DFT calculations [J]. Journal of Physical Chemistry B，2005，109 (23)：11414-11419.

[345] Kavan L，Kalbac M，Zukalova M，et al. Lithium storage in nanostructured TiO_2 made by hydrothermal growth [J]. Chemistry of Materials，2004，16 (3)：477-485.

[346] Froeschl T，Hoermann U，Kubiak P，et al. High surface area crystalline titanium dioxide：potential and limits in electrochemical energy storage and catalysis [J]. Chemical Society Reviews，2012，41 (15)：5313-5360.

[347] Panduwinata D，Gale J D. A first principles investigation of lithium intercalation in TiO_2-B [J]. Journal of Materials Chemistry，2009，19 (23)：3931-3940.

[348] Ben Yahia M，Lemoigno F，Beuvier T，et al. Updated references for the structural，electronic，and vibrational properties of TiO_2 (B) bulk using first-principles density functional theory calculations [J]. Journal of Chemical Physics，2009，130 (20)：204501.

[349] Dylla A G，Henkelman G，Stevenson K J. Lithium insertion in nanostructured TiO_2 (B) architectures [J]. Accounts of Chemical Research，2013，46 (5)：1104-1112.

[350] Brutti S，Gentili V，Menard H，et al. TiO_2- (B) nanotubes as anodes for lithium batteries：origin and mitigation of irreversible capacity [J]. Advanced Energy Materials，2012，2 (3)：322-327.

[351] Liu H，Bi Z，Sun X G，et al. Mesoporous TiO_2-B microspheres with superior rate performance for lithium ion batteries [J]. Advanced Materials，2011，23 (30)：3450-3454.

[352] Sun Z，Huang X，Muhler M，et al. A carbon-coated TiO_2 (B) nanosheet composite for lithium ion bat-

teries [J]. Chemical Communications, 2014, 50 (41): 5506-5509.

[353]　Prochazka J, Kavan L, Zukalova M, et al. Novel synthesis of the TiO₂ (B) multilayer templated films [J]. Chemistry of Materials, 2009, 21 (8): 1457-1464.

[354]　Myung S T, Takahashi N, Komaba S, et al. Nanostructured TiO₂ and its application in lithium-ion storage [J]. Advanced Functional Materials, 2011, 21 (17): 3231-3241.

[355]　Hoshina K, Harada Y, Inagaki H, et al. Characterization of lithium storage in TiO₂ (B) by Li-6-NMR and X-ray diffraction analysis [J]. Journal of the Electrochemical Society, 2014, 161 (3): A348-A354.

[356]　Chaudhary A, Nag M P, Ravishankar N, et al. Synergistic effect of Mo plus Cu codoping on the photocatalytic behavior of metastable TiO₂ solid solutions [J]. Journal of Physical Chemistry C, 2014, 118 (51): 29788-29795.

[357]　Zukalova M, Kalbac M, Kavan L, et al. Pseudocapacitive lithium storage in TiO₂ (B) [J]. Chemistry of Materials, 2005, 17 (5): 1248-1255.

[358]　Su S, Huang Z, Nuli Y, et al. A novel rechargeable battery with a magnesium anode, a titanium dioxide cathode, and a magnesium borohydride/tetraglyme electrolyte [J]. Chemical Communications, 2015, 51 (13): 2641-2644.

[359]　Rodriguez-Perez I A, Yuan Y, Bommier C, et al. Mg-ion battery electrode: an organic solid's herringbone structure squeezed upon Mg-ion insertion [J]. Journal of the American Chemical Society, 2017, 139 (37): 13031-13037.

[360]　Cho Y, Lee M H, Kim H, et al. Activating layered LiNi₀.₅Co₀.₂Mn₀.₃O₂ as a host for Mg intercalation in rechargeable Mg batteries [J]. Materials Research Bulletin, 2017, 96: 524-532.

[361]　Mori T, Masese T, Orikasa Y, et al. Anti-site mixing governs the electrochemical performances of olivine-type MgMnSiO₄ cathodes for rechargeable magnesium batteries [J]. Physical Chemistry Chemical Physics, 2016, 18 (19): 13524-13529.

[362]　Muthuraj D, Mitra S. Reversible Mg insertion into chevrel phase Mo₆S₈ cathode: preparation, electrochemistry and X-ray photoelectron spectroscopy study [J]. Materials Research Bulletin, 2018, 101: 167-174.

[363]　Suresh G S, Levi M D, Aurbach D. Effect of chalcogen substitution in mixed Mo₆S₈₋ₙSeₙ (n=0, 1, 2) Chevrel phases on the thermodynamics and kinetics of reversible Mg ions insertion [J]. Electrochimica Acta, 2008, 53 (11): 3889-3896.

[364]　Woan K V, Scheffler R H, Bell N S, et al. Electrospinning of nanofiber Chevrel phase materials [J]. Journal of Materials Chemistry, 2011, 21 (24): 8537-8539.

[365]　Levi E, Gershinsky G, Aurbach D, et al. New insight on the unusually high ionic mobility in chevrel phases [J]. Chemistry of Materials, 2009, 21 (7): 1390-1399.

[366]　Scalisi A A, Compagnini G, D'urso L, et al. Nonlinear optical activity in Ag-SiO₂ nanocomposite thin films with different silver concentration [J]. Applied Surface Science, 2004, 226 (1-3): 237-241.

[367]　Li X L, Li Y D. MoS₂ nanostructures: synthesis and electrochemical Mg²⁺ intercalation [J]. Journal of Physical Chemistry B, 2004, 108 (37): 13893-13900.

[368]　Gregory T D, Hoffman R J, Winterton R C. Nonaqueous electrochemistry of magnesium: applications to energy storage [J]. Journal of the Electrochemical Society, 1990, 137 (3): 775-780.

[369]　Park M S, Kim J G, Kim Y J, et al. Recent advances in rechargeable magnesium battery technology: a

review of the field's current status and prospects [J]. Israel Journal of Chemistry, 2015, 55 (5): 570-585.

[370] Zhang R G, Yu X Q, Nam K W, et al. Alpha-MnO_2 as a cathode material for rechargeable Mg batteries [J]. Electrochemistry Communications, 2012, 23: 112.

[371] Wang L, Vullum P E, Asheim K, et al. High capacity Mg batteries based on surface-controlled electrochemical reactions [J]. Nano Energy, 2018, 48: 227-237.

[372] Xu C, Chen Y, Shi S, et al. Secondary batteries with multivalent ions for energy storage [J]. Scientific Reports, 2015, 5 (1): 1-8.

[373] Pan H, Shao Y, Yan P, et al. Reversible aqueous zinc/manganese oxide energy storage from conversion reactions [J]. Nature Energy, 2016, 1 (5): 1-7.

[374] Arthur T S, Zhang R, Ling C, et al. Understanding the electrochemical mechanism of K-alpha MnO_2 for magnesium battery cathodes [J]. Acs Applied Materials & Interfaces, 2014, 6 (10): 7004-7008.

[375] Liu M, Jain A, Rong Z, et al. Evaluation of sulfur spinel compounds for multivalent battery cathode applications [J]. Energy & Environmental Science, 2016, 9 (10): 3201-3209.

[376] Saha P, Jampani P H, Datta M K, et al. A rapid solid-state synthesis of electrochemically active Chevrel phases (Mo_6T_8; T＝S, Se) for rechargeable magnesium batteries [J]. Nano Research, 2017, 10 (12): 4415-4435.

[377] Liu B, Luo T, Mu G, et al. Rechargeable Mg-ion batteries based on WSe_2 nanowire cathodes [J]. Acs Nano, 2013, 7 (9): 8051-8058.

[378] Nuli Y, Yang J, Li Y, et al. Mesoporous magnesium manganese silicate as cathode materials for rechargeable magnesium batteries [J]. Chemical Communications, 2010, 46 (21): 3794-3796.

[379] Manthiram A. Materials challenges and opportunities of lithium ion batteries [J]. Journal of Physical Chemistry Letters, 2011, 2 (3): 176-184.

[380] Wang L, Asheim K, Vullum P E, et al. Sponge-like porous manganese (Ⅱ, Ⅲ) oxide as a highly efficient cathode material for rechargeable magnesium ion batteries [J]. Chemistry of Materials, 2016, 28 (18): 6459-6470.

[381] Okamoto S, Ichitsubo T, Kawaguchi T, et al. Intercalation and push-out process with spinel-to-rocksalt transition on Mg insertion into spinel oxides in magnesium batteries [J]. Advanced Science, 2015, 2 (8): 1500072.

[382] Tao S, Huang W, Liu Y, et al. Three-dimensional hollow spheres of the tetragonal-spinel $MgMn_2O_4$ cathode for high-performance magnesium ion batteries [J]. Journal of Materials Chemistry A, 2018, 6 (18): 8210-8214.

[383] Ebin B, Gurmen S, Arslan C, et al. Electrochemical properties of nanocrystalline $LiFe_xMn_{2-x}O_4$ (x＝0.2-1.0) cathode particles prepared by ultrasonic spray pyrolysis method [J]. Electrochimica Acta, 2012, 76: 368-374.

[384] Pigliapochi R, Seymour I D, Merlet C, et al. Structural characterization of the Li-ion battery cathode materials $LiTi_xMn_{2-x}O_4$ ($0.2{\leqslant}x{\leqslant}1.5$): a combined experimental Li-7 NMR and first-principles study [J]. Chemistry of Materials, 2018, 30 (3): 817-829.

[385] Yuan A, Tian L, Xu W, et al. Al-doped spinel $LiAl_{0.1}Mn_{1.9}O_4$ with improved high-rate cyclability in aqueous electrolyte [J]. Journal of Power Sources, 2010, 195 (15): 5032-5038.

[386] Duncan H, Hai B, Leskes M, et al. Relationships between Mn^{3+} content, structural ordering, phase transformation, and kinetic properties in $LiNi_xMn_{2-x}O_4$ cathode materials [J]. Chemistry of Materials, 2014, 26 (18): 5374-5382.

[387] He X M, Li J J, Cai Y, et al. Preparation of co-doped spherical spinel $LiMn_2O_4$ cathode materials for Li-ion batteries [J]. Journal of Power Sources, 2005, 150: 216-222.

[388] Zeng R H, Li W S, Lu D S, et al. A study on insertion/removal kinetics of lithium ion in $LiCr_xMn_{2-x}O_4$ by using powder microelectrode [J]. Journal of Power Sources, 2007, 174 (2): 592-597.

[389] Thirunakaran R, Ravikumar R, Vijayarani S, et al. Molybdenum doped spinel as cathode material for lithium rechargeable cells [J]. Energy Conversion and Management, 2012, 53 (1): 276-281.

[390] West N, Ozoemena K I, Ikpo C O, et al. Transition metal alloy-modulated lithium manganese oxide nano-system for energy storage in lithium-ion battery cathodes [J]. Electrochimica Acta, 2013, 101: 86-92.

[391] Liu H, Tian R, Jiang Y, et al. On the drastically improved performance of Fe-doped $LiMn_2O_4$ nanoparti-cles prepared by a facile solution-gelation route [J]. Electrochimica Acta, 2015, 180: 138-146.

[392] Jayapal S, Mariappan R, Sundar S, et al. Electrochemical behavior of $LiMn_{2-X-Y}Ti_XFe_YO_4$ as cathode material for lithium ion batteries [J]. Journal of Electroanalytical Chemistry, 2014, 720: 58-63.

[393] Patel R L, Jiang Y B, Choudhury A, et al. Employing synergetic effect of doping and thin film coating to boost the performance of lithium-ion battery cathode particles [J]. Scientific Reports, 2016, 6 (1): 25293.

[394] Yin Y, Liu W, Huo N, et al. Synthesis of vesicle-like $MgFe_2O_4$/graphene 3D network anode material with enhanced lithium storage performance [J]. Acs Sustainable Chemistry & Engineering, 2017, 5 (1): 563-570.

[395] Lv G, Bin F, Song C, et al. Promoting effect of zirconium doping on Mn/ZSM_5 for the selective catalytic reduction of NO with NH_3 [J]. Fuel, 2013, 107: 217-224.

[396] Huang H, Wang X. Graphene nanoplate-MnO_2 composites for supercapacitors: a controllable oxidation approach [J]. Nanoscale, 2011, 3 (8): 3185-3191.

[397] Liu G, Chi Q, Zhang Y, et al. Superior high rate capability of $MgMn_2O_4$/rGO nanocomposites as cathode materials for aqueous rechargeable magnesium ion batteries [J]. Chemical Communications, 2018, 54 (68): 9474-9477.

[398] Zhang Y, Fu Q, Xu Q, et al. Improved electrochemical performance of nitrogen doped TiO_2-B nanowires as anode materials for Li-ion batteries [J]. Nanoscale, 2015, 7 (28): 12215-12224.

[399] Fang Y, Hu R, Liu B, et al. MXene-derived TiO_2/reduced graphene oxide composite with an enhanced capacitive capacity for Li-ion and K-ion batteries [J]. Journal of Materials Chemistry A, 2019, 7 (10): 5363-5372.

[400] Zhu K, Jin Y, Du F, et al. Synthesis of Ti_2CT_x MXene as electrode materials for symmetric supercapacitor with capable volumetric capacitance [J]. Journal of Energy Chemistry, 2019, 31: 11-18.

[401] Zhang H, Ye K, Shao S, et al. Octahedral magnesium manganese oxide molecular sieves as the cathode material of aqueous rechargeable magnesium-ion battery [J]. Electrochimica Acta, 2017, 229: 371-379.

[402] Nam K W, Kim S, Lee S, et al. The high performance of crystal water containing manganese birnessite cathodes for magnesium batteries [J]. Nano Letters, 2015, 15 (6): 4071-4079.

[403] De Volder M F L, Tawfick S H, Baughman R H, et al. Carbon nanotubes: present and future

commercial applications [J]. Science, 2013, 339 (6119): 535-539.

[404]　Montoro L A, Rosolen J M. The role of structural and electronic alterations on the lithium diffusion in $Li_xCo_{0.5}Ni_{0.5}O_2$ [J]. Electrochimica Acta, 2004, 49 (19): 3243-3249.

[405]　Zhang Y Q, Meng Y, Zhu K, et al. Copper-doped titanium dioxide bronze nanowires with superior high rate capability for lithium ion batteries [J]. Acs Applied Materials & Interfaces, 2016, 8 (12): 7957-7965.

[406]　Zhang Y, Du F, Yan X, et al. Improvements in the electrochemical kinetic properties and rate capability of anatase titanium dioxide nanoparticles by nitrogen doping [J]. Acs Applied Materials & Interfaces, 2014, 6 (6): 4458-4465.

[407]　Pang Q, Zhao Y, Bian X, et al. Hybrid graphene@MoS_2@TiO_2 microspheres for use as a high performance negative electrode material for lithium ion batteries [J]. Journal of Materials Chemistry A, 2017, 5 (7): 3667-3674.